膨胀土岸坡堤坝在线修复防控信息化关键技术研究与示范

王汉辉　王小毛　马　瑞　闫福根　等　编著

科　学　出　版　社
北　京

内 容 简 介

本书围绕膨胀土岸坡堤坝渗透失稳在线修复防控技术集成与示范中亟待解决的科学问题和关键技术，详细阐述岸坡堤坝空间信息感知与建设技术、监测感知技术、检测感知技术、多元数据融合技术、全链条技术集成技术、三维可视化技术、数据库管理技术和在线预警与修复加固平台构建技术。研究成果将显著提高岸坡堤坝渗透失稳预警的准确性和修复的及时性，有效改进现有的岸坡堤坝渗透失稳风险应对方式，提升我国在膨胀土岸坡堤坝滑坡防治领域的理论与技术水平。

本书可供水利水电工程、岩土工程、地质灾害防治工程领域从事勘察、设计、施工、运行和管理的工程技术人员，以及高等院校、科研院所从事科学研究的科研人员借鉴参考。

图书在版编目（CIP）数据

膨胀土岸坡堤坝在线修复防控信息化关键技术研究与示范/王汉辉等编著. —北京：科学出版社，2022.11
ISBN 978-7-03-073222-4

Ⅰ.①膨⋯ Ⅱ.①王⋯ Ⅲ.①膨胀土-岸坡-堤坝-渗透性-修复-研究 Ⅳ.①TV871.3

中国版本图书馆 CIP 数据核字（2022）第 173582 号

责任编辑：何 念 张 湾/责任校对：高 嵘
责任印制：彭 超/封面设计：无极书装

科 学 出 版 社 出版
北京东黄城根北街 16 号
邮政编码：100717
http://www.sciencep.com

武汉精一佳印刷有限公司印刷
科学出版社发行 各地新华书店经销
*

开本：787×1092 1/16
2022 年 11 月第 一 版 印张：13
2022 年 11 月第一次印刷 字数：308 000

定价：**128.00 元**
（如有印装质量问题，我社负责调换）

前　言

本书以"十三五"国家重点研发计划项目课题"膨胀土岸坡和堤坝渗透失稳在线修复防控技术集成与示范"的研究成果为基础，对膨胀土岸坡堤坝在线修复防控信息化关键技术进行研究，目的是为膨胀土岸坡堤坝渗透失稳监测预警与修复加固提供一套完备的全链条解决方案。

本书采用理论结合实践方式，主要从信息化关键技术、在线预警与修复加固平台构建和示范工程推广应用三个方面进行阐述。在数据存储方面，采用结构化和非结构化数据类型，建立三维空间信息、水文气象、安全监测、物探检测等多元数据的存储模型，利用空间信息感知与建设技术、监测和检测感知技术实现膨胀土岸坡堤坝多元数据融合；通过在线接入膨胀土岸坡堤坝渗透失稳全生命期计算和分析模型，实现膨胀土岸坡堤坝全生命期健康状态快速评判及失稳预警，并利用预警状态对膨胀土岸坡堤坝进行在线修复；依托地理信息系统+建筑信息模型平台、微服务平台、大数据服务、工作流平台、消息中间件等，建立集成多元数据融合、监测预警、检测识别评估和修复加固等的一体化、全链条、可视化的在线预警与修复加固平台，并将其推广应用至南水北调中线工程丹江口水库宋岗码头膨胀土岸坡以开展示范。

本书由王汉辉、王小毛、马瑞、闫福根等编著，参与撰写的人员有李双平、刘成堃、胡斌斌、万勇、邹德兵、傅兴安、颜天佑、宁昕扬、孟照蔚、袁乐先、李少林、潘艳辉、徐涛、刘镇、肖伟、刘加龙、殷浩、马强、孔建、钟良、郑敏、杨洋、王华为、曾俊、刘光彪等。第1章由王汉辉、王小毛、闫福根、邹德兵撰写；第2章由王汉辉、马瑞、万勇撰写；第3章由李双平、钟良、郑敏、杨洋、袁乐先撰写；第4章由王汉辉、李双平、李少林、郑敏、钟良、王华为、袁乐先、杨洋、刘光彪撰写；第5章由王小毛、徐涛撰写；第6章由王汉辉、闫福根、颜天佑、宁昕扬、潘艳辉、曾俊、刘加龙、傅兴安撰写；第7章由闫福根、万勇、刘成堃、孔建撰写；第8章由王汉辉、马瑞、胡斌斌、邹德兵撰写；第9章由马瑞、刘成堃、胡斌斌、肖伟、孟照蔚撰写；第10章由刘成堃、胡斌斌、万勇、颜天佑撰写；第11章由闫福根、宁昕扬、孟照蔚、曾俊、傅兴安、马强、刘镇、殷浩撰写。

本书的出版得到了中国水利水电科学研究院、华北水利水电大学、中山大学、长江科学院、黄河水利科学研究院、郑州大学等多家单位和多位专家的大力支持，在此表示衷心的感谢！谨以此书献给所有参与"十三五"国家重点研发计划项目"岸坡堤坝滑坡监测预警与修复加固关键技术及示范应用"的专家、学者，并向他们表示崇高的敬意和衷心的感谢！

限于作者水平和经验，本书的不当之处在所难免，敬请同行专家和广大读者批评指正。

作　者

2021年11月26日

目 录

第1章 绪论 ·· 1
 1.1 问题的提出 ··· 2
 1.2 国内外研究现状 ·· 2
  1.2.1 空间信息获取技术 ·· 2
  1.2.2 监测与检测信息化技术 ·· 4
  1.2.3 岸坡堤坝修复加固技术 ·· 5
  1.2.4 岸坡堤坝工程数据融合及可视化技术 ·· 7
  1.2.5 GIS 研究 ·· 9

第2章 岸坡堤坝滑坡监测预警与修复加固系统架构 ··· 11
 2.1 建设目标 ··· 12
 2.2 设计原则及思路 ··· 12
  2.2.1 设计原则 ·· 12
  2.2.2 设计思路 ·· 13
 2.3 总体架构 ··· 14
  2.3.1 基础设施层 ··· 15
  2.3.2 数据层 ··· 15
  2.3.3 平台层 ··· 16
  2.3.4 应用层 ··· 18
 2.4 技术架构 ··· 19
  2.4.1 前端开发框架设计 ··· 20
  2.4.2 后端开发框架设计 ··· 20
 2.5 部署架构 ··· 20

第3章 空间信息感知与建设技术 ·· 23
 3.1 航空摄影数据采集 ·· 24
  3.1.1 航空摄影参数 ·· 25
  3.1.2 航空摄影飞行 ·· 26
  3.1.3 外业控制测量及空三加密 ··· 26
 3.2 DEM 制作 ·· 28
 3.3 正射影像制作 ·· 29
 3.4 倾斜摄影模型制作 ·· 31
 3.5 建筑物三维建模 ··· 34

第4章 岸坡堤坝监测感知技术研究 ··· 37
 4.1 低空摄影测量监测技术 ·· 38

	4.1.1	低空摄影测量监测技术概述	38
	4.1.2	岸坡堤坝低空摄影测量研究	39
4.2	分布式安全监测技术		41
4.3	监测数据快速处理技术		42
	4.3.1	基于孤立森林算法的多元海量数据降噪模型	43
	4.3.2	基于SJF的并行调度模型	45
	4.3.3	多元海量监测数据快速处置效果评价方法	46
4.4	安全监测自动化采集方案		46
	4.4.1	通信方式	46
	4.4.2	供电方式	47
	4.4.3	防雷和接地	47
4.5	岸坡堤坝安全监测信息采集及应用分析		48
	4.5.1	岸坡堤坝分布式安全监测方案布置	48
	4.5.2	岸坡堤坝安全监测成果分析	49

第5章 岸坡堤坝检测感知技术研究 59

5.1	时移电法检测方法概述		60
	5.1.1	时移电法检测基本原理	60
	5.1.2	时移电法检测工作布置	62
	5.1.3	时移电法检测系统	62
	5.1.4	岸坡堤坝时移电法检测数据处理与解释	65
5.2	岸坡堤坝时移电法检测技术应用研究		67
	5.2.1	时移电法检测系统设计	67
	5.2.2	电法装置选择研究	68
	5.2.3	时移电法检测数据采集与分析	70
	5.2.4	研究结论	77
5.3	时移地震检测方法概述		78
	5.3.1	时移地震检测基本原理	78
	5.3.2	时移地震检测工作布置	78
	5.3.3	时移地震检测系统	79
	5.3.4	岸坡堤坝时移地震检测数据处理与解释	81
5.4	岸坡堤坝时移地震检测技术应用研究		82
	5.4.1	时移地震检测系统设计	82
	5.4.2	时移地震检测数据采集与分析	83
	5.4.3	研究结论	85

第6章 岸坡堤坝修复加固技术研究 87

6.1	膨胀土岸坡柔性非开挖修复加固技术		88
	6.1.1	膨胀土岸坡滑坡计算理论	88

    6.1.2 膨胀土柔性非开挖修复加固方法及实施 91
  6.2 高聚物注浆柔性防渗墙修复加固技术 93
    6.2.1 工艺原理及理论基础 93
    6.2.2 高聚物注浆柔性防渗墙修复方案实施 99

第7章 信息化关键技术研究 103
  7.1 数据融合技术研究 104
    7.1.1 多元数据融合支撑技术 104
    7.1.2 岸坡堤坝多元异构数据集构建 107
    7.1.3 基于3DGIS场景的多元数据融合 112
  7.2 全链条技术集成研究 114
    7.2.1 DDS 114
    7.2.2 技术集成服务 115
    7.2.3 全链条技术集成框架 116
  7.3 推演仿真技术研究 117
    7.3.1 示范点工程三维场景仿真 117
    7.3.2 监测检测信息仿真 118
    7.3.3 监测预警仿真 120
    7.3.4 修复加固技术仿真 122
    7.3.5 基于时间轴的模拟仿真 123

第8章 数据库管理技术 125
  8.1 数据库信息分类 126
  8.2 数据库设计 128
    8.2.1 指标项的描述方法 128
    8.2.2 指标名称命名规则 128
    8.2.3 字段名命名规则 129
    8.2.4 数据类型及格式的表示方法 129
    8.2.5 数据库设计实例 130
  8.3 数据清洗 132
  8.4 信息管理定制与发布 135
    8.4.1 信息管理定制 135
    8.4.2 信息发布 135

第9章 服务平台建设 139
  9.1 GIS+BIM平台 142
  9.2 微服务平台 144
  9.3 大数据服务技术 145
    9.3.1 数据交换服务 146
    9.3.2 数据整合服务 146

		9.3.3 数据交换质量管理服务	147
		9.3.4 数据交换监控管理服务	147
		9.3.5 数据分析服务	148
	9.4	工作流平台	148
	9.5	消息中间件	150

第 10 章 岸坡堤坝滑坡监测预警与修复加固系统设计 153

10.1	系统框架设计		154
10.2	首页看板		156
10.3	示范点工程综合展示		156
	10.3.1	工程全貌	157
	10.3.2	监测视角	157
	10.3.3	检测视角	158
	10.3.4	全生命期行为分析评估视角	158
	10.3.5	监测预警与评价视角	159
	10.3.6	修复加固视角	160
10.4	监测信息自动化采集		162
10.5	物探检测信息定时采集		163
10.6	环境信息自动化采集		164
10.7	岸坡堤坝信息及修复加固技术可视化		165
10.8	系统管理		167

第 11 章 岸坡堤坝滑坡监测预警与修复加固系统应用 169

11.1	南水北调中线渠首膨胀土岸坡示范点概述		170
	11.1.1	地形地貌	170
	11.1.2	气象水文	171
	11.1.3	地质条件	171
	11.1.4	岩土体物理力学性质	173
11.2	岸坡堤坝滑坡监测预警与修复加固系统实例		177
	11.2.1	低空摄影测量监测技术应用	178
	11.2.2	监测数据快速处理技术应用	181
	11.2.3	安全监测信息化自动采集技术应用	182
	11.2.4	时移地震检测技术应用	184
	11.2.5	膨胀土岸坡全生命期健康状态快速评判	185
	11.2.6	膨胀土岸坡监测预警	188
	11.2.7	柔性防护修复加固技术应用及效果评价	191

参考文献 197

第1章

绪论

1.1 问题的提出

我国是世界上地质灾害最为严重的国家之一，灾害种类多，分布地域广，发生频率高，造成的损失重。同时，我国有防洪任务的河段总长 3.739×10^5 km，半数以上位于长江、黄河等流域的二十多个省份的膨胀土地区，每年由渗透破坏引起的岸坡堤坝滑坡较多，如丹江口水库蓄水后陶岔渠首河段出现了多处膨胀土岸坡的滑动变形等。因此，研究膨胀土岸坡堤坝渗透滑坡具有重大的现实意义。膨胀土岸坡滑坡影像如图 1.1 所示。

（a）膨胀土自然边坡滑坡影像　　　　（b）膨胀土人工边坡滑坡影像

图 1.1　膨胀土岸坡滑坡影像图

虽然我国在滑坡领域开展了多年研究并取得了大量成果，但是关于膨胀土岸坡堤坝渗透滑坡的研究还不系统，尤其是对岸坡堤坝监测预警与修复加固信息化技术的研究少之又少。现有的岸坡堤坝滑坡监测预警与修复信息化集成系统多侧重于监测数据信息管理，仿真与可视化主要局限在数据图表表达，数据资源整合也在积极推动之中。采用多元数据融合和技术集成手段，提升应对自然灾害的综合能力是未来的发展趋势。因此，本书阐述了空间信息感知与建设技术、监测和检测感知技术、多元数据融合技术、全链条技术集成技术、三维可视化技术、数据库管理技术，构建了集成多元数据融合与监测预警、检测识别评估、修复加固的一体化与全链条技术集成平台，开展了平台在南水北调中线工程膨胀土岸坡堤坝工程中的示范应用，为提高我国膨胀土岸坡堤坝渗透滑坡快速识别与防治技术水平提供了技术支撑。

1.2 国内外研究现状

1.2.1 空间信息获取技术

天空地协同监测技术，是指运用天（卫星遥感）、空（无人机遥感）、地（地面监测）协同，对各类边坡滑坡专题事件或目标进行立体化监管，全面、准确地把握各种滑坡问题的时空分布。

近些年，随着测绘科学和地理信息技术的发展[1]，对空间感知和监测的需求急剧增长，遥感技术作为获取地理空间和环境信息的重要手段得到迅速发展。当今，遥感技术在空间分辨率、光谱分辨率和时间分辨率方面，都已获得巨大的突破，呈现"三高"新特征。

以高分系列为例：GF-1 是中国高分辨率对地观测系统重大专项首颗卫星，突破了高空间分辨率、多光谱与高时间分辨率结合的光学遥感关键技术；GF-2 是中国第一颗亚米级高分辨率民用光学遥感卫星，标志着中国遥感卫星进入亚米级"高分时代"；GF-3 是中国首颗空间分辨率达到 1 m 的 C 频段多极化合成孔径雷达成像卫星，也是世界上成像模式最多的雷达卫星，实现了"一星多用"的效果；GF-4 是中国首颗，也是世界上分辨率最高的地球同步轨道高分辨率遥感卫星，能够实现对同一区域的持续观测；GF-5 是中国首颗高光谱卫星；GF-6 是中国首颗精准农业观测的低轨光学遥感卫星，又称"高分陆地应急监测卫星"；GF-7 是中国高分系列卫星中测图精度要求最高的科研型卫星，突破了亚米级立体测绘相机技术，能够获取高空间分辨率光学立体观测数据和高精度激光测高数据[2]。高分系列卫星覆盖从全色、多光谱到高光谱，从光学到雷达，从太阳同步轨道到地球同步轨道等多种类型，是一个具有高时空分辨率、高光谱分辨率、高精度观测能力的对地观测系统[3]。高分系列卫星的成功发射，为实现流域智慧化、精细化监控提供了基础支撑，可服务于流域防洪减灾、地质安全监测、水政执法及滑坡监测等多个应用领域。

无人机出现在 1917 年，早期研制的无人驾驶飞行器主要用作靶机，应用范围主要是在军事上，后来逐渐用于作战、侦察及民用遥感飞行平台。20 世纪 80 年代以来，随着计算机技术、通信技术的迅速发展，以及各种数字化、重量轻、体积小、探测精度高的新型传感器的不断面世，无人机的性能不断提高，应用范围和领域迅速拓展[4]。无人机遥感技术具有成本低、操作简单、快速灵活、实时性强、可扩展性大和云下高分辨率成像等优点，可作为卫星遥感技术的有效补充，已成为遥感数据获取的重要手段之一。它能够快速、便捷地获取实时、多角度、高分辨率的空间遥感影像数据，及时、有效地应对各种突发事件，可以在短时间内迅速获取目标区域的信息，便于分析决策和采取应对措施。固定翼无人机和旋翼无人机如图 1.2 所示。

(a) 固定翼无人机　　(b) 旋翼无人机

图 1.2　固定翼无人机和旋翼无人机

我国在研发应用低空无人机遥感技术方面已有二十余年的历史，近年来，无人机和传感器小型化技术不断取得新的突破，无人机遥感系统呈现井喷式发展趋势。当前无人机系统种类繁多，在尺寸、重量、航程、飞行高度、飞行速度、续航能力等多方面都有较大差异，既有如翼龙-II、甘霖-I 等大型无人机系统，又有如精灵、御等消费级小型无人机系统，续航时间从 1 h 到几十小时、任务载荷从几千克到几百千克不等，这为长时间、大范围的遥感监测提供了保障，也为搭载多种传感器和执行多种任务创造了有利条件。

近年来，天空地协同监控体系不断发展，在膨胀土岸坡堤坝监测、流域水土保持动态监测、三峡库区地质安全问题遥感调查与监测等多方面得到了广泛应用。

1.2.2　监测与检测信息化技术

1. 监测信息化技术

随着信息化技术的提升，国内外工程安全监测系统正从传统的人工监测向智能化在线监测系统过渡。近年来，工程结构安全事故频发，社会对工程安全的需求日益强烈，通过信息化手段，可以实现对工程安全运行性态的实时监测，并能够对可能出现的异常情况进行及时预报、预警。与此同时，监测技术也在发展，工程安全监测设备种类越来越多，采集的数据量日趋庞大，且数据结构的复杂度越来越高，信息化手段便能实现上述海量多源异构数据的快速管理分析。

随着无线传感网络的深入研究和互联网的兴起，我国工程安全监测系统的搭建研究和应用取得了很大的进展，为工程安全运行提供了强大的技术支撑。2010 年前后，安全监测系统多基于客户机-服务器（client/server，C/S）端进行开发，在该模式下，系统移植能力较差，对运行环境及硬件有较高要求。随着 Web 技术的发展及 Spring 系列框架的丰富，安全监测信息化系统逐步向浏览器-服务器（browser/server，B/S）结构发展[5]。在 Web 端安全监测信息化系统发展初期，系统的功能模块往往具有高耦合性，缺乏合理的引导规划，给后续系统功能扩展、升级和二次开发带来了极大的困难，且由于功能之间的高度耦合，会出现当某一个模块存在问题时，系统"雪崩式"崩溃的情况。

为此，本书基于微服务系统架构，结合工程实际业务需求，充分吸收互联网技术（internet technology，IT）行业先进技术，提出一种有效的多传感器融合物联网技术的数据平台服务集群化方法。采用前后端分离开发模式，实现了前端开发与后端开发的同步进行。前端主要基于 Vue 全家桶及相关组件进行开发，后端主要基于 Spring Boot、Spring Cloud Alibaba 框架进行开发。后台系统中包含了负载均衡、熔断降级、认证授权及限流，同时具备统一权限认证（以实现不同用户的权限控制）、异常与日志的统一管理功能，采用主流的容器技术实现专业功能模块的横向扩展，业务分析模型与系统采用松耦合设计，使平台具备较好的伸缩性和通用性，有效实现了安全监测数据的高效管理与专业分析，提升了安全监测效率。

2. 检测信息化技术

1998年特大洪水后，使用先进手段对岸坡堤坝渗透滑动的发生、发展进行观测，为防汛人员提供预测、预警信息，成为地球物理工作者的任务。为突破传统岸坡堤坝隐患探测技术的瓶颈，国内学者相继提出了从地球物理检测到监测的转变思路，高密度电法成为最早引入堤坝工程勘察领域的物探方法，通过多期观测数据反演模型的对比，查明电性变化趋势来定性评价其性质是早期地球物理检测技术的基础思路；而时移电法检测则是在检测思路的基础上发展起来的，它检测的目标不仅仅是地质缺陷，它以介质物理参数的变化为研究对象，对水体渗透滑动隐患的产生、发育、发展过程进行追踪，有效地对险情时空演变特征做出诊断。目前，时移地球物理检测方法已发展出时移地震检测、时移电法检测、时移电阻率法等。针对低可探物理背景下的堤防隐患，开展不同时间点、连续观测的时移电法和时移地震检测，洞悉不同时刻岸坡堤坝介质物理参数的动态演化特征；利用大数据处理技术进行水体渗透发育过程的追踪，评估隐患险情灾变的可能性，实现隐患险情的快速定位、预警已成为时移地球物理检测方法的发展趋势。

在膨胀土岸坡堤坝水体渗透滑动时移检测研究方面：刘健雄[6]采用高密度电法开展膨胀土电阻率动态测试，定量分析膨胀土边坡裂隙演化发育程度，研究膨胀土边坡裂隙发育机制；杜华坤等[7]通过对堤坝渗漏监测的数值模拟研究，分析了利用高密度电法勘探江河水位上涨过程时堤坝视电阻率的变化特征，总结出根据渗漏通道视电阻率异常范围的相对变化来研究渗漏通道走向的可能性。在膨胀土岸坡堤坝水体渗透滑动时移检测技术研究方面，总体来看，对时移电法检测的研究较多，论证了该方法的可行性和有效性，而对时移地震检测的研究较少。物探检测技术在膨胀土岸坡堤坝工程的应用如图1.3所示。

（a）岷江膨胀土岸坡堤坝工程　　　（b）黄河膨胀土岸坡堤坝工程

图1.3　物探检测技术在膨胀土岸坡堤坝工程的应用

1.2.3　岸坡堤坝修复加固技术

1. 膨胀土岸坡修复加固技术

膨胀土是一种特殊的高塑性黏性土，具有胀缩性、崩解性、多裂隙性、超固结性和强度衰减等特性，这些特性使膨胀土地区的工程建设极易发生边坡坍塌或滑坡等地质危害，是影响边坡稳定的内在因素；同时，大量工程实践经验与研究成果均表明，大气降水与蒸发所引起的干湿循环作用是诱发膨胀土反复缩胀变形，导致边坡结构损伤并诱发滑坡的重要外在因素。在天然状况下，未经处理或加固的膨胀土岸坡很快会出现破裂、剥落和泥化等现象，使得土体结构破坏，强度降低，进而失稳。国内外工程技术人员针对膨胀土岸坡的治理与加固措施进行了深入的研究，包括膨胀土边坡防护和排水结构等方面。

1) 边坡防护

国内外工程技术人员基于工程实际提出了一系列行之有效的边坡防护方案，主要可概括为以下两大类：刚性支护措施和柔性支护措施[8]。其中：刚性支护措施以圬工结构（重力式挡墙、抗滑桩和片石护面墙等）为主，是目前边坡治理最常用的方法，其基本原理是利用刚性支护体的锚固作用及被动抗力来平衡滑坡力；柔性支护措施主要包括生物防护、土工织物加筋、土工三维植被网、柔性防护网等措施[9]。刚性和柔性支护措施的主要优缺点及适用范围详见表1.1。

表 1.1 刚性和柔性支护措施的主要优缺点及适用范围

类型	优点	缺点	适用范围
刚性支护措施	防护效果好，结构整体性好，工艺成熟，应用范围广	建设费用高，周期长，变形适应性差	土体松散，膨胀性强，边坡较陡且自稳能力差，裂隙发育，预算充足，以及其他采用柔性支护措施无法满足工程需求的情况
柔性支护措施	变形适应性好，提高土体的整体强度与刚度，抑制土体变形与裂缝的产生，工期短，造价低，生态效益好	防护效果较刚性支护措施差，应用范围有限	土体膨胀性较弱，裂隙发育少，边坡较缓且自稳能力好，预算较少且工期紧张的情况，有一定的生态与环境要求

从表 1.1 中看出，刚性支护措施效果较好，应用范围广，但存在建设费用高、周期长、变形适应性差等缺点。相比而言，柔性支护措施可以从根本上改善膨胀土的胀缩性，在保证自身结构稳定的同时，能更好地适应并抑制土体的变形，减少裂隙的产生，取得良好治理效果的同时，兼顾一定的经济效益和生态效益。

2) 排水结构

排水结构是膨胀土岸坡防护的重要组成部分，根据分布位置的不同，可大致分为坡面排水和坡内排水两大类。其中：坡面排水主要包括天沟（截渗沟）、平台排水沟、侧沟（边沟）与吊沟（急流槽）等主要结构；而坡内排水则主要包括支撑渗沟、盲沟（渗水隧洞）、渗水井与平孔等主要结构。坡面排水能够显著缩短大气降水及坡表来水的汇集量与滞留时间，而坡内排水能有效控制地下水的排出，避免坡内积水，减少"顶托"破坏现象的出现。

2. 堤坝修复加固技术

岸坡堤坝作为工程中常见的构筑物形式之一，大部分采用黏土、砂石等当地材料建造，在使用过程中，受建造方式、水流冲刷、外部使用环境变化、野生动物破坏等因素影响，不可避免地存在损毁可能。根据损毁方式、损毁程度的不同，损毁大致可分为结构缺陷、渗透滑动两大类，应根据具体情况，采取不同的处理措施。当岸坡堤坝内部因长时间使用，出现疏松、空洞但尚未影响到岸坡堤坝的整体稳定，或者堤坝基础深处有裂隙、渗漏通道或溶洞等不良地质时，可以采用灌浆的方式解决。根据灌浆材料的不同，可分为如下几种方式[10-11]。

1）水泥灌浆

帷幕灌浆所采用的水泥品种，应严格根据设计确定的环境水的侵蚀作用和灌浆目的确定。通常情况下，帷幕灌浆所采用的水泥为普通硅酸盐水泥，当有特殊要求时，应采用抗酸水泥或其他类特种水泥。帷幕灌浆所用水泥的品质必须符合规范要求，帷幕灌浆所用水泥的强度等级为 P.O 32.5 或以上。灌浆用水泥应妥善保管，严格防潮并缩短存放时间，不得使用受潮结块的水泥。

对于透水率较大或渗透性较好的坝基岩体，采用普通水泥或超细水泥灌浆即可；但是对于泥化夹层、破碎带、层间层内错动带、蚀变岩等低渗透性复杂岩体或对渗透性要求高的防渗帷幕，水泥灌浆难以达到处理要求时，需要采用化学灌浆材料这类真溶液进行灌注，或者先用水泥对大缺陷进行封堵，再采用化学灌浆材料进行灌浆处理，即水泥化学复合灌浆技术。

2）水泥化学复合灌浆

随着化学灌浆材料、工艺与装备的不断发展，逐渐形成了一套较为完善的坝基不良地质体水泥化学复合灌浆技术，尤其适用于细微裂隙发育、可灌性较差的坝基岩体处理。水泥化学复合灌浆，就是依靠水泥灌浆提高复杂岩体的弹性模量，封堵较大的岩体裂隙，再利用化学浆液的浸润渗透性填充水泥灌浆难以达到的部位，增强复杂不良地质体的整体性和强度。两者复合，既可以充分利用水泥浆材强度高、耐久性好、价格低和无毒等优点，又能充分发挥化学灌浆材料可灌入微细裂隙、凝固时间可控制的特点，可满足工程防渗、止水、补强等多种要求。目前该方法已是地基及基础断层破碎带、软弱夹层和泥化夹层灌浆加固处理中的主要方法，水泥灌浆填充、封堵大的裂隙及孔洞，为化学灌浆提供一个相对封闭、完整的受灌区域，化学灌液利用其良好的渗透性和浸润性，对微细裂隙和软弱断层岩体进行渗透固结，使地层形成一个密实、完整的受力体，达到加固和防渗的效果。主要灌浆设备如图 1.4 所示。

1.2.4 岸坡堤坝工程数据融合及可视化技术

目前，许多地方的岸坡堤坝管理仍采用传统管理模式，数字化、信息化程度不足，主要通过大量的人力巡查来掌握沿线堤防的险情现状，在沿线数据的采集上主要依赖于巡查人员拍照留存，存在记录信息不全面，缺乏专业的数字信息采集设备如无人机等问题，达不到对堤坝信息全面掌握的要求，出现了在日常管理和防洪中处于被动、在精准

(a) 典型化学灌浆设备　　　　　　　(b) 典型水泥灌浆设备

图 1.4　主要灌浆设备

管理上做得不够等问题；同时，在对养护单位的管理中，主要通过微信群、QQ 群进行信息的传递，没有统一的信息存储、发布平台，对于历史数据的保存尚有缺失[12]。

随着云计算、物联网、大数据、移动互联网、人工智能等新一代信息技术的快速发展，通过全面感知、识别、模拟和预测岸坡堤坝工程的态势，辅助精细化管理、快速响应、协同调度、科学决策，让岸坡堤坝工程更高效、更集约、更智能地运行管理已经成为主流发展方向。

从目前关于岸坡堤坝数据融合方面的研究来看，岸坡堤坝工程基础数据具有如下基本特征[13]。

（1）时空和动态变化特征。岸坡堤坝工程的建设与除险加固工作伴随着工程的运行在不断开展，相关建设及运行数据也在源源不断地产生。例如，雨情、库水位等数据具有明显的时空和动态变化特征，降水量具有明显的季节性变化特征，而库水位数据随着降水量的变化，也具有明显的季节性上下波动的特征。

（2）数据之间相互关联、互相影响。岸坡堤坝工程基础数据之间是相互关联、互相影响的。例如，岸坡堤坝滑坡的发生与水情、雨情、地形地貌、工程地质、水文地质及已有修复加固措施等数据关联密切。一般情况下，受水情、雨情、地质条件等多因素的影响，岸坡堤坝发生险情，随后开展修复加固治理，又会产生新的监测及物探检测等方面的数据。因此，岸坡堤坝工程基础数据并不是完全独立的，各种数据之间是相互关联、互相影响的，存在着比较复杂的关系。

（3）具有分散性、碎片化、交互性差等特征。由于岸坡堤坝工程基础数据来源不同，数据被分散放置、分散管理，形成了碎片化数据和"信息孤岛"。数据的结构和数据标准不统一，致使数据无法被其他系统直接使用，流转的自动化程度低，系统之间的交互性较差。

（4）数据利用率低下。受岸坡堤坝工程基础数据标准不统一、分散性、碎片化、交互性差等特征的影响,数据的利用率低下,在岸坡堤坝险情出现时,无法快速、准确地提供岸坡堤坝工程数据,不能充分发挥数据的价值。

目前,在岸坡堤坝信息感知与管理方面,基本实现了岸坡堤坝监测数据的采集、资料整编与统计分析、报告与图表自动生成等多项功能,同时研发了基于 B/S 结构的管理系统,提高了岸坡堤坝管理水平。B/S 结构岸坡堤坝工程管理系统结构如图 1.5 所示。

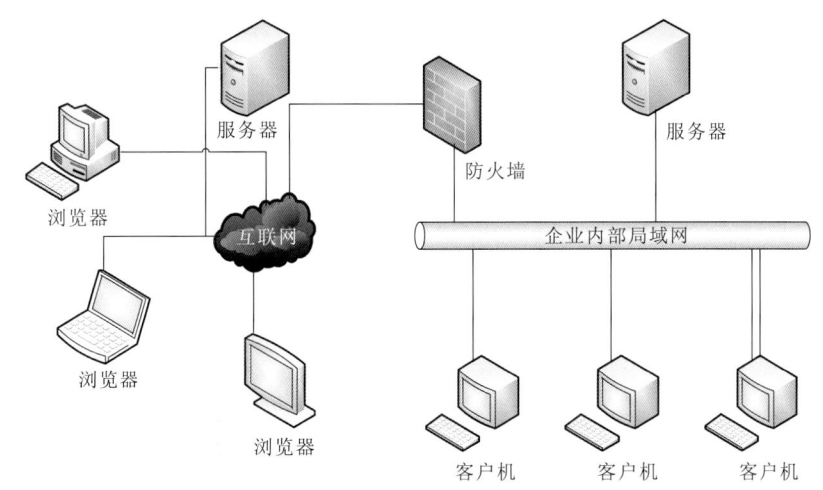

图 1.5　B/S 结构岸坡堤坝工程管理系统结构图

目前,岸坡堤坝工程管理系统还主要局限在监测信息感知,未涉及低空摄影、数字高程模型(digital elevation model,DEM)等空间型数据,岸坡堤坝的管理也停留在监测数据二维可视化分析阶段,未能实现数据采集融合、监测预警及修复加固链条式技术全生命期的管理,数据融合及可视化研究水平相对落后。因此,开发以地理信息系统(geographic information system,GIS)为基础、服务于岸坡堤坝工程全生命期的滑坡监测预警及修复加固管理平台势在必行。

1.2.5　GIS 研究

20 世纪 80 年代末以来,由于二维 GIS 在可视化方面的不足,三维 GIS 技术逐渐成为研究的热点。三维 GIS 是在二维 GIS 的基础上发展而来的,它很好地解决了二维 GIS 不能完整地表达多维空间信息的问题,可以将空间对象以三维可视化的方式进行直观展示[14]。与二维 GIS 相比,三维 GIS 的功能更加强大,在可视化表达方面也更加直观和逼真。三维 GIS 具有以下三个显著特点。

(1) 直观性:三维 GIS 将现实世界以更加直观和真实的方式表达,它将一个真实的地理空间现象以三维可视化的方式展示给观察者,不但可以清晰地表达空间对象在平面间的位置关系,还可以准确地表达与展示空间对象在垂向间的位置关系。

(2) 庞大的数据量:三维 GIS 的应用经常伴随着海量数据的处理,这要求三维 GIS 能够有效地对数据进行高性能管理。作为三维 GIS 的核心,三维空间数据库能够安全、高效地存储和管理海量的空间数据。

（3）复杂的数据结构：三维 GIS 中有很多新的数据类型出现，因此数据结构和空间关系也变得较为复杂，可以对空间对象进行三维建模和三维空间分析等操作。

经过几十年的发展，三维 GIS 在三维可视化方面的研究取得了很多的成果，得到了各行业用户的认同，在城市规划、综合应急、军事仿真、虚拟旅游、智能交通、海洋资源管理、石油设施管理、无线通信基站选址、环保监测、地下管线等领域备受青睐。随着三维 GIS 开始在各个领域广泛应用，很多商业 GIS 软件都增加了三维扩展模块。首先是美国推出 Google Earth、Skyline、World Wind、ArcGIS Desktop 等，我国也紧随其后推出了 SuperMap、CityMaker、EV-Globe、GeoGlobe 等软件，与国外软件竞争本土市场[15]。

由于三维 GIS 平台具有直观性、庞大的数据量、复杂的数据结构等特点，其应用至岸坡堤坝工程具有天然优势，为岸坡堤坝工程多源数据融合、监测预警及修复加固链条式技术可视化表达提供了可靠的平台。典型三维 GIS 软件如图 1.6 所示。

图 1.6　典型三维 GIS 软件

第 2 章

岸坡堤坝滑坡监测预警与修复加固系统架构

2.1 建设目标

针对膨胀土岸坡堤坝滑坡监测预警与修复加固,提供一套完备的全链条解决方案,构建多元数据融合与监测预警、检测识别与评估、修复加固等技术的集成平台,实现多维度可视化在线示范;利用资源整合手段,采用结构化和非结构化相结合的方法,建立基础地理、水文气象、安全监测、物探检测、土体结构、渗流与滑坡稳定分析参数等多元数据的存储模型,结合三维地理空间背景,完成多元数据融合;利用膨胀土岸坡堤坝渗透滑坡全生命期行为预测模型,通过在线接入膨胀土岸坡堤坝渗透滑坡全生命期的计算和分析模型,获取预值,经反演分析,实现对岸坡堤坝全生命期健康状态的快速评判、识别与评估;通过一体化、全链条、可视化的集成平台建设,实现信息资源获取、技术资源集成、监测预警与评价、检测识别与评估、技术示范应用,形成完整的集成技术和系统[16-17]。通过在线示范应用及需求深化,提升分析评价集成平台的稳定性和可靠性,从而有效提高岸坡堤坝滑坡预警预测的准确性、及时性和修复加固效率,改进岸坡堤坝滑坡风险的应对方式,提升我国在膨胀土岸坡堤坝渗透滑坡防治领域的技术水平。

2.2 设计原则及思路

2.2.1 设计原则

(1)实用性、先进性原则。在确保岸坡堤坝滑坡监测预警与修复加固系统实用性的前提下,尽可能采用国内外最先进的技术、方法和软硬件平台,以保证系统具备先进性、前瞻性和扩展性,符合技术发展方向,提升系统生命期应用水平。

(2)稳定性、可靠性原则。系统建设的软硬件配置、信息编码体系设计、各功能模块和接口的设计与开发留有扩充的余地,保证系统具有充分的兼容性、良好的稳定性,确保平台稳定、可靠运行。

(3)适用性原则。具有良好的实用性,操作简单、快捷,界面友好。系统和数据易于维护、更新和管理,能满足不同层次用户的功能定制和扩展性需求。研发的岸坡堤坝滑坡监测预警与修复加固系统应重视系统适用性设计,采用监测、检测、预警与修复架构的数据管理工程语言,符合岸坡堤坝管理工作的一般性惯例。

(4)标准化、规范化原则。数据库的建设要严格按照国家和行业的有关标准与规范进行,岸坡堤坝滑坡监测预警与修复加固系统的设计、实现和测试严格按照软件工程标准及规范执行。

(5)开放性和扩展性原则。系统应具有较强的可维护性和扩展性,满足数据量的增长、数据类型的拓展,以及应用需求和应用范围的扩展要求。对系统运行环境的设计要充分考虑兼容性和扩展性要求,同时数据库设计和系统平台设计应考虑留有一定的冗余,以保证系统的扩充及容错能力。岸坡堤坝滑坡监测预警与修复加固系统应满足扩展性要求，为监测自动化信息系统接入、检测信息数据导入、修复加固仿真系统接入、环境量信息系统接入等提供接口。

（6）安全性原则。岸坡堤坝滑坡监测预警与修复加固系统涉及安全监测数据、物探检测数据、空间地理信息数据等重要数据信息，为了提高系统的安全性，在设计时就必须充分考虑系统安全性问题：一是防止外部非法用户访问网络；二是防止内部合法用户的越权访问；三是防止意外的数据损害。设计统一完善的多级安全机制，拒绝非法用户访问和合法用户越权操作，避免系统数据遭到破坏，防止系统数据被窃取和篡改。提供系统数据操作日志，对所有数据的导入、修改、审批、输出记录日志信息，提供不可抵赖性确认。

2.2.2 设计思路

（1）监测检测数据和管理信息的统一采集、集中管理、统一分析评价。岸坡堤坝滑坡监测预警与修复加固数据包括监测仪器实时采集的数据、物探检测形成的电阻波速信息、室内试验形成的参数信息；地理空间数据主要包括无人机航摄采集的场景数据、建筑信息模型（building information modeling，BIM）软件建模的仪器模型数据、三维动画软件建模的修复加固模型和动画数据等。数据涉及专业多，结构复杂，格式多样，集成难度大。坚持各类数据与信息的统一采集、集中管理、统一分析评价的技术路线，有利于提高岸坡堤坝滑坡监测预警与修复加固数据的管理维护效率，有利于信息资源的共享和应用。

（2）统一的三维地理信息服务平台。为了实现岸坡堤坝滑坡监测预警与修复加固数据的统一采集、集中管理、统一分析评价，以及与相关应用系统的资源共享和数据整合，需要基于统一的三维地理信息服务平台，构建统一的岸坡堤坝滑坡监测预警与修复加固信息化架构，开展各类数据感知、管理、展示、分析、仿真等；制订统一的地理数据采集方案，在统一技术标准和统一地理信息管理原则下实现各类空间信息资源和可视化应用的充分共享。

（3）数据集成和应用策略。基于开放地理空间信息联盟（Open Geospatial Consortium，OGC）标准实现空间数据集成和共享：基于公共接口访问模式的互操作方法是一种基本的操作方法。OGC 标准服务能够使地图和数据以国际公认的开放格式在 Web 上使用。各应用系统提供遵循 OGC 标准的服务接口，可满足不同应用系统地理数据和地图资源共享的要求。接口主要包括 Web 地图服务（Web map service，WMS）、Web 要素服务（Web feature service，WFS）、切片地图 Web 服务（Web map tile service，WMTS）及 Web 覆盖服务（Web coverage service，WCS）四种类型。

基于微服务架构模式，实现高度的可重用性和扩展性：微服务架构是面向服务的体系结构（service-oriented architecture，SOA）的一种变体。微服务提倡将单一应用程序划分成一组小的服务，服务之间互相协调、互相配合，为用户提供最终价值。每个服务运行在其独立的进程中，其间采用轻量级的通信机制互相沟通[通常是基于超文本传输协议的 RESTful 应用程序接口（application program interface，API）]，每个服务都围绕着具体业务进行构建，并且能够独立地部署到生产环境、类生产环境等。

基于微服务架构的应用集成模式，有两点好处：①适应变化的灵活性；②当某个服务的内部结构和实现逐渐发生改变时，不影响其他服务。

2.3 总体架构

依据膨胀土岸坡堤坝渗透失稳在线修复防控技术集成的实际需求，以服务于岸坡堤坝滑坡监测预警与修复加固信息化管理为宗旨，综合运用云计算、物联网、大数据、人工智能、移动互联网等新一代信息技术，构建岸坡堤坝滑坡监测预警与修复加固系统[18]。

系统总体架构以"开发标准化、系统模块化、操作工具化、运行容器化、应用服务化"为总体设计目标，分为基础设施层、数据层、平台层、应用层四层，以及对应的开发工具，如图 2.1 所示。

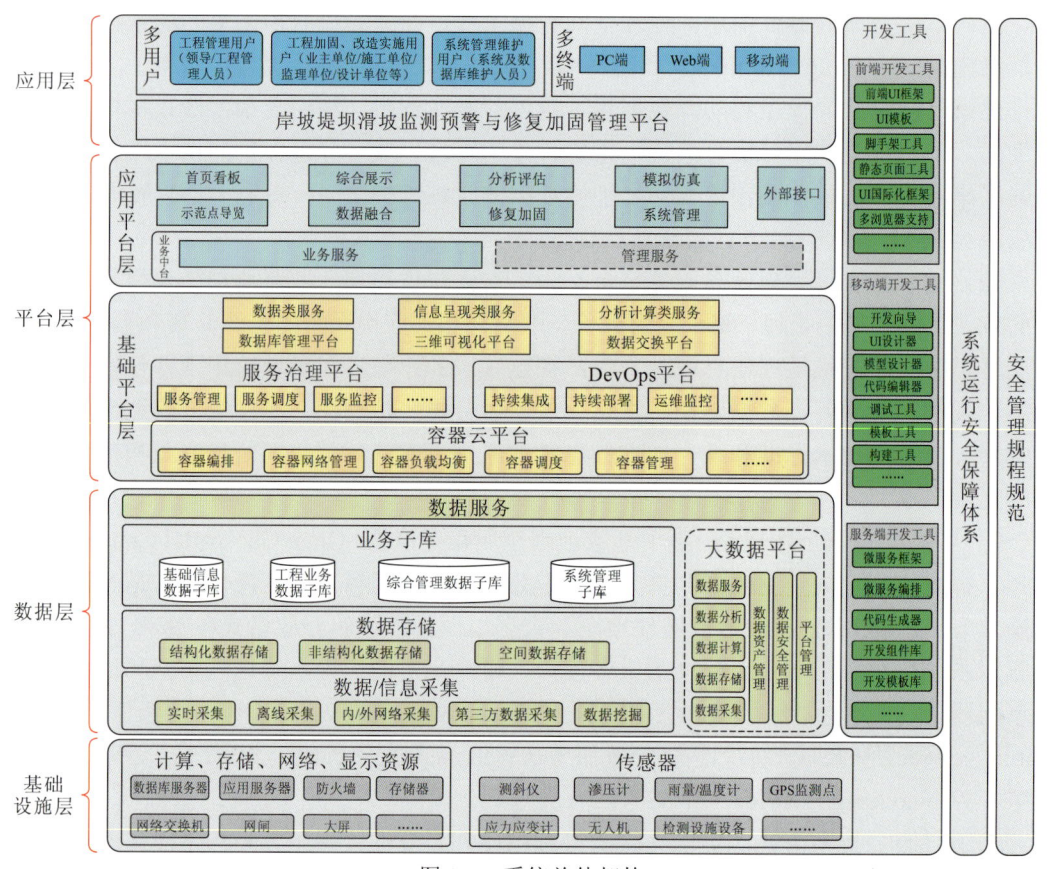

图 2.1 系统总体架构

PC 指个人计算机；GPS 指全球定位系统；UI 指用户界面

2.3.1 基础设施层

基础设施层主要用于管理服务器计算资源、集中存储和分布式存储资源、网络资源、数据库资源和安全资源等，通过虚拟化方式实现软硬件资源的管理、扩容和监控等，通过横向扩展的方式不断补充硬件资源以支撑上层的平台层及应用层的性能需求，其主要包括计算、存储、网络、显示资源和传感器两部分。

计算、存储、网络、显示资源包括数据库服务器、应用服务器、防火墙、存储器、网络交换机、网闸、大屏等硬件设备，并利用大屏等显示设备增强场景三维可视化展示效果。

传感器可分为监测设施设备、检测设施设备和无人机设备，其中监测设施设备包含测斜仪、渗压计、应力应变计、GPS 监测点等，其可自动化采集岸坡堤坝表面变形、深层变形、水位、雨量、渗透压力、土压力、含水量等数据；检测设施设备主要实现检测断面电阻、波速云图等数据的采集；无人机设备主要通过航摄采集数字正射影像图（digital orthophoto map，DOM）、DEM 和倾斜摄影模型等。利用传感器采集各类业务数据和地理空间数据，为数据层提供数据输入。基础设施层架构如图 2.2 所示。

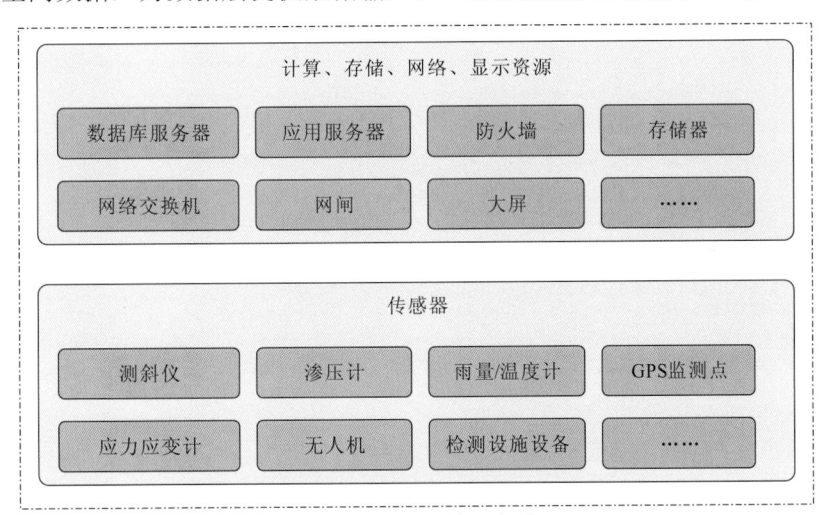

图 2.2 基础设施层架构

2.3.2 数据层

数据层对采集的各类结构化数据、地理空间数据进行多元数据融合，形成统一智能化的数据接口，一方面为应用层的算法模型提供数据支撑，另一方面为其可视化表达和模拟仿真提供三维地理空间场景、模型与业务数据支撑[19]。

数据层包括数据/信息采集、数据存储、业务子库及大数据平台[20]。

数据/信息采集包括实时采集、离线采集、内/外网络采集、第三方数据采集和数据挖掘。

数据存储：结构化数据主要包括监测仪器实时采集的数据、物探检测形成的断面电阻和波速云图、室内试验形成的参数信息；非结构化数据是数据结构不规则或不完整，没有预定义的数据模型，不方便用数据库二维逻辑来表现的数据，主要包括所有格式的办公文档、文本、图片、可扩展标记语言（extensible markup language，XML）、超文本标记语言（hypertext markup language，HTML）、各类报表、图像、音频、视频信息等；空间数据主要包括无人机航摄采集的场景数据、BIM软件建模的仪器模型数据、三维动画软件建模的修复加固模型和动画数据。其中，结构化数据可采用 SQL Server、Oracle 等数据库进行存储，非结构化数据可采用 HBase 等数据库进行存储，空间数据可采用 PostgreSQL、SQL Server、Oracle 等数据库进行存储。

业务子库包括基础信息数据子库、工程业务数据子库、综合管理数据子库和系统管理子库。

大数据平台包括数据服务、数据分析、数据计算、数据存储、数据采集、数据资产管理、数据安全管理和平台管理。

数据层架构如图 2.3 所示。

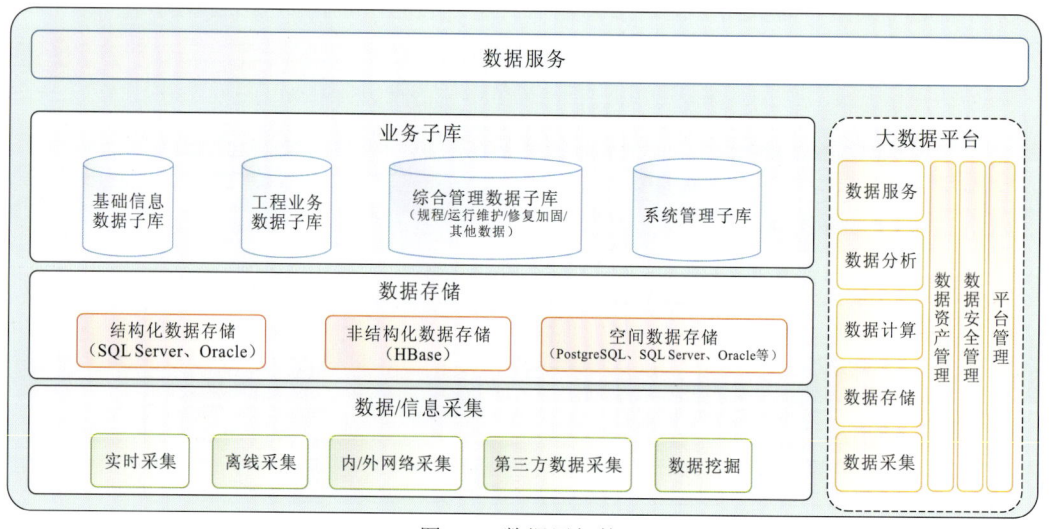

图 2.3 数据层架构

2.3.3 平台层

平台层由分布式、微服务、大数据、容器等基本技术组成，在技术路线和架构上，以开源、开放、自主可控为导向，整个平台的技术架构采用主流的 IT 体系。

1. 平台层架构设计特征

平台层通过资源池方式实现资源的分配和共享，利用容器进行应用程序封装，从而实现应用程序的快速发布、部署及环境隔离，通过抽象出分布式复杂应用模型，实现全自动化端到端的应用生命周期管理，包括软件包管理、多实例安装、网络创建和隔离、负载均衡配置、故障发现和恢复、监控、实时分析、弹性伸缩，以及无中断升级和发布。另外，平台层通过微服务框架抽象出业务场景的共性特征，以服务为中心，具备支撑多种应用场景业务需求的共享服务能力，利用服务治理能力实现微服务之间的依赖关系、安全策略及运维监控。

2. 平台层分层

平台层分为两层：基础平台层和应用平台层。平台层架构如图 2.4 所示。

图 2.4 平台层架构

1）基础平台层

通过数据层提供的数据访问接口获取数据输入，在基础平台层接入膨胀土岸坡堤坝渗透失稳在线修复防控技术的全生命期预测方法、渗透失稳评价方法和灾变快速评估方法等算法，按照标准服务方式进行发布，得出相应的分析结果，并通过服务组合将信息反馈到应用层的一体化全链条技术应用，其主要包括服务治理平台、容器云平台、DevOps 平台、数据库管理平台、三维可视化平台（如 3DGIS）、数据交换平台和其他应用支撑平台。

服务治理平台：支持微服务架构，负责对微服务运行中的服务注册、服务发现、服务依赖、运行状态进行管理，提供服务框架、远程过程调用（remote procedure call，RPC）、流量控制、权限控制、服务管理、服务调用、链路追踪、服务降级、配置中心、一致性框架（用于支持分布式事务）、异步编程框架等核心组件。

容器云平台：以基础平台层为支撑，包含容器管理、容器网络管理、容器编排等技术能力，在运行期为应用提供扩容、缩容、升级、回滚等功能，支持针对容器的服务发现和负载均衡，实现弹性计算能力，保证服务的高可用和稳定性。

DevOps 平台：基于持续集成、持续部署、配置中心、多套环境等基础服务，提供从代码编译构建到应用程序发布上线的持续集成、持续发布、运维监控等全过程管理，在应用发布过程中可以自动化进行代码扫描、代码编译、单元测试、代码构建、生成镜像、多环境部署、功能测试、压力测试、蓝绿发布、灰度发布等多个环节的工作，并具备日志管理、应用版本升级管理、应用性能监控、用户行为监控等管理监控能力，降低应用系统研发的成本，提高研发效率。

2）应用平台层

应用平台层由多个基于微服务框架构建的微服务组成，以共享服务的形态为上层应用系统提供通用技术和业务场景支撑能力，形成中台服务能力，这些微服务的接口可以被多个上层应用系统或其他微服务调用，以便满足不同业务场景或功能的需要。

2.3.4 应用层

应用层主要是对典型示范点开展示范应用，包括典型的堤防、堤坝和膨胀土岸坡等示范点工程。针对不同类型的示范点，集成平台将提供不同侧重点的功能模块来实现多元数据融合、全链条技术集成、可视化表达与模拟仿真的一体化应用。

应用层主要包括多用户和多终端两个架构，其中多用户包括工程管理用户（领导/工程管理人员），工程加固、改造实施用户（业主单位/施工单位/监理单位/设计单位等）和系统管理维护用户（系统及数据库维护人员）；多终端包括 PC 端、Web 端和移动端。应用层架构如图 2.5 所示。

图 2.5　应用层架构

2.4 技 术 架 构

岸坡堤坝滑坡监测预警与修复加固系统采用前后端分离的开发模式，相较于传统的前后端一体式开发，前后端分离技术能够大大降低前端代码和后端代码之间的耦合，从而提高开发效率，并能充分应对前端需求变化，确保信息化系统研发的进度。

同时，在技术路线的选择上，岸坡堤坝滑坡监测预警与修复加固系统采用符合微服务体系架构的设计思想及当前业界主流的.NET技术路线，其可以满足跨硬件平台、跨操作系统的要求。岸坡堤坝滑坡监测预警与修复加固系统技术架构如图2.6所示。

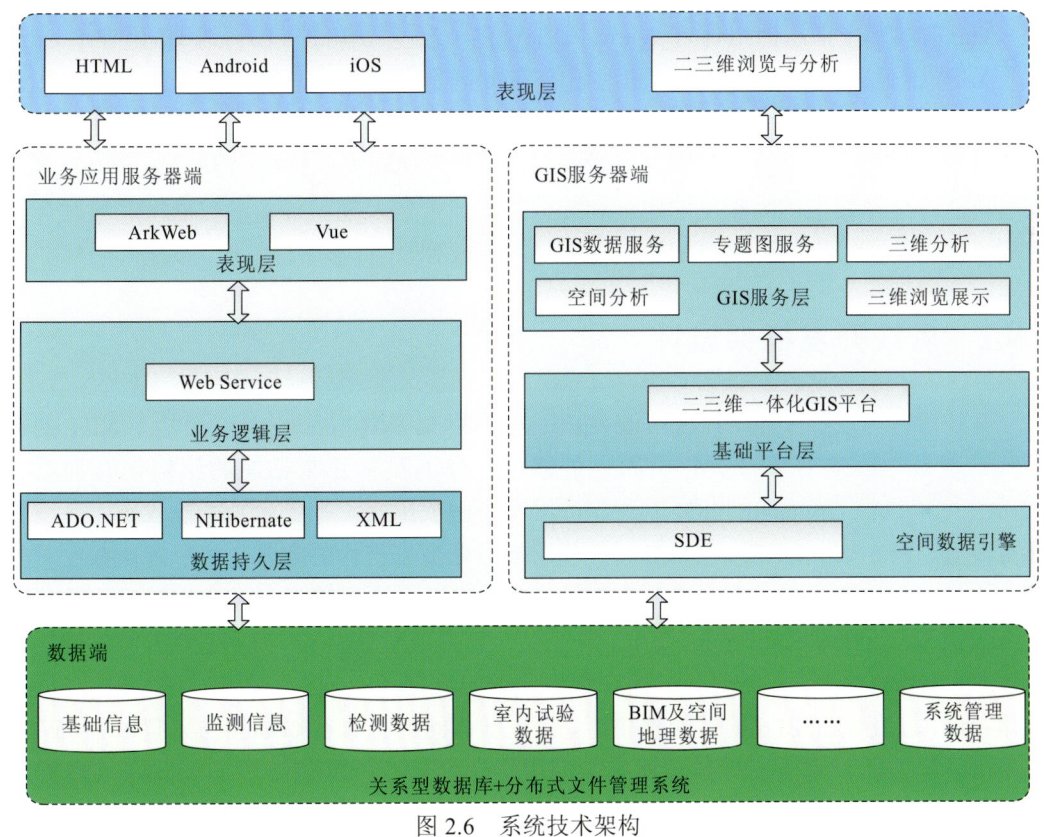

图 2.6　系统技术架构

SDE 指空间数据库引擎

岸坡堤坝滑坡监测预警与修复加固系统在技术体系中采用了 Web Service、Vue、ArkWeb、NHibernate、ADO.NET、XML 等核心框架技术，在保证技术先进性的同时兼顾了技术的实用性。采用组件式开发技术，使彼此独立的业务组件通过 Web Service、XML 等松耦合的通信方式组织在一起，形成完整的业务系统；采用数据访问对象实现对数据库的存取，采用异步任务来处理长时间请求；采用 O-R Mapping 技术保证公共数据库的可扩展性；将 XML 和 Web Service 作为数据发布标准，采用元数据、数据映射、原生 XML 数据库等技术实现数据处理。

2.4.1 前端开发框架设计

前端开发框架有方舟 ArkWeb[21]、AngularJS、React 及 Vue，其中 Vue 是目前较为流行的前端开发框架，具有良好的设计架构和出色的性能表现，受到众多开发人员的追捧。

Vue 是一套构建 UI 的渐进式框架。与其他重量级框架不同的是，Vue 采用自底向上增量开发的设计。Vue 的核心库只关注视图层，它不仅易于上手，还便于与第三方库或既有项目整合。另外，当与单文件组件和 Vue 生态系统支持的库结合使用时，Vue 也完全能够为复杂的单页应用程序提供驱动。同时，Vue 还提供了 vue-router 和 vuex 等一系列插件，方便进行数据管理和路由控制，大大提高了开发效率。

Vue 前端库中常用的组件有 iView，iView 是一套基于 Vue.js 的开源 UI 组件库。

ArkWeb 是一款面向三维地球和地图的 JavaScript 产品。它提供了基于 JavaScript 语言的开发包，方便用户快速搭建一款零插件的虚拟地球 Web 应用，并在性能、精度、渲染质量、多平台、易用性上都有高质量的保证。通过 ArkWeb 提供的 JS API，可以实现以下功能：全球级别的高精度的地形和影像服务、矢量及模型等多源数据集成与融合、时序可视化仿真，支持海量模型数据（BIM、点云等）、地形影像及时态数据[22-23]。

2.4.2 后端开发框架设计

系统后端开发拟采用 NHibernate+EF6+WCF 框架。NHibernate 是一个基于.NET 的针对关系型数据库的对象持久化类库，能够使开发人员从原来枯燥的结构化查询语言（structured query language，SQL）语句的编写中解放出来，把更多精力投放到业务逻辑的实现上。EF6（Entity Framework 6）使用抽象化数据结构的方式，将每个数据库对象都转换成应用程序对象，而数据字段都转换为属性，关系则转换为结合属性，让数据库的实体/关系（entity/relationship，E/R）模型完全转换成对象模型，从而使程序设计师能用最熟悉的编程语言来调用访问[24]。而在抽象化的结构之下，对应结构的概念层、对应层和储存层，以及支持 EF6 的数据提供者，让数据访问的工作得以顺利与完整进行。WCF 是由微软开发的一系列支持数据通信的应用程序框架，可以翻译为 Windows 通信开发平台，其整合了原有的 Windows 通信的.NET Remoting、Web Service、Socket 等机制，并融合有超文本传输协议和文件传输协议的相关技术，是 Windows 平台上开发分布式应用最佳的实践方式[25]。

2.5　部　署　架　构

依据岸坡堤坝滑坡监测预警与修复加固系统的设计原则和思路、系统总体架构、技术架构，构建了基于微服务架构的系统软件体系，既有效保证了软件系统应用的灵活性，又提升了系统平台部署的便捷性与稳定性。软件平台采用系统分部部署、子系统统一规划的方式，满足分布应用需求；不同的服务组件可以分开部署，保障各服务应用之前的相互独立性，从而最大限度上降低系统业务变更、系统升级带来的影响。

岸坡堤坝滑坡监测预警与修复加固系统部署架构如图2.7所示。服务器分为Web服务器、应用服务器、模型计算服务器、文件服务器、数据库服务器等。相关硬件基础设施通过软件基础服务，向上提供数据采集服务、视频监控服务等，数据统一进入数据库服务器，实现数据的统一集中管理；提供两台及以上数据库服务器，构建主备机制，保障数据安全。基于数据库服务器提供的数据服务，部署模型计算服务器、应用服务器、三维数据服务器，提供模型计算、业务应用、三维数据等服务。为了满足服务之间的逻辑独立性，分别部署有模型计算服务器、应用服务器、三维数据服务器、Web服务器等。最后通过Web服务和三维服务输出到展示大屏或PC上，实现信息的统一对外展示。

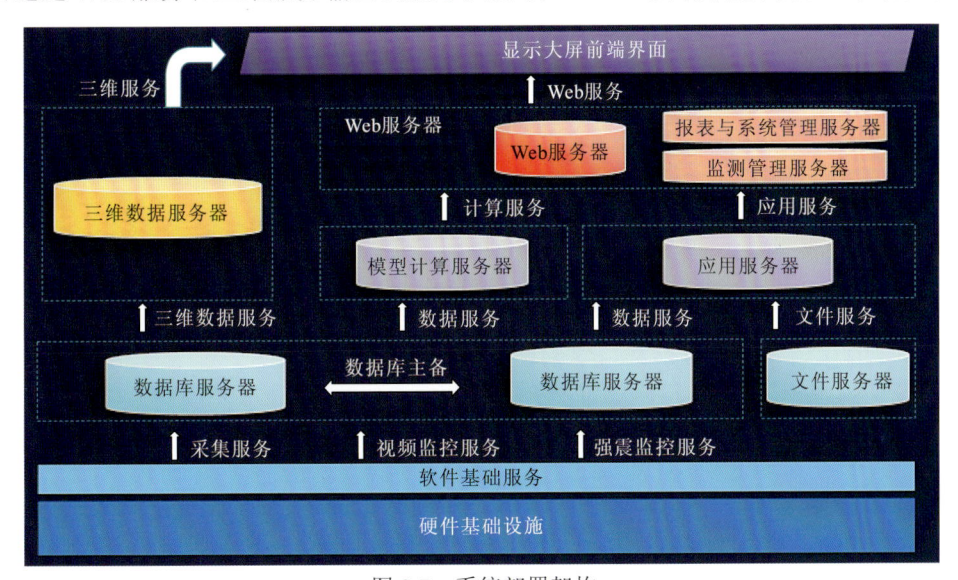

图2.7 系统部署架构

第 3 章

空间信息感知与建设技术

3.1 航空摄影数据采集

航空摄影测量技术以无人机设备为载体，结合了航空拍摄、无人机遥控及图像视频传输处理等多种技术，经过地面信息处理系统、机载数据处理系统等，获得高精度航空遥感影像成果[26]。航空摄影数据采集工作需依据国家现有法规、规范、标准和相关文件的要求，遵循《低空数字航空摄影规范》（CH/T 3005—2021）[27]、《低空数字航空摄影测量外业规范》（CH/T 3004—2021）[28]等的技术要求及相关规定开展。结合岸坡堤坝滑坡监测预警与修复加固系统的要求，航空摄影数据采集各项技术的具体要求如表3.1所示。

表3.1 航空摄影技术要求

项目		技术要求
基本技术指标	航摄仪类型	项目采用全画幅数码相机，并附有效检定证明文件；相机镜头应为定焦镜头，且对焦无穷远；最高快门速度应不低于1/1 000 s
	航空摄影分区的划分	根据地形类型和成图精度要求的不同，按照规范要求和数字航摄仪性能划分航空摄影分区，同一分区内的景物特征应基本一致；分区的基准面高程原则上按规范要求进行设计
	航空摄影季节	在规定的航空摄影期限内，选择地表植被及其他覆盖物（如积雪、洪水等）对成图影响较小、云雾少、无扬尘（沙）、大气透明度好的季节进行摄影
垂直摄影飞行质量要求	摄区覆盖度	航向覆盖超出摄区边界线应不少于两条基线。旁向覆盖超出摄区边界线一般应不少于像幅的50%；在便于施测的像控点，不影响内业正常加密时，旁向覆盖超出摄区边界线应不少于像幅的30%
	像片重叠度	航向重叠度一般应为60%~80%，最小不应小于53%；旁向重叠度一般为15%~60%，最小不应小于8%
	像片倾角	像片倾角一般不大于5°，最大不超过12°，出现超过8°的片数不多于总数的10%，特别困难地区一般不大于8°，最大不超过15°，出现超过10°的片数不多于总数的10%
	旋偏角	旋偏角一般不大于15°，在像片航向和旁向重叠度符合规范要求的前提下，最大不超过25°；在一条航线上达到或接近最大旋偏角限差的像片数不得连续超过3；在一个摄区内出现最大旋偏角的像片数不得超过摄区像片总数的10%
	航线弯曲度	不大于1.5%
	影像质量	影像的地面分辨率优于0.1 m；为确保成图精度，应特别注重影像质量；特别强调，需影像清晰，反差适中，颜色饱和，色彩鲜明，色调一致，有较丰富的层次，能辨别与地面分辨率相适应的细小地物
倾斜摄影飞行质量要求	摄区覆盖度	航向覆盖超出摄区边界线应不少于两条基线。旁向覆盖超出摄区边界线一般应不少于像幅的50%；在便于施测的像控点，不影响内业正常加密时，旁向覆盖超出摄区边界线应不少于像幅的30%
	像片重叠度	航向重叠度为80%~85%，旁向重叠度为60%~65%
	影像质量	影像的地面分辨率优于0.05 m；为确保模型精度及可视效果，应特别注重影像质量，需影像清晰，反差适中，颜色饱和，色彩鲜明，色调一致，有较丰富的层次，能辨别与地面分辨率相适应的细小地物

3.1.1 航空摄影参数

大疆创新科技有限公司的精灵 4 RTK 无人机是一款非常适合进行贴近摄影测量的无人机。该无人机是四旋翼机身结构，续航时间可达 30 min，支持单频或多频多系统全球导航卫星系统（global navigation satellite system，GNSS）定位，有可控范围大（俯仰）的高精度三轴增稳云台，配备有效像素为 2 000 万、24 mm 等效焦距的广角相机。无人机还在机身前部、后部和底部配备视觉系统，在两侧配备红外感知系统，以提供多方位视觉定位和障碍物感知功能，可在超低空实现稳定飞行或悬停，保证无人机的安全飞行。与同系列无人机相比，精灵 4 RTK 还搭载了机载高精度导航定位系统，配合网络实时动态（real time kinematic，RTK）服务或高精度 GNSS 移动站使用，可以实现无人机的厘米级定位，有利于实现精细对地观测。其[29]详细技术参数如表 3.2 所示。

表 3.2　精灵 4 RTK 四旋翼无人机主要性能参数

技术指标	参数或描述
机身结构	350 mm 轴距四旋翼无人机
最长续航时间	约 30 min
最大飞行速度	水平 14 m/s；垂直 6 m/s
最大飞行高度	海拔 6 000 m，相对高度 500 m
定位模式	单频 GNSS、多频多系统 GNSS
影像传感器	1 in（13.2 mm×8.8 mm）CMOS； 2 000 万有效像素，像素大小为 0.002 4 mm
镜头	FOV 为 84°； 8.8 mm/24 mm（35 mm 格式等效）； 光圈 f/2.8～f/11
影像分辨率	4∶3 宽高比：4 864 像素×3 648 像素； 3∶2 宽高比：5 472 像素×3 648 像素
快门	8～1/2 000 s；支持机械快门
感光度范围	100～12 800
最低拍照间隔	2 s（与存储卡性能相关）
云台	三轴（俯仰、横滚、偏航）增稳； ±0.02° 抖动量； 俯仰：−90°～30°

注：1 in=2.54 cm。

3.1.2 航空摄影飞行

航空摄影的主要工作内容包括：准备工作、航线设计、航空飞行、返航降落、检查验收、数据整理、成果移交等。每一个步骤都是最终获取合格数据的重要环节，按照先后顺序开展工作，环环相扣，缜密、有条不紊地提交优质成果。具体流程如下。

（1）准备工作。在进入现场，准备执行飞行任务时，选择气象条件好，能见度好，太阳高度大于 45°的时间段飞行，以满足数据获取所需的光照条件。在飞行的前一天要求所有的电池充满。

到达起降点时，对以下项目进行全面的检查并做好记录：无人机检查、数码相机检查、地面数传模块检查、智能电池检查、其他硬件软件检查。

（2）航线设计。根据已有拍摄目标（岸坡堤坝沿岸）周围环境的参考地理信息（包括 DEM、DOM 等）及现场调查资料，结合堤坝沿岸几何形状的特点，手工操作旋翼无人机（精灵 4 RTK）进行常规的摄影测量，获取堤坝沿岸范围内的低分辨率无人机影像。将这些影像进行空中三角测量和密集匹配，得到岸坡堤坝沿岸目标初始的地形信息。利用航线规划软件对岸坡堤坝沿岸区域进行航线规划。

（3）航空飞行。在各项准备工作一切到位后执行飞行任务，飞行过程中做好各项飞行记录，并监控各项飞行数据是否正常。

（4）返航降落。完成所有航线飞行后准备降落，等开伞后飞机安全降落至预定位置，做好航空摄影后的全面记录检查，并下载像片姿态数据。

（5）检查验收。数据下载及整理外场作业完成后，结合飞行记录尽快对获取的影像数据的质量进行检查，主要包括以下内容：影像重叠度、影像倾斜与旋转、航线弯曲、航高保持、影像曝光等。若影像质量有严重缺陷，如未完全覆盖目标区、影像曝光严重过度或严重不足等，需尽快安排补飞。在获得合格的目标区影像资料后，作业结束。

（6）数据整理。使用相同的规则对影像数据成果进行命名，按照测区对数据进行初步的整理分类。

（7）成果移交。将航空摄影成果打包移交给内业处理工作人员，同时注意将数据备份。

3.1.3 外业控制测量及空三加密

1. 外业控制测量

航空摄影测量外业控制测量主要包括像控点的布设、像控点的选刺及整饰、像控点联测等步骤。

1）像控点的布设

像控点是解析空中三角测量的必要条件和测图基础，其选取好坏直接影响空中三角测量的精度的高低[30]。在满足 DEM 及 DOM 精度要求的基础上，按照《水利水电工程测量规范》（SL 197—2013）[31]等技术标准、规范进行像控点的布设。

2）像控点的选刺及整饰

第一步：采用在数码影像图上选定的方法，将影像中交通方便、易于辨识、易于寻找的目标位置作为像控点。

第二步：像控点刺点采用电子刺点方式，即在真彩色数码影像图上以 1 cm×1 cm 的十字丝标注像控点位置，十字丝中心即像控点目标位置。外围再用 5 cm×5 cm 的正方形加粗边框框定，下方加说明注记，注明点号、刺点位置及外业测量要求。

第三步：保存像控点刺点图片至计算机中，每个像控点对应一张刺点图片，供内业加密使用。

第四步：每个像控点应制作点位的局部影像放大图电子文档，放大图中应能清楚识别确切的点位，以便内业加密时判别具体位置。

第五步：每个像控点建立影像截图和实地照片及成果表的对应档案。

第六步：像片草图制作为电子档草图，注记点名或点号，简要说明刺点位置和比高，注明刺点者、检查者、刺点日期，并绘出局部放大的详细点位略图，且为现场拍照片，点位、说明、刺孔三者一致。内业判点以说明为准，像控点统一采用像片号进行编号。

3）像控点联测

像控点外业测量可利用连续运行参考站（continuously operating reference stations，CORS）系统，采用 GPS RTK 技术进行现场测量，像控点精度不低于图根点精度：相对于起算点的点位中误差，不得大于图上的 0.1 mm（实地 5 cm）；高程中误差不得大于测图基本等高距的 1/10（实地 5 cm）。RTK 控制测量主要技术要求应符合表 3.3 的规定。

表 3.3　RTK 控制测量的主要技术要求

级别	点位中误差/cm	高程中误差/cm	起算点等级	流动站到单基准站的距离/km	观测次数
图根	≤5	≤5	四等及以上	≤5	≥2

2. 空三加密

根据航飞及影像分布情况，空三区域可采用自动与手动相结合的方式进行空三加密，即自动匹配进行像点量测，剔除粗差，人工调整直至连接点符合规范要求。

空三加密采用无人机专用近低空摄影测量系统，利用光束法平差进行整体平差，获得加密点及检查点的三维大地坐标和像片的外方位元素。

平差结果检查分析：对加密成果进行单模型绝对定向，检查定向点残差，若超限，则进行人工修测，重新进行平差计算，反复操作，直至加密的像控点、检查点残差全部在规定的限差之内；像点量测坐标需考虑像主点位置、航摄仪物镜畸变、大气折光、地球曲率等系统误差的影响。可以通过自检校平差消除像点量测坐标的系统误差；采用数码航摄相机影像，加密不需要内定向；标准点位区落水时，沿水涯线均匀选择连接点；航向连接点宜 3° 重叠，旁向连接点宜 6° 重叠；对外业提交的像控点（包括外业检查点）进行辨认和量测，必须根据刺孔、点位略图与说明，进行综合判点后，准确确定其点位；按指定的连接点分布方式挑选出精度最高的点作为加密点；按规则自动编排加密点的点号。

3.2 DEM 制作

根据纠正航空影像投影差和倾斜误差的需要，采集制作满足相应格网精度要求的DEM。DEM 的格网间距采用 2.5 m×2.5 m。文件采用 ASCII 格式。

DEM 间距 $\Delta d=2$ m，裁切按式（3.1）～式（3.4）进行。

DEM 起止格网点坐标按式（3.1）～式（3.4）计算：

$$X_{起}=X_{max}=\text{int}\{[\max(X_1,X_2,X_3,X_4)+20]/\Delta d\}\times\Delta d \quad (3.1)$$

$$Y_{起}=Y_{min}=\text{int}\{[\min(Y_1,Y_2,Y_3,Y_4)-20]/\Delta d\}\times\Delta d \quad (3.2)$$

$$X_{止}=X_{min}=\text{int}\{[\min(X_1,X_2,X_3,X_4)-20]/\Delta d\}\times\Delta d \quad (3.3)$$

$$Y_{止}=Y_{max}=\text{int}\{[\max(Y_1,Y_2,Y_3,Y_4)+20]/\Delta d\}\times\Delta d \quad (3.4)$$

式中：X_1、X_2、X_3、X_4、Y_1、Y_2、Y_3、Y_4 为四个图廓的坐标；X_{max}、Y_{min}、X_{min}、Y_{max} 为 DEM 起止格网点坐标。

DEM 的格网坐标原则上平行于高斯平面坐标系，以水平方向为行，从上至下排列，以垂直方向为列，从左至右排列。DEM 数据以左上角第一个格网点的格网坐标（0，0）对应的高斯平面坐标（$X_{起},Y_{起}$）为起始点。

相邻 DEM 应做接边处理，接边后不应出现裂缝现象。

接边值应一致，相邻图幅接边时至少重复一排 DEM 数据，DEM 经接边检查后，当同名点接边差在限差以内时，取平均值并以此替代同名点的高程值，需要严格控制有效DEM 范围，接边后数据应连续，接边的 DEM 格网不应出现错位现象，相邻图幅重叠范围内同一格网点的高程值应一致。

对特殊区域如桥、高层建筑等处的 DEM 需进行二次修改。对于山头、鞍部特征点、山脊线、断裂线等地貌表示不完整处，应人工辅助加绘必要的特征点、线。

静止水域范围内的 DEM 高程值应一致，其高程值应取常水位高程。

流动水域内的 DEM 高程应自上而下平缓过渡，并且与周围地形高程之间的关系正确、合理；对于高程空白区域，格网高程值赋予-9 999。

对 DEM 的质量检测主要包括以下几个方面。

（1）物方 DEM 的检查。检查立体模型重建后像控点的高程残差是否符合规定要求；在影像立体模型上，检查物方 DEM 格网点高程模型是否贴近地表，重点检查有无粗差点。

（2）利用左、右正射影像进行零立体检查。如果是采用数字摄影测量系统同时进行DEM、DOM 数据采集，应利用 DEM 制作的左、右正射影像的零立体效应检验其 DEM 质量；如果左、右正射影像构成的零立体影像出现地形起伏，说明该处 DEM 有误差；如果发现影像模糊，则应检查该处 DEM 是否有粗差。对出现粗差及地形起伏的地方进行标记，返回重新建模，检查原因，进行修测编辑。

（3）对 DEM 接边的检查。检查单模型 DEM 各条边的接边精度是否均在要求范围之内。

（4）图幅 DEM 的精度检查。利用野外实测或空三加密得到的高程检查点，通过 DEM 内插得到相应点位上的高程，统计并计算两者的高程较差，检查高程中误差是否达到规定要求。

3.3 正射影像制作

正射影像是指在 DEM 基础上，对数字化的航空像片进行投影差改正、镶嵌等一系列处理，按照地形图图幅规范要求，对处理后的像片进行裁切，最终获得 DOM 数据集[32]。正射影像制作采用双三次卷积内插法采样，具体技术要求如下。

DOM 地物点对最近野外控制点的图上点位中误差，满足《基础地理信息数字成果 1∶500、1∶1 000、1∶2 000 数字正射影像图》（CH/T 9008.3—2010）[33]的规定；DOM 应清晰，层次丰富，幅与幅之间影像保持色调均匀，反差适中，图面上不得有影像处理留下的明显痕迹，在屏幕上要有良好的视觉效果；DOM 接边重叠带不允许出现明显的模糊和重影，相邻 DOM 要严格接边；DOM 数据按标准图幅内图廓外扩 1 cm 范围裁切标准分幅；DOM 数据文件格式采用非压缩的 TIFF 格式，坐标信息文件采用 TFW 格式。

利用航空影像资料，在模型恢复后进行微分纠正，再对生成的影像进行匀光、镶嵌、裁切，得到影像地图成果。具体作业方法如图 3.1 所示。

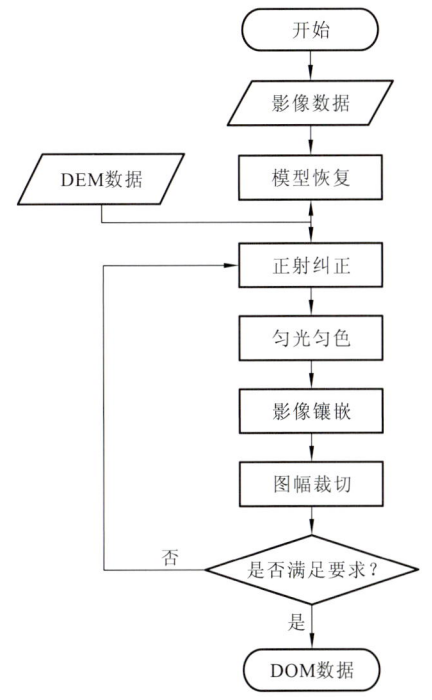

图 3.1 航空摄影测量法制作 DOM 作业流程

（1）正射纠正。

设置正射影像参数和 DEM 参数，影像重采样采用双三次卷积内插法。

利用已有的 DEM 数据，采用全数字摄影测量系统或其他软件中的模型恢复模块，并利用数字微分纠正制作 DOM，输出符合要求的 DOM。纠正范围选取像片的中心部分，同时保证像片之间有足够的重叠区域进行镶嵌。平地、丘陵地可隔片纠正，山地、高山地及密集居民区需逐片纠正。依次完成图幅范围内所有像片的正射纠正。

对纠正后的单模型影像进行检查。检查纠正过的影像是否失真、变形；房屋、桥梁和道路是否有房角拉长、房屋重影、桥梁和道路扭曲变形；茂密植被地影像是否拉花、变形、扭曲等；特殊地貌如悬崖、堤坝、高架立交桥是否变形、扭曲；单模型影像内是否有漏洞等情况。若有此情况，则要重新采集生成 DEM，重新纠正，确保影像无误。

（2）匀光匀色。

对影像进行色彩、亮度和对比度的调整处理。缩小影像间的色调差异，使影像色调均匀、反差适中、层次分明，保持地物色彩不失真，处理后的影像上无明显匀色处理的痕迹。对影像中的脏点、划痕等问题及现象，查找和分析原因后进行相应的影像处理。

匀光前选取本测区中具有代表性的一张影像清晰、颜色饱和、色调均匀的影像，以此张影像为样片，使用匀光软件对其他影像进行匀光处理。使用匀光软件对 DOM 进行匀光和匀色处理后，保证匀光后影像目视效果基本一致。

（3）影像镶嵌。

影像镶嵌前，检查相邻各片之间的色调偏差或彩色偏差，根据需要采用图像处理方法进行调整，使之基本趋于一致。对相邻的像片应检查镶嵌的接边精度是否符合规定，误差超限时应返工处理。镶嵌的接边差符合要求后，选择镶嵌线进行镶嵌处理，即采用影像拼接软件，将所有单模型的正射影像拼接在一起。

拼接根据需要采用自动或人工选择拼接线办法，拼接线主要选在道路边线、田埂、阴影等无纹理的区域，避开建筑物，尽量不要横穿面状和线状地物，从颜色反差较大的地方走，绕过影像拼接处模糊、不清晰、变形、拉花等不符合精度的影像，尽量不压盖房屋、道路等线状地物，同时注意高层建筑物、高架桥的变形。

实在无法绕开的区域，选择投影差较小的部位垂直穿过房屋。对于桥梁、高层建筑等易变形的特殊地物逐个进行二次检查和修改。对影像接边处色彩反差大的区域进行平滑处理。模糊错位的地方应进行修改。水域等纹理应该一致的区域利用匹配进行处理，色彩基本保持一致。由于拼接的影像之间具有重叠带，软件将对重叠带内的影像进行平滑处理，但不应以损失影像清晰度为代价。

DOM 接边重叠带不允许出现明显的模糊，接边误差不大于 2 个像元。经过镶嵌的 DOM 拼接处不允许出现影像裂痕或模糊的现象，尤其是建筑物、道路等线性地物，不应出现色彩反差大、地物纹理错位的情况，其镶嵌边处不应有明显的色调改变。相邻正射影像应是无缝接边，即地物影像、纹理和色调均接边。

（4）图幅裁切。

按照 50 cm×50 cm 的正方形标准分幅裁切，正射影像覆盖范围内以图幅内图廓线最小外接矩形向四周扩展 1 cm 为区域进行裁切，通过矩形范围提供数据。

影像不满幅的图幅裁切区域内以白色填充，一幅图为一个数据文件，以非压缩 TIFF 格式记录。制作 DOM 过程中产生的影像定位信息统一为 TFW 格式文件。

（5）质量检查。

检查 DOM 数据的数学基础是否正确，数据覆盖范围是否符合要求；检查航片与航片影像之间的接边差是否在限差范围之内；如果生产中对左片、右片同时进行正射纠正，则应对左、右正射影像进行零立体观测检查，不应出现明显的地形起伏；检查整幅影像是否清晰，色调（色彩）是否均衡一致，是否无明显的像片拼接痕迹；在 DOM 上对范围内所有平面检测点进行量测，统计其平面位置中误差。

3.4　倾斜摄影模型制作

针对航空摄影成果，利用飞机搭载的 GNSS 数据进行匹配，结合野外像片控制测量成果进行空三解算，完成三维实景建模，最大限度地还原真实的三维场景，同时保证较高的数学精度。

模型地物点与对应野外控制点的点位中误差，应满足《数字航空摄影测量 空中三角测量规范》（CB/T 23236—2009）[34]的规定；三维模型数据要素应全面完整，纹理协调清晰，不同数据之间的拓扑关系应完整正确，块与块之间纹理影像保持色调均匀，反差适中，不得有影像处理留下的明显痕迹，三维场景表现效果良好，在屏幕上要有良好的视觉效果；三维模型应保持属性的准确性和完整性，模型坐标与要求相同；三维模型接边重叠区域应保持高程一致，不可出现明显的高程反差，接边区域纹理不允许出现明显的模糊和重影；水域范围内水面结构应完整，不可出现破洞，静止水域的模型高程应保持统一，流动水域的模型高程应自上而下平缓过渡，并且与周围地形高程之间的关系正确、合理；三维模型存储的数据格式应具有一致性，提交的三维模型数据文件采用 OSGB 格式和 S3C 格式。

倾斜摄影获取的倾斜影像数据，经过匀光、匀色等步骤，通过专业的倾斜摄影建模软件，经过多视角影像的几何校正、区域网联合平差、倾斜影像匹配等处理流程，运算生成基于影像的超高密度点云，点云构成不规则三角网（triangulated irregular network，TIN）模型，并以此生成基于影像纹理的高分辨率倾斜摄影三维模型，若模型存在纹理结构上的缺陷，则需要后期进行编辑修复。倾斜摄影测量三维模型制作流程如图 3.2 所示。

（1）倾斜影像预处理。

通过航摄仪搭载 GPS/惯性测量单元系统获取地物多角度倾斜影像和每张影像对应的外方位元素，便于后续在二维影像上进行空间信息的提取和倾斜影像的自动纹理贴图。

构建模拟几何畸变的数学模型，以建立原始畸变图像空间与标准图像空间的某种对应关系，实现不同图像空间中像元位置的变换，包括全局坐标系、相机坐标系、图像坐标系、像素坐标系的转换；利用对应关系把原始畸变图像空间中的全部像素变换到标准图像空间中的对应位置上，完成标准图像空间中每一像元亮度值的计算。

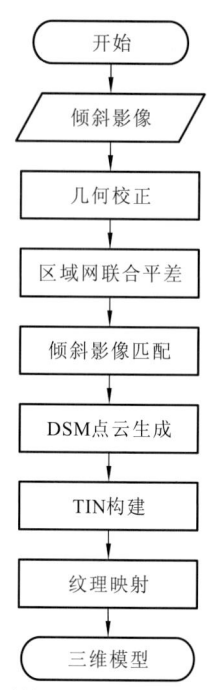

图 3.2　倾斜摄影测量三维模型制作流程
DSM 指数字表面模型

（2）区域网联合平差。

通过对定位定向系统（position and orientation system，POS）的观测数据进行严格的联合数据后处理，直接测定航摄仪的空间位置和姿态，并对其与像点坐标观测值进行联合平差，以整体确定地面目标点的三维空间坐标和 6 个影像外方位元素，实现少量或无地面控制点的摄影测量区域网平差。区域网联合平差流程如图 3.3 所示。

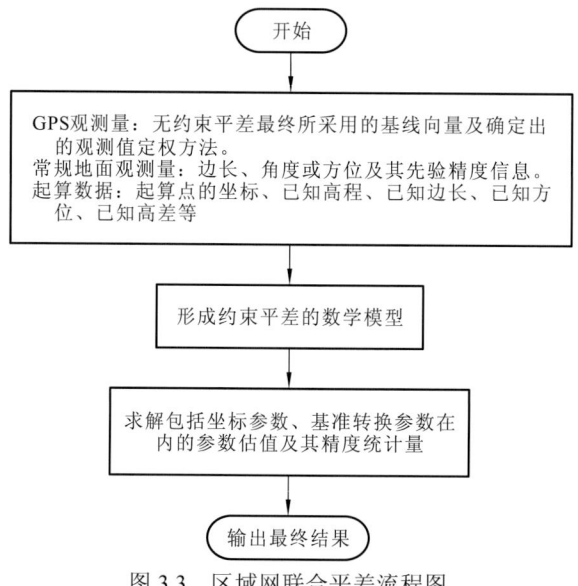

图 3.3　区域网联合平差流程图

（3）倾斜影像匹配。

初始匹配：利用初始 POS 数据进行影像是否重叠判断，考虑到直接在原始影像上进行匹配运行，耗时长且内存的使用量大，无人机影像按照 3×3 方式建立金字塔，若建立 2 层金字塔，其金字塔顶层的尺寸大小不利于尺度不变特征变换（scale-invariant feature transform，SIFT）的提取与匹配，故对原始影像建立 1 层影像金字塔，在金字塔的顶层使用 SIFT 图形处理单元（graphics processing unit，GPU）进行匹配，并对匹配结果进行近似核线约束的粗差剔除，得到一定数量且可靠的匹配点，并通过相对定向对初始的 POS 进行精化。

精确匹配：在底层金字塔进行 Harris 特征提取，得到足够特征点，利用初始匹配中得到的精确 POS 数据，对底层金字塔进行局部畸变改正，并进行灰度相关与最小二乘匹配。在随机抽样一致（random sample consensus，RANSAC）算法基础上，利用光束法前方交会，得到特征点的前方交会精度，将高于 3 倍前方交会中误差的点作为误匹配点，并将其剔除。倾斜影像匹配流程如图 3.4 所示。

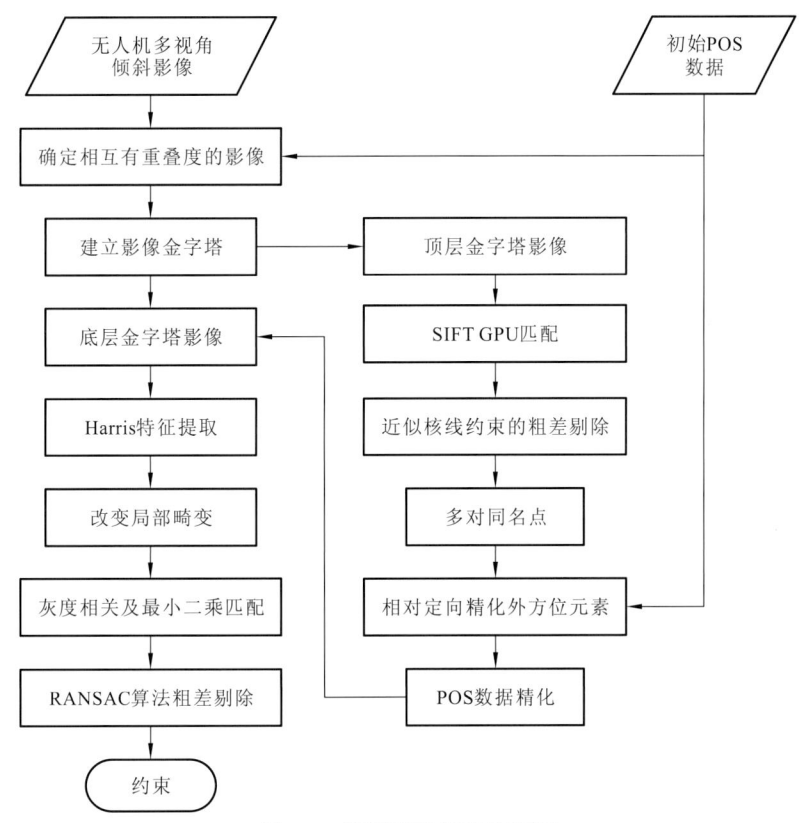

图 3.4　倾斜影像匹配流程图

（4）DSM 点云生成。

倾斜影像匹配完成后，生成基于影像的超高密度点云 DSM，并进行点云去噪、点云平滑、点云简化等处理。

(5)TIN 构建。

通过点云建立 TIN 模型,将纹理分割成三角面片粘贴至模型表面。模型制作的主要工作是三角网的构建,构建三角网的方法有分治算法、逐点插入法和三角网生长法。

分治算法:首先将数据点集分割成包含少量点的子集,一个子集中可能包括两三个点,然后对每个子集构建三角网,再将生成的子网逆向合并,用局部优化算法进行处理,生成最终的三角网。

逐点插入法:首先把最外边的所有点连接起来,构造一个凹凸包,然后逐个对每一个内部未处理的点搜索包含它的三角形,利用德洛奈三角剖分准则和局部优化过程(local optimization procedure,LOP)算法进行处理,把每个数据点都加入三角网中。

三角网生长法:首先连接数据点集中距离最近的两个点,再按照德洛奈三角网的特性找出第三个点构成起始三角形,然后以这个起始三角形的每一条边为基线重复操作,直到三角网中包含了所有的数据点。

(6)纹理映射。

由于不同视角下的多幅影像,建筑物模型上的每个墙面可能对应着其中的两幅或多幅,故要为每个墙面从多视角倾斜影像中选出质量最好的影像作为纹理数据源。

同一墙面在两幅以上备选影像中均完全可视时,选择成像角度最好的影像;同一墙面仅有一幅影像可视时,利用该影像进行纹理采集;同一墙面在所有备选影像中都存在遮挡时,纹理区域遮挡面积最小的影像优先;同一墙面没有备选影像时,可通过相似墙面的纹理或地面近景摄影方式补漏。

在大量倾斜影像序列中,同一建筑墙面往往在多幅影像上可见,并且墙面纹理的分辨率、成像角度及受遮挡的情况都是不一样的,必须选取质量最好、受遮挡最小的原始影像作为纹理数据源。

(7)质量检查。

检查三维模型的坐标系是否正确,数据覆盖范围是否符合要求;检查三维模型中地形、地物的纹理是否清晰,结构是否完整;在三维模型上对范围内所有控制点进行量测,统计其平面位置中误差。

3.5 建筑物三维建模

岸坡堤坝工程建筑物三维建模包括外业纹理数据采集、纹理处理、三维模型建设、模型整体质量检查等步骤。

(1)外业纹理数据采集。

对于外业纹理拍摄工作,应在岸坡堤坝区模型建造单元分区的基础上进一步细分。由于纹理往往决定了场景的整体效果与逼真程度,对纹理的获取也应制定相关规范,其主要内容包括:拍摄日期、天气及时点的要求;各类地物的摄影技巧;像片分辨率及清晰度;像片的命名规则;等等。

（2）纹理处理。

建筑模型纹理图片是衡量模型精度及展现效果的一个重要指标，纹理处理工作主要由两部分工作组成：一部分工作是将三维建模需要的纹理数据从采集的图片上裁剪下来；另一部分工作是对一些纹理图片进行纠正处理，减少视角或镜头畸变引起的图片变形。

建筑模型的纹理图片裁剪主要是从采集的照片上剪切、拼接，部分常用纹理可从纹理素材库中获取。

（3）三维模型建设。

三维模型建设一般包含9个主要的步骤，包括：地形图预处理、地形图导出导入、白模创建及修正、三维模型细化建模、建筑纹理贴图、模型过程检查、模型烘焙、模型分组与命名及配置记录与导出。建筑三维模型制作流程如图3.5所示。

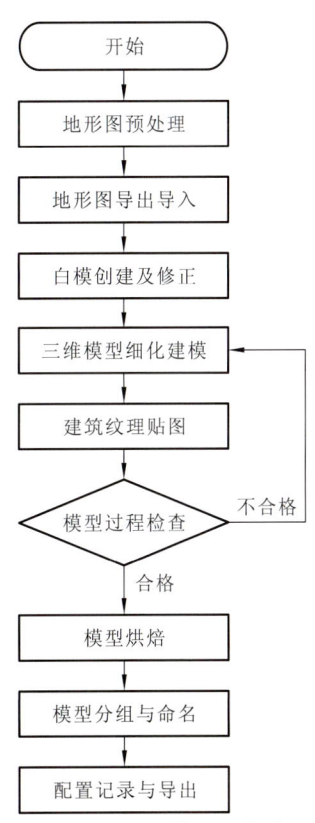

图 3.5　建筑三维模型制作流程图

第一步：地形图预处理。地形图是三维建模的依据，但地形图受表现方式限制，在图面存在很多文字、符号等描述信息。这些信息由于没有高程属性或层叠严重，在导入3D MAX之后，容易产生空间位置上的偏差与错位，甚至出现乱码。这些都将给建模过程中的捕捉、编辑等操作带来很多麻烦，二维地形图在导入 3D MAX 之前，需以化繁为简为原则，突出建筑的外观特点，对地形图中非关键要素的点、线、注记、填充图案等信息，通过删除或图层隐藏等方式进行简化处理。

第二步：地形图导出导入。地形图导出导入主要是将需要建模的建筑底座从地形图中导出，并导入 3D MAX 软件平台中。

第三步：白模创建及修正。勾取导入的地形图的楼房地表底座基线，参考采集的数据及记录的模型高度，按照模型实际高度进行地表面拉升，创建建筑白模。

第四步：三维模型细化建模。与采集的数据进行对照，对模型进行三维细化建模。

第五步：建筑纹理贴图。三维模型的建模过程仅仅是完成了模型的三维空间框架，还需要进行纹理贴图操作。一般，建筑纹理贴图主要是将处理完成的纹理数据，按照对应的位置贴到三维模型上。

第六步：模型过程检查。三维模型完成贴图，经过建模人员自检和互检后，将提交专门的质检人员进行第一级检查（也称过程检查），质检人员将严格按照建模标准对每个提交的数据进行详细的全面检查。

第七步：模型烘焙。模型检查合格后对模型进行灯光渲染参数及烘焙参数设置，对烘焙的模型贴图进行回贴，检查贴图是否丢失及模型是否完整。

第八步：模型分组与命名。模型完成后，根据要求需对模型进行分组并命名。

第九步：配置记录与导出。模型完成后，需要根据需求将数据转换成.X 格式，并将对应的中心点坐标记录到配置文件中。

（4）模型整体质量检查。

多级检查机制：在整个制作过程中，每个环节将配备专门的质量检查人员来监控制作过程。每一批完成的数据，首先由建模人员进行自检、互查，然后才能将成果提交给质检人员进行第一级检查。质检人员将严格按照建模标准对每个提交的数据进行详细的全面检查，并记录检查过程中发现的错误、问题，提交建模人员及时修改，并进行复查核实。

对第一级检查完成通过后的所有数据资料汇总后进行第二级检查。第二级检查主要对第一级检查过程中发现的常见问题及模型整体质量进行全面检查，形成检查记录跟踪和改进时间表。

数据检查内容：根据岸坡堤坝滑坡监测预警与修复加固系统的需求，将对岸坡堤坝工程三维模型数据、数据整体效果、属性数据、文件资料四方面内容进行全面检查。

检查方法和流程：为了保障模型数据的质量达到技术标准的要求，采取数据全面检查配合自动化工具检查的检查验收方法。

第4章

岸坡堤坝监测感知技术研究

4.1 低空摄影测量监测技术

4.1.1 低空摄影测量监测技术概述

精细化重建的目的是获取目标场景的精细三维结构信息,与其他三维信息获取方法相比,基于影像的摄影测量方法具有低成本、高精度、非接触、数据处理方便、直接带有纹理信息的优势。为获取场景目标的高分辨率、高质量影像,现有方法一般采用倾斜摄影测量或近景摄影测量来进行数据采集。倾斜摄影测量通常使用五镜头相机拍摄数据,一次曝光就可以获取目标场景的多视角影像,对大范围目标场景的数据采集效率较高[35]。此外,倾斜相机的使用让其能采集到建筑物的侧面纹理数据,有利于建筑物的精细化三维重建。但倾斜摄影测量也存在如下不足:越靠近建筑物底部,倾斜影像中纹理的缺失和变形越严重;针对某些特定场景,如流域重点水利枢纽、高边坡等,倾斜摄影测量拍摄的无效影像远多于有效影像;不适合对一些独立或较小的目标进行数据采集。

近景摄影测量泛指摄影距离在 100 m 内的地面摄影测量,随着非量测数码相机的发展而被广泛应用于三维测量和高精度测量领域,包括工程工业、文物保护等方面[36]。虽然近景摄影测量的理论和方法在近年来得到长足发展,但其在工程应用中仍然存在一些问题:对于大型水利工程目标(如高边坡),拍摄困难,需要频繁地移动拍摄基站,甚至需搭建脚手架以完成拍摄,导致拍摄的灵活性小、效率低、成本高;拍摄时需要保持与目标较近的距离,在稳定的平台上进行拍摄,因此在一些无法找到合适拍摄平台的特殊场景中难以进行摄影。

传统摄影测量的数据获取手段在对非常规地面(如滑坡、大坝、高边坡等)或人工物体表面(如建筑物立面、高大水工建筑、地标建筑等)等目标进行精细化数据获取时存在局限性。随着无人机技术和系统的发展,这一灵活方便的数据获取手段为摄影测量注入了新的活力,甚至出现了无人机摄影测量这一概念。相对于传统摄影测量的数据获取手段而言,无人机具有云下飞行、成本低、使用灵活、高机动性、时效性强、高空间分辨率及降低外业人员危险等优势,更适合小范围内大比例尺精细化地理信息数据的获取。但通常无人机摄影测量在数据获取时仍采用常规竖直航空摄影的飞行方式,因而对非常规地面或人工物体表面进行精细化观测时,往往需要人工控制无人机飞行以拍摄数据,对操作人员要求高,无法保证数据获取的质量,且费时,不安全。

岸坡堤坝滑坡监测预警与修复加固系统主要的监测目标为岸坡堤坝工程,为解决现有技术无法高效获取监测目标亚厘米级甚至毫米级超高分辨率影像,进而难以实现精细化三维重建的问题,本书提出一种基于旋翼无人机贴近摄影测量的精细化三维重建技术[37],利用初始地形信息生成三维航迹并进行自动贴近飞行,实现近距离"对坡观测",从而高效获取覆盖监测对象的亚厘米级甚至毫米级超高分辨率影像,并通过数据处理实现监测对象的精细化三维重建,进而实现对目标的高精度监测。

4.1.2 岸坡堤坝低空摄影测量研究

1. 贴近摄影测量航线规划

假设相机的视场角为 $(\text{fov}_x, \text{fov}_y)$，飞机贴近目标的距离为 d，最低安全飞行高度为 H_0。如图 4.1 所示，设期望的轨迹内重叠率为 o_x，轨迹间重叠率为 o_y。摄影的旋偏角 (κ) 和俯仰角 (ω) 可调整。规定旋偏角为正北方向到机身的角度，顺时针为正，逆时针为负，取值范围为-180°～180°；规定俯仰角为相机镜头角度，水平时为 0°，向下为负，取值范围为-90°～0°。

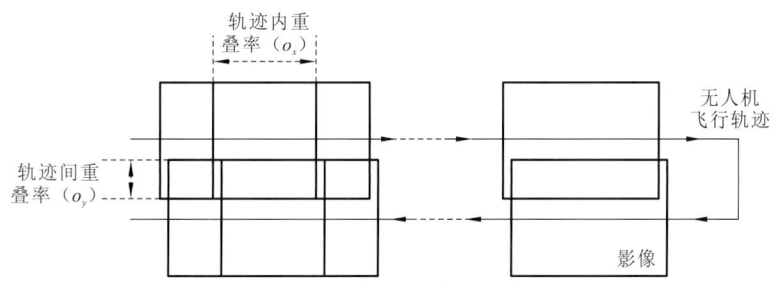

图 4.1 无人机飞行轨迹示意图

对于一个立面而言，首先对粗略的地形信息进行立面拟合，获取立面底边坐标 (v_1, v_2)、立面的法向量 (N) 和高差 (H_v)；然后将立面沿法向量方向平移距离 d，得到底边坐标为 (v_1', v_2') 的飞行轨迹规划平面。无人机机身偏角为正北方向单位向量 (Q) 到立面法线向量的负方向的角度，即

$$\begin{cases} \kappa' = \arctan(Q.y, Q.x) - \arctan(-N.y, -N.x) \\ \kappa = \begin{cases} \kappa' - 2\pi & (\kappa' > \pi) \\ \kappa' + 2\pi & (\kappa' < -\pi) \\ \kappa' & (\text{其他}) \end{cases} \end{cases} \tag{4.1}$$

式中：κ' 为立面旋偏角；$Q.y$ 为正北方向单位向量的 y 坐标值；$Q.x$ 为正北方向单位向量的 x 坐标值；$-N.y$ 为立面法线向量的负方向角度的 y 坐标值；$-N.x$ 为立面法线向量的负方向角度的 x 坐标值。

由小孔成像原理可知，当视场角为 fov，摄影距离为 d 时，对应的地面成像范围 G 为

$$G = 2d \times \tan\frac{\text{fov}}{2} \tag{4.2}$$

式中：G 为地面成像范围；d 为摄影距离；fov 为视场角。

由此，在图 4.1 中，图像水平方向的覆盖范围为 $G_x = 2d \times \tan\frac{\text{fov}_x}{2}$，水平方向上重叠边长为 $O_x = o_x \times G_x$，水平方向上两个曝光点间的距离应为

$$\Delta s = G_x - O_x = (1 - o_x) \times 2d \times \tan\frac{\text{fov}_x}{2} \tag{4.3}$$

式中：Δs 为曝光点间距离；G_x 为水平方向覆盖范围；O_x 为水平方向重叠边长；d 为摄影距离；fov_x 为水平方向视场角。

因此，可在轨迹规划平面内，沿 v_1' 到 v_2' 的方向，间隔 Δs 距离，依次计算出曝光点的水平坐标。

当无人机最低安全飞行高度 H_0 小于立面高度 H_v 时，类似于水平方向的规划，从 H_0 开始，飞机飞行高度每次增加 Δh，计算相机的覆盖范围，直到某次覆盖范围超出立面高度时停止。此时，相机镜头正对立面，相机俯仰角 $\omega = 0°$。其中，

$$\Delta h = G_y - O_y = (1 - o_y) \times 2d \times \tan\frac{\text{fov}_y}{2} \tag{4.4}$$

式中：Δh 为增加的飞行高度值；G_y 为垂直方向覆盖范围；O_y 为垂直方向重叠边长；d 为摄影距离；fov_y 为垂直方向视场角。

当 $H_0 > H_v$ 时，为了保证拍摄到立面的底部，需要将相机镜头向下进行旋转，不再正对立面。每次旋转时，仍然需要保证前后重叠范围为 O_y，直到某次覆盖范围达到立面底部，停止旋转。记录每次的旋转角 α，则相机俯仰角 $\omega = -\alpha$。具体实施时，为了避免短基线数据处理的不便，技术人员也可以自行在每次旋转时给无人机在竖直方向增加一定的距离，若 H_0 处不能覆盖立面底部，可以类比于 $H_0 > H_v$ 的情况，此时，

$$H_v = H_0 - d \cdot \tan\frac{\text{fov}_y}{2}$$

对于岸坡堤坝滑坡监测预警与修复加固系统关注的岸坡堤坝地形，首先对粗略的地形信息进行平面拟合（P_0），获取表面的法向量（N）、P_0 与水平面的夹角（θ），以及上下底边的端点坐标；然后将 P_0 沿 N 方向平移 d，得到飞行轨迹平面 P_1；将 P_1 沿着下底边旋转 θ 角到竖直立面 P_1'（等效规划面），在 P_1' 面内按立面中的方法进行曝光点位置规划，然后将曝光点空间坐标旋转 $-\theta$ 角至 P_1' 面，得到最终的曝光点空间坐标。根据法向量 N 的水平投影，计算无人机机身的朝向；将 P_1' 中规划点的旋转角减去 θ，获得对应的相机镜头旋转角。

最后对水平位置、高程位置、无人机机身朝向、无人机镜头偏转角度进行组合，以获取最终的航迹规划结果。

2. 贴近摄影测量步骤

如图 4.2 所示，针对岸坡堤坝工程地形，测量方法以旋翼无人机为基础，根据边坡初始地形（已有地形数据，或采用无人机常规摄影提取的粗略地形），采集亚厘米级和毫米级超高分辨率影像，其核心过程包括以下步骤。

步骤 1，根据现场调查的资料，人工操作旋翼无人机进行常规的摄影测量拍摄，获取测区范围内所有目标的低分辨率无人机影像。

步骤 2，根据获取的低分辨率无人机影像，进行空中三角测量和密集匹配，得到测区范围粗略的初始地形信息。

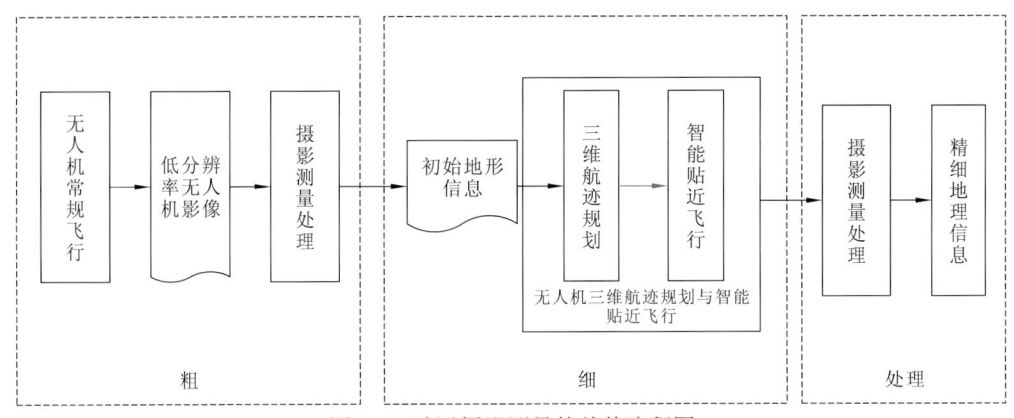

图 4.2　贴近摄影测量的总体流程图

步骤 3，根据得到的初始地形信息，计算得到旋翼无人机贴近飞行的三维航迹信息，包括无人机飞行的航迹点位置、相机姿态与镜头朝向、拍摄时间间隔等信息。

步骤 4，将得到的三维航迹信息导入无人机的飞行控制系统，再次起飞旋翼无人机，根据导入的航迹路线及拍摄姿态角度等信息，自动进行智能贴近飞行，获取亚厘米级和毫米级超高分辨率影像。

步骤 5，对于无人机无法到达的区域，如地面树木遮挡处，手控和手持无人机进行补拍。

步骤 6，利用得到的超高分辨率遥感影像，进行精细处理作业，包括精确几何定位、精细密集匹配及高质量正射影像制作，贯彻"从无到有""由粗到细"的思想，最终得到精细、高质量的三维模型产品。

4.2　分布式安全监测技术

安全监测是掌控岸坡堤坝运行性态、保证岸坡堤坝安全运行的重要措施，也是检验设计成果、检查施工质量和获取岸坡堤坝各种物理量变化规律的有效手段。然而，岸坡堤坝具有范围广、分布散、交通不便、施工困难等特性，使得安全监测自动化、智能化面临较大困难。考虑到岸坡堤坝监测项目繁杂、类别各异、测点多、数据量庞大，传统安全监测技术和手段具有以下缺点和不足。

（1）自动采集设备利用率低。传统数据采集装置分别为16通道、24通道或32通道，用于监测点分散的岸坡堤坝时，会出现大量的空置通道，难以发挥采集设备的最大功效。

（2）电缆牵引困难。岸坡堤坝范围广，各监测仪器电缆向传统采集装置汇聚牵引时，存在较大施工困难，后期管理维护十分不便。

（3）传统设备因为对供电、通信、外部环境等要求较高，在施工期无法实现监测自动化，不能对岸坡仪器实现高频次在线观测，无法满足现代化智能建造的需要。

（4）单点造价高、投入大。传统岸坡堤坝监测自动化系统需使用大量电缆、光纤、中继和采集装置，实现监测自动化的单点造价较高。

（5）监测数据利用不充分，海量多类别监测数据融合与分析挖掘不足。传统岸坡堤坝安全监测技术和方法难以满足运行管理部门对智能安全监测与预警的需求。

针对岸坡堤坝分布范围广、监测仪器多、分布散等特性，结合其内部监测的特点，采用并行-串行式信号采集模式，自主开发点-带式采集仪和可分离式采集模块，可以实时采集岸坡堤坝降雨、水位、渗透压力、位移、温度等常规监测参数；针对膨胀土的特点，采集含水率、裂缝等专用监测参数。数据采集仪器及可分离式采集模块如图 4.3 所示。

（a）数据采集仪器　　　　　　（b）可分离式采集模块

图 4.3　数据采集仪器及可分离式采集模块

4.3　监测数据快速处理技术

由于采用多种技术监测膨胀土岸坡堤坝的性态，输出多种格式的文件，并且数量巨大，需要针对各类监测仪器的数据结构形式、存储方式、效应量数据特点，研发各类仪器监测数据异常值识别、粗差提取、数据降噪、特征值提取等技术，减少海量监测数据的运算量，提升处理速度。

采集到不同传感器的数据之后，首先需要进行数据集成，得到结构化数据后，采用基于孤立森林算法的多元海量数据降噪模型对数据进行清洗，并剔除数据中的异常值和粗差，从而将得到的平滑数据保存到数据库中，用于监测、预警、预测。为了提高处理效率，采用基于最短作业优先法（shortest job first，SJF）的并行调度模型将数据运算任务分配给所有的并行计算机并作为计算子节点，子节点计算后将结果保存到数据库中。模型的整体计算流程如图 4.4 所示。

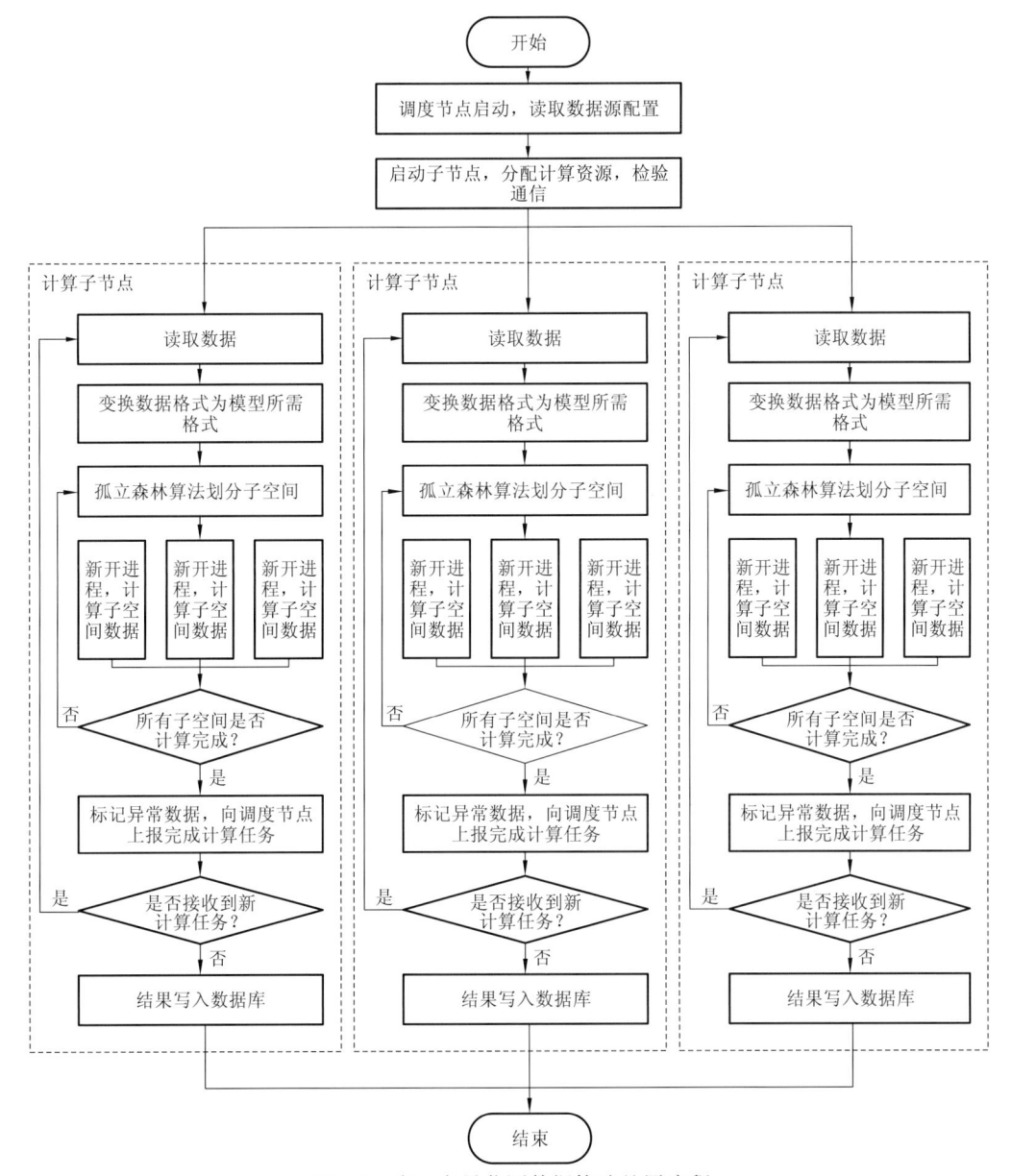

图 4.4 多元海量监测数据快速处置流程

4.3.1 基于孤立森林算法的多元海量数据降噪模型

传统的数据降噪模型一般都需要构建正常数据的画像，通过各类统计方法计算出正常指标，不符合该指标的数据即认为是异常值。这样做的缺点在于识别准确率不高，容易误判，且计算量大，对数据维度和数据量限制较高。

孤立森林算法使用一种非常高效的策略查找容易被孤立的点。对于整个数据空间，用一个随机超平面进行切分，一次切分可以得到两个子空间；然后用随机超平面对每个子空间再进行切割,循环往复,直到切割深度达到预设值或数据空间中仅剩下一个数据。在切割过程中可以发现,正常数据往往聚集在一起,异常数据一般都在密度较低的区域,因此正常数据所在的区域密度很高,往往需要切割很多次才会停止切割,而那些密度很低的区域很快就停止切割。如图4.5所示,白色点X_i(正常点)聚集的地方切分了很多次才停止,而黑色点X_0切割了有限的几次就停在了一个子空间。因此,可以直接根据切分次数识别出异常值。

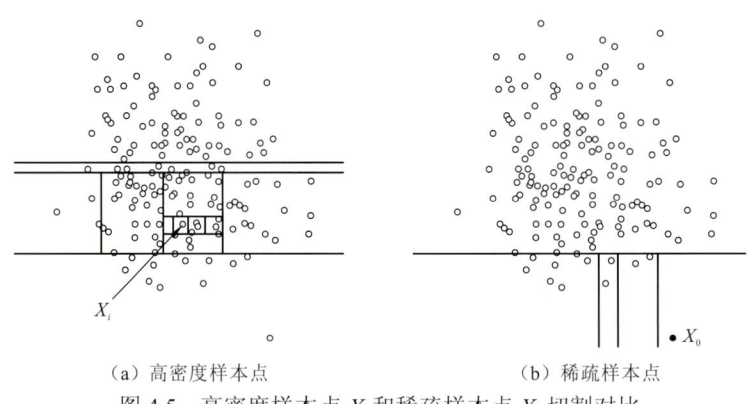

(a)高密度样本点　　　　　　　　(b)稀疏样本点

图4.5　高密度样本点X_i和稀疏样本点X_0切割对比

孤立森林(iForest)由若干棵孤立树(iTree)组成,孤立森林算法执行过程就是用给定数据集构建二叉树的过程。n条维度为ds的安全监测数据集$X=\{X_1,X_2,\cdots,X_n\}$映射到二维空间可以用$X=\{X_{ij}\}, 1 \leqslant i \leqslant n, 1 \leqslant j \leqslant$ ds表示;$V_j=\{v_1,v_2,\cdots,v_n\}, 1 \leqslant j \leqslant$ ds表示第j维集合,那么构造孤立森林的具体流程如下:

(1)从原始数据集X中随机抽取m个样本点构成样本子数据集$X'=\{x'_1,x'_2,\cdots,x'_m\}$。

(2)从ds个维度中随机选取一个维度j分割节点,且在该维度取值范围内随机选取一个属性值作为分割值g,其中g满足$\min(V_j) \leqslant g \leqslant \max(V_j)$。

(3)构造一棵树T_i,其具有左右两棵子树$T_i l$和$T_i r$;对于数据集X'中的每个数据x'_i,按照分割值g进行划分,当$x'_i<g$时,x'_i划分至左树$T_i l$,否则划分到右树$T_i r$。

(4)对于左右子树$T_i l$和$T_i r$,分别重复步骤(2)和(3),构造新的左右子树,直到满足如下任意一个条件:采样集X'中仅剩一个数据点或多个相等的数据点,无法进一步划分;孤立树的高度达到设定高度。

(5)重复上述步骤t次,则可以生成t棵孤立树iTree;至此,孤立森林iForest构建完成。

在孤立森林中,异常数据由于偏离正常值,很容易被分割出来,即分割次数较少;而正常数据由于聚集性强,分割次数较多。因此,使用样本在孤立树上的路径长度$h(x)$即节点x'_i到T_i经过的边数,来衡量数据点分割的难易程度,$h(x)$越大,说明分割该样本所需次数越多,即难以分割;反之,说明容易分割。为此,构造出如下数据质量评价函数:

$$s(x,d)=2^{\frac{E[h(x)]}{c(m)}} \quad (4.5)$$

其中,$E[h(x)]$为样本点x在t棵树中路径长度的期望值,即平均路径长度。因为每棵孤

立树均等价于一个二叉树,所以孤立树节点终止的平均高度等价于二叉树搜索失败时的路径长度 $c(m)$,其定义为

$$c(m) = 2H(m-1) - \frac{2(m-1)}{m} \tag{4.6}$$

其中,H 为调和函数,其定义为

$$H(m-1) = \ln(m-1) + \xi, \quad \xi = 0.577 \tag{4.7}$$

式中:ξ 为欧拉常数。

数据质量评价函数是关于 $E[h(x)]$ 的一个单调递减函数,s 越趋近于 1,表明数据点异常的可能性越高;s 越趋近于 0,表明数据正常的可能性越高。

由以上原理可知,在对海量数据处理的过程中,抽样方式可以很大程度降低内存需求,多次抽样可以弥补用部分数据来估计全体数据造成的误差,保证了算法的整体稳定性;同时,各个孤立树的构建是完全相互独立的,因而孤立森林算法非常适合应用到并行模型中来加速计算。

4.3.2 基于 SJF 的并行调度模型

由于传感器种类各异,数据量庞大,采用传统计算模型耗时较长,故采用基于 SJF 的并行调度模型来提高计算效率。SJF 将每个进程与其下次中央处理器(central processing unit,CPU)执行的预估时长关联起来。当 CPU 变为空闲时,它会被赋给具有最短 CPU 执行时长的进程。一般采用 CPU 平均等待时长来评估进程的执行效率。

假设有 N 个进程 P_{s1},P_{s2},$\cdots$,P_{sN} 需要处理,其预估执行时长分别为 T_1,T_2,$\cdots$,T_N,而其到达 CPU 执行队列的时间分别为 t_1,t_2,$\cdots$,t_N,其中 $t_1 < t_2 < t_N$。

当按照先到先执行(first-come first-service,FCFS)的模式进行执行时,N 个进程按照到达时间顺序执行,各进程 CPU 等待时间如式(4.8)所示。

$$T_{\text{wait}} = \begin{cases} 0 & (N=1) \\ 0 & (N>1 \text{ 且 } t_N \geq t_{N-1} + T_{N-1}) \\ t_{N-1} + T_{N-1} - t_N & (N>1 \text{ 且 } t_N < t_{N-1} + T_{N-1}) \end{cases} \tag{4.8}$$

一般地,在执行大量并发进程时,绝大部分进程的到达时间满足 $t_N \leq t_{N-1} + T_{N-1}$,CPU 很少存在空闲状态,因此,$N$ 个进程的 CPU 平均等待时间可以简化为

$$\overline{T_{\text{wait}}^N} = \frac{\sum_{i=1}^{N-1} T_i}{N-1} \tag{4.9}$$

式中:$\overline{T_{\text{wait}}^N}$ 为 N 个进程的平均等待时间;T_i 为第 i 个进程的等待时间。

当按照 SJF 的模式进行执行时,N 个进程按照其执行预估时长进行排序,执行时长越短的越优先执行,则其 CPU 平均等待时间为

$$\overline{T_{\text{wait}}^N} = \frac{\sum_{i=1}^{N} T_i - \max(T)}{N-1} \tag{4.10}$$

式中：max(T) 为所有 N 个进程等待时间 T_1，T_2，…，T_N 中的最大等待时间。

显然，SJF 的平均等待时间是小于 FCFS 的，能大幅度缩短 CPU 等待时间。在模型实际运行中，可以根据数据条数 n、数据维度 ds 和常数 k 来计算预估执行时间，如式（4.11）所示。其中，常数 k 一般取 1 即可。

$$T = k \times n \times ds \tag{4.11}$$

4.3.3 多元海量监测数据快速处置效果评价方法

为了评价多元海量监测数据快速处置模型的处理效果，将体现数据稳定程度的样本标准差 σ 作为评价指标，如式（4.12）所示。

$$\sigma = \sqrt{\frac{\sum_{i=1}^{n}(v_{ij} - \overline{v}_j)^2}{n-1}} \tag{4.12}$$

式中：n 为数据样本总条数；v_{ij} 为数据集中第 j 维集合中的第 i 条数据；$\overline{v}_j$ 为 n 条数据的算术平均值。

对于原始未处理的成果数据，其标准差为 σ_0；对于多元海量监测数据快速处置模型处理后的数据，其标准差为 σ_1。当满足 $\sigma_1 < \sigma_0$ 时，说明模型有效识别了数据异常值和粗差，并降低了噪声数据。

4.4 安全监测自动化采集方案

根据膨胀土的特点、监测数据传输距离、各部位的重要性和接入安全监测自动化系统的需要、自动化网络架构技术等，按功能相似、部位接近的原则布置现场监测站，分为监测站和监测中心管理站两级设置，监测站和监测中心管理站之间的信号传输采用无线方式。安全监测自动化系统网络结构见图 4.6。

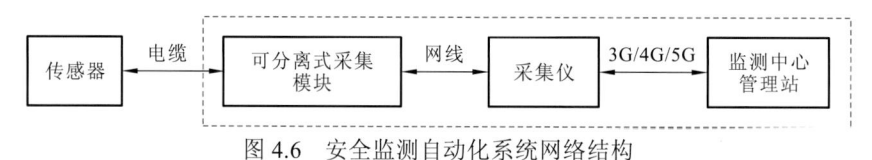

图 4.6 安全监测自动化系统网络结构

4.4.1 通信方式

安全监测自动化系统按两级设置，即监测站和监测中心管理站。监测站为监测仪器集中牵引放置的部位，监测中心管理站为安装采集计算机、采集软件及相关外部设备的场所。

传感器与监测站、监测站与监测中心管理站、监测中心管理站与流域安全监测监控中心之间均存在通信。各站点之间的通信具体如下。

（1）传感器与监测站之间采用电缆通信。监测仪器已就近牵引至观测站，在观测站根据传感器类型和数量安装数据采集仪即可，传感器和监测站之间的信号通过已有电缆传输。

（2）监测站与监测中心管理站之间采用 3G/4G/5G 无线通信方式，该通信方式为分布式物联网组网方式，采集仪采取"1 托 N"方式，通信构建具体包括：监测站安装可分离式采集模块，采集模块可接入多个仪器，设置采集仪；可分离式采集模块与采集仪之间利用网线通信；采集仪与监测中心管理站之间，利用 3G/4G/5G 信号通信。

（3）监测中心管理站和流域安全监测监控中心之间，采用专用互联网通信。

4.4.2　供电方式

监测中心管理站从站内配电箱引入多路 220 V 交流电对站内设备进行供电，同时配备一套交流不间断电源（uninterruptible power supply，UPS），蓄电池按维持设备正常工作 48 h 设置。

监测站主要使用数据采集仪，在有条件部位采用市电供电，其他部位采用太阳能板和蓄电池供电。

4.4.3　防雷和接地

针对安全监测自动化系统的防雷要求及雷击危害的两种方式，从直击雷防护和雷电感应过电压防护两方面进行防护。

（1）监测中心管理站。

可直接利用工程的防雷和接地设施，接地装置的电阻应小于 4 Ω；机房内设备的工作接地、保护接地采用联合接地方式与工程区公用接地网可靠连接。

电源防雷采用三级电源防雷，主要由三相并联式电源防雷器、隔离变压器、稳压电源等组成，同时兼防电网中的浪涌。应在监测中心管理站各配置一台 220 V 交流电源防雷箱和防雷隔离稳压电源。

通信防雷要求进入监测中心管理站的所有金属管线和电缆金属外皮均接地，同时还应选择适合的避雷器加以保护。

（2）监测站。

直接采用接地线（铜带）与工程区公用接地网连接，接地装置的电阻应小于 10 Ω。

远离公用接地网的监测站，应在其附近设置接地点，将 ϕ36 mm 的钢筋打入地下 2 m，然后采用接地线（接地铜带）与其连接，接地装置的电阻应小于 10 Ω；测站设备的引入电缆应采用屏蔽电缆，其屏蔽层应可靠接地。

安全监测自动化系统除对所有暴露在野外的信号电缆、通信电缆等加装钢管保护外，还对数据采集单元在供电系统的防雷、一次传感器及通信接口的防雷、中心计算机房的防雷等方面做全面的考虑，保证系统在雷击和电源波动等情况下能正常工作。

4.5 岸坡堤坝安全监测信息采集及应用分析

本节以南水北调中线工程渠首丹江口水库宋岗码头膨胀土岸坡为例，详细阐述分布式安全监测方案布置，通过自主开发的点-带式采集仪和可分离式采集模块实现监测数据的实时采集，并基于岸坡堤坝滑坡监测预警与修复加固系统监测信息可视化模块，实现监测信息的实时分析与应用，监测信息可视化详见本书 7.3 节和 10.3 节。

4.5.1 岸坡堤坝分布式安全监测方案布置

南水北调中线工程渠首丹江口水库宋岗码头膨胀土岸坡分布式安全监测方案包括两个监测断面，即修复加固区域断面和非修复加固区域断面，修复加固措施见本书 6.1 节。各监测断面包括土壤含水量监测、表面变形监测、深部变形监测、渗流监测、水位监测和降雨量监测等内容，修复加固区域典型监测断面如图 4.7 所示。

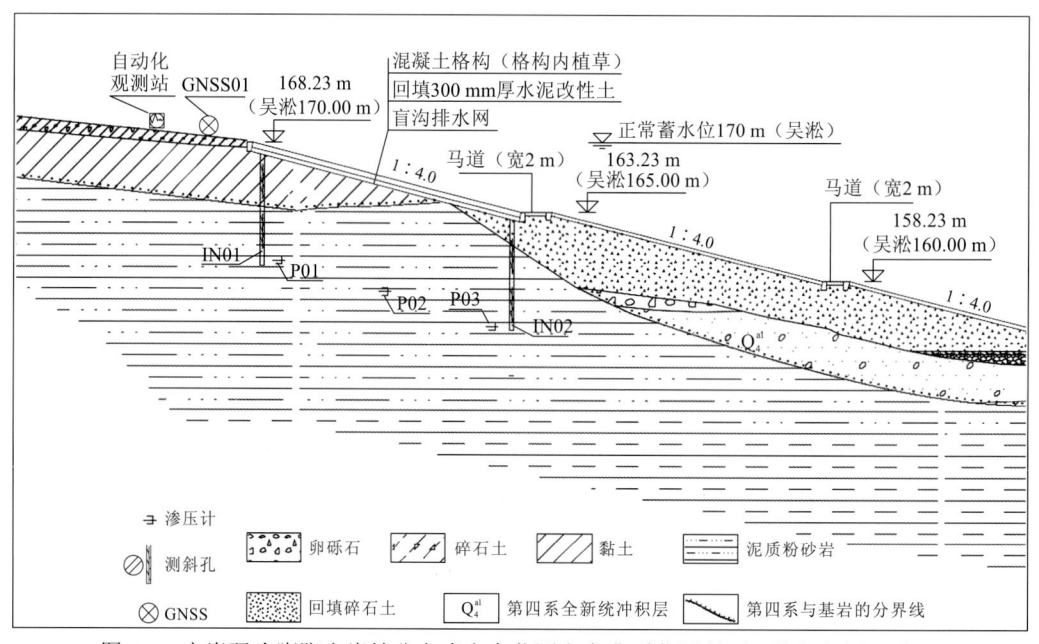

图 4.7 宋岗码头膨胀土岸坡分布式安全监测方案典型监测断面（修复加固区域）

（1）水位监测布置。在岸坡临水侧丹江口水库中布设 1 个水位监测点，实现丹江口水库库水位数据的实时采集。

（2）降雨量监测布置。宋岗码头膨胀土岸坡工程区域布设 1 套一体化雨量计，实现降雨量数据的实时采集。

（3）土壤含水量监测布置。宋岗码头膨胀土岸坡共布置 2 个土壤含水量监测断面，分别位于修复加固区和非修复加固区。2 个监测断面分别布设 3 组土壤湿度监测设施，每组监测设施包括 7 支土壤湿度计，按距膨胀土表面 7 cm、14 cm、21 cm、28 cm、35 cm、

42 cm、49 cm 进行埋设。

（4）表面变形监测布置。宋岗码头膨胀土岸坡共布设 2 个 GNSS 监测点、1 个 GPS 基准点，主要用于监测膨胀土岸坡的表面变形情况。

（5）深部变形监测布置。宋岗码头膨胀土岸坡共布置 2 个深部变形监测断面，分别位于修复加固区和非修复加固区。2 个监测断面分别布设 2 套测斜仪，测斜孔在深度上穿过潜在滑动面，深入基岩，以监测膨胀土岸坡的深部变形。

（6）渗流监测布置。宋岗码头膨胀土岸坡共布置 2 个渗流监测断面，分别位于修复加固区和非修复加固区。2 个监测断面分别布设 3 支渗压计，渗压计埋设在潜在滑动面以下，用来监测渗透压力。

4.5.2　岸坡堤坝安全监测成果分析

宋岗码头膨胀土岸坡自动化监测自运行起，已累计获得监测数据 12 万条，为节省篇幅，本书选择各监测项目典型时间段数据进行成果分析。

（1）水位监测成果。

2021 年 6 月 8 日～7 月 6 日监测时间段，宋岗码头膨胀土岸坡临水侧丹江口水库库水位为 159.16～160.07 m，其中，最低水位为 159.16 m，出现在 2021 年 6 月 9 日，最高水位为 160.07 m，出现在 2021 年 7 月 6 日，监测时间段水位监测成果过程线如图 4.8 所示。

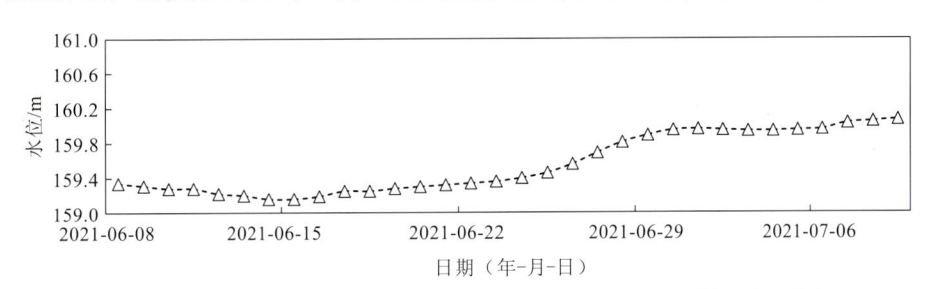

图 4.8　水位监测成果过程线（以 2021 年 6 月 8 日～7 月 6 日监测时间段为例）

（2）降雨量监测成果。

2021 年 6 月 1 日～7 月 9 日监测时间段，宋岗码头膨胀土岸坡总体降雨量较少，6～7 月出现 6 次降雨，日降雨量在 2～3 mm，根据雨量等级划分，其均为小雨（日降雨量小于 10 mm 为小雨），最大降雨量为 2.9 mm，发生在 2021 年 6 月 16 日。监测时间段日降雨量监测成果柱状图如图 4.9 所示。

（3）土壤含水量监测成果。

宋岗码头膨胀土岸坡修复加固区和非修复加固区各设置 1 个土壤含水量监测断面，其中 01～03 组土壤含水量监测设施位于修复加固区，04～06 组土壤含水量监测设施位于非修复加固区域，2021 年 1 月 1 日～6 月 30 日监测时间段，土壤含水量成果如图 4.10～图 4.15 所示。

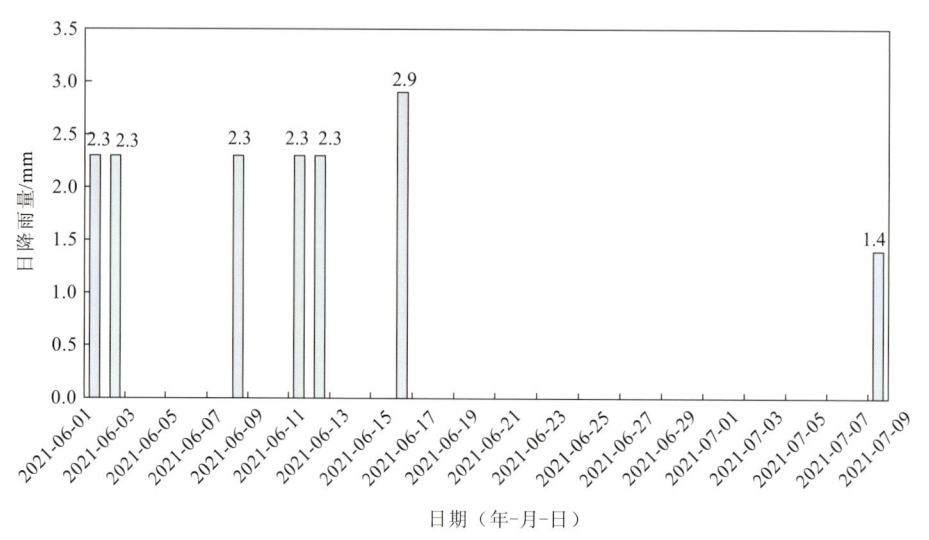

图 4.9　日降雨量监测成果柱状图（以 2021 年 6 月 1 日～7 月 9 日监测时间段为例）

图 4.10　土壤含水量 01 组（修复加固区断面顶部）监测成果

（以 2021 年 1 月 1 日～6 月 30 日监测时间段为例）

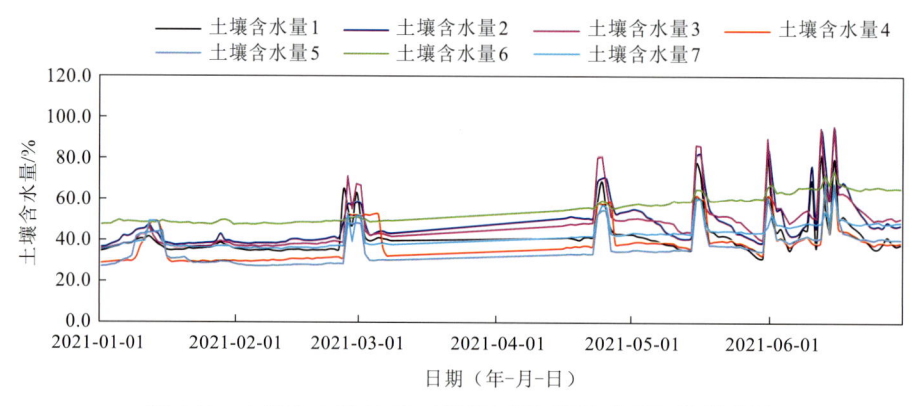

图 4.11　土壤含水量 02 组（修复加固区断面中部）监测成果

（以 2021 年 1 月 1 日～6 月 30 日监测时间段为例）

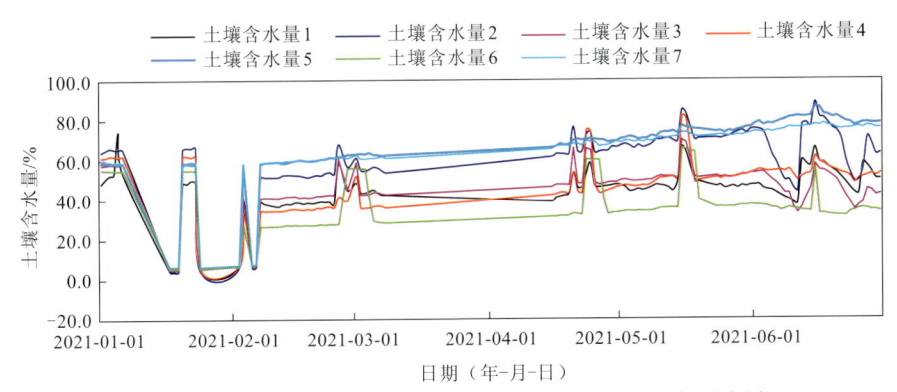

图 4.12　土壤含水量 03 组（修复加固区断面底部）监测成果

（以 2021 年 1 月 1 日～6 月 30 日监测时间段为例）

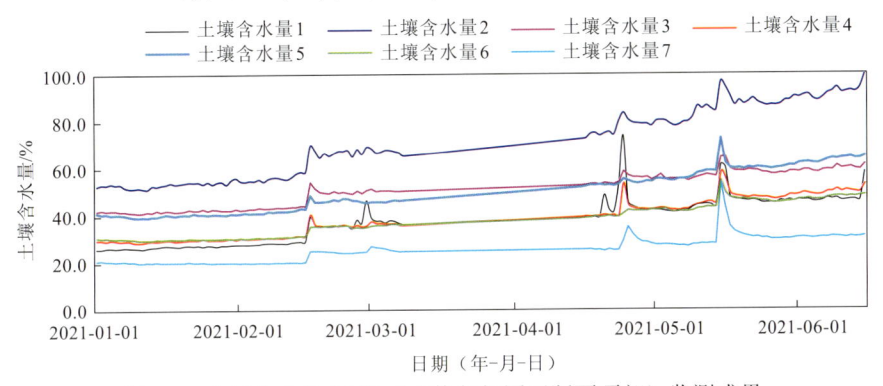

图 4.13　土壤含水量 04 组（非修复加固区断面顶部）监测成果

（以 2021 年 1 月 1 日～6 月 30 日监测时间段为例）

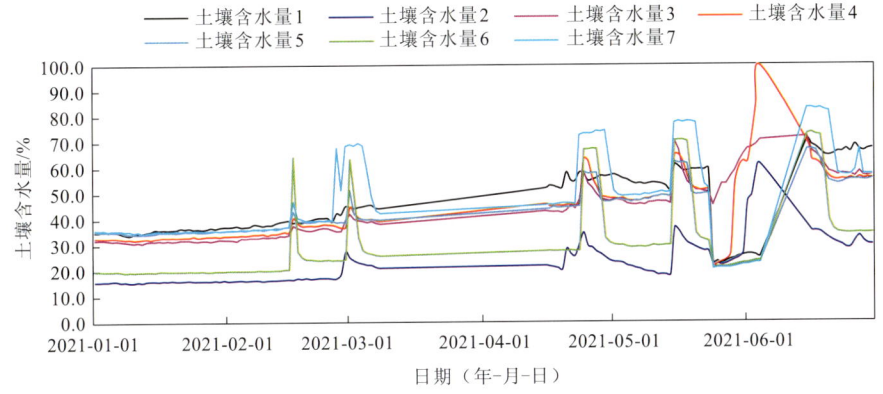

图 4.14　土壤含水量 05 组（非修复加固区断面中部）监测成果

（以 2021 年 1 月 1 日～6 月 30 日监测时间段为例）

从图 4.10～图 4.15 可知，土壤含水量主要受降雨影响，出现降雨时土壤含水量增加，降雨过后土壤含水量降低。从修复加固区和非修复加固区两个分区来看，降雨后修复加固区含水量增加量小于非修复加固区，雨后修复加固区含水量迅速降低，非修复加固区含水量有缓慢降低的特点，说明修复加固区采取的"内隔外排"措施具有很好的效果。"内隔外排"措施详见 6.1 节。

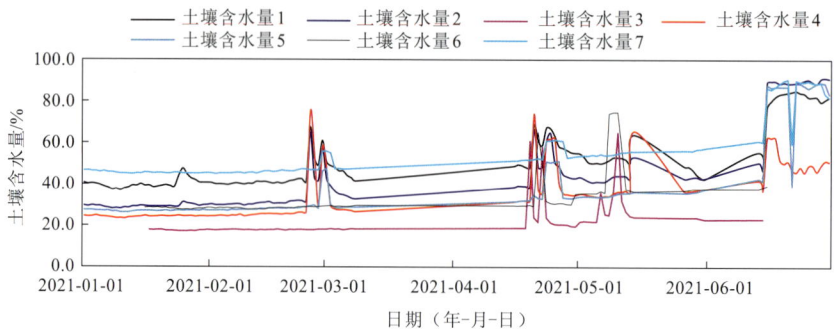

图 4.15　土壤含水量 06 组（非修复加固区断面底部）监测成果

（以 2021 年 1 月 1 日～6 月 30 日监测时间段为例）

（4）表面变形监测成果。

在宋岗码头两个监测断面坡面后缘分别设置 1 个 GNSS 监测点，监测结果显示，两个测点的变形量均较小，各方向变形基本在 5 mm 以内，水平方向无明显变形趋势；在 9 月库水位升高后，沉降逐渐增大，但仍在 5 mm 以内，沉降较小。表面变形监测成果如图 4.16 和图 4.17 所示。

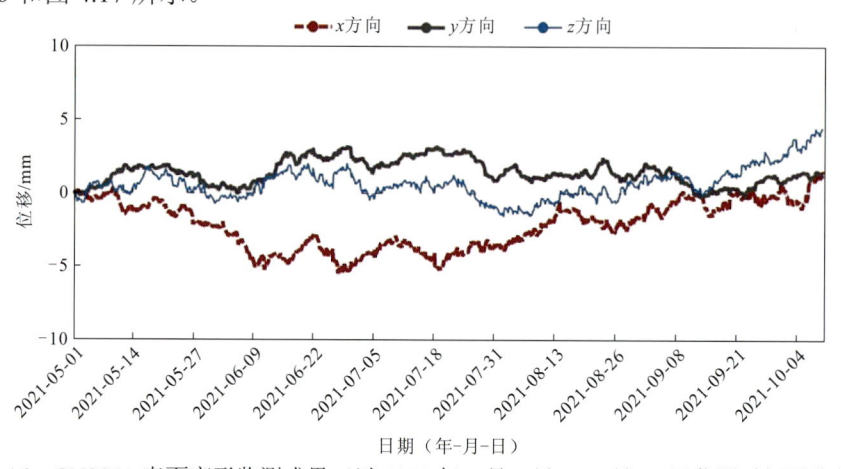

图 4.16　GNSS01 表面变形监测成果（以 2021 年 5 月 1 日～10 月 11 日监测时间段为例）

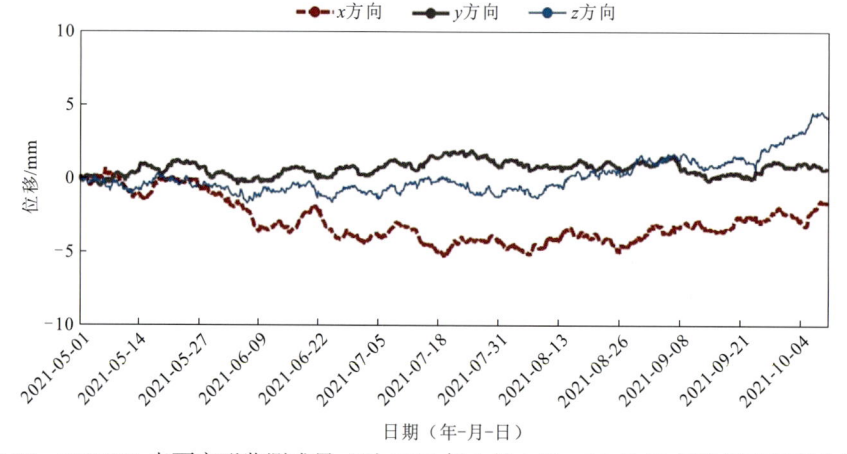

图 4.17　GNSS02 表面变形监测成果（以 2021 年 5 月 1 日～10 月 11 日监测时间段为例）

（5）深部变形监测成果。

深部变形主要采用柔性测斜仪进行自动化观测，修复加固区和非修复加固区各设置 1 个监测断面，其中 IN01 和 IN02 测斜孔位于修复加固区，IN03 和 IN04 测斜孔位于非修复加固区。测斜孔深度为 8 m，监测成果见图 4.18～图 4.21。

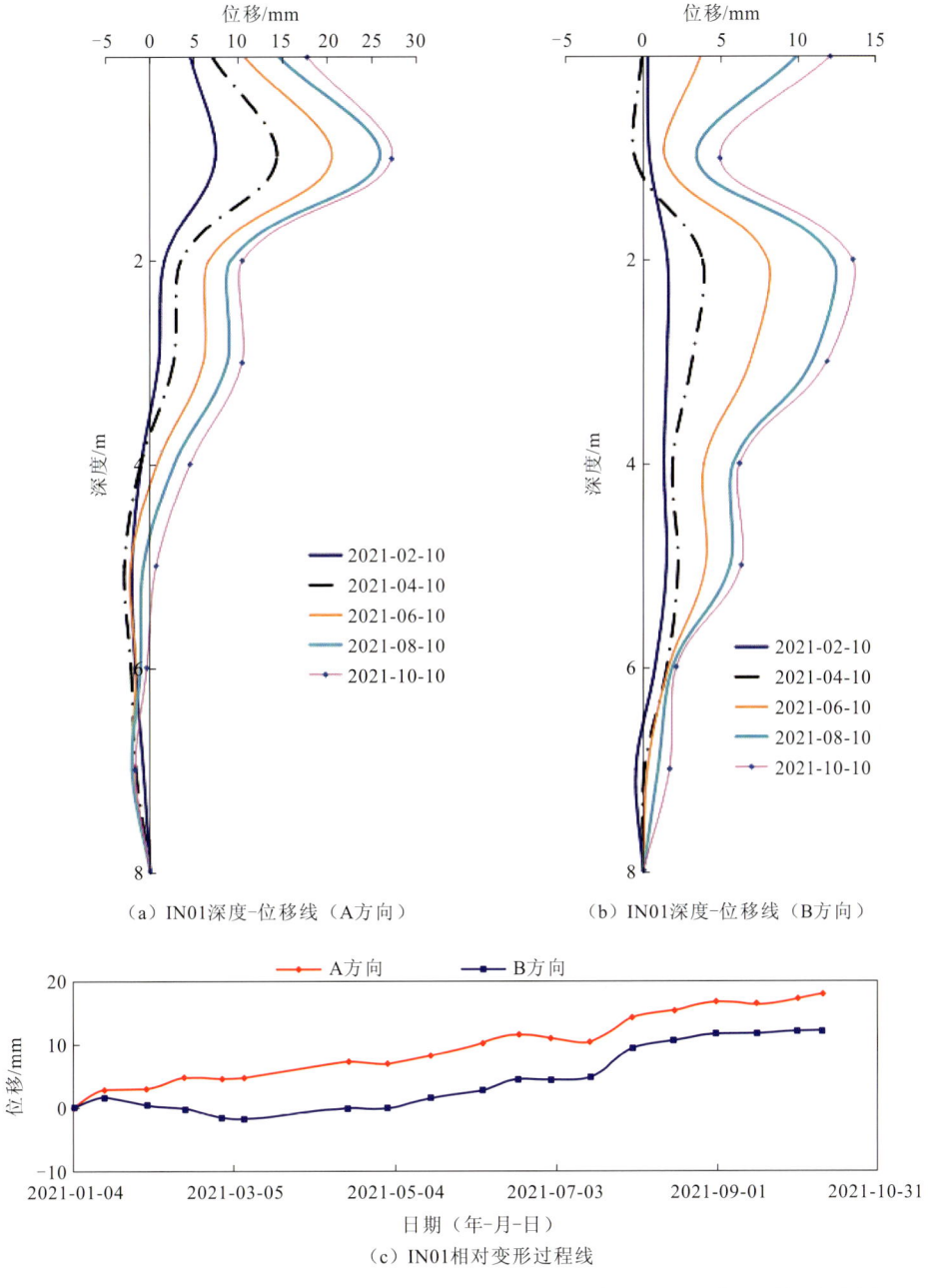

(a) IN01深度-位移线（A方向）

(b) IN01深度-位移线（B方向）

(c) IN01相对变形过程线

图 4.18　修复加固区测斜孔 IN01 变形过程线（以 2021 年 1～10 月监测时间段为例）

A 方向为指向临空面方向；B 方向为平行于岸坡方向

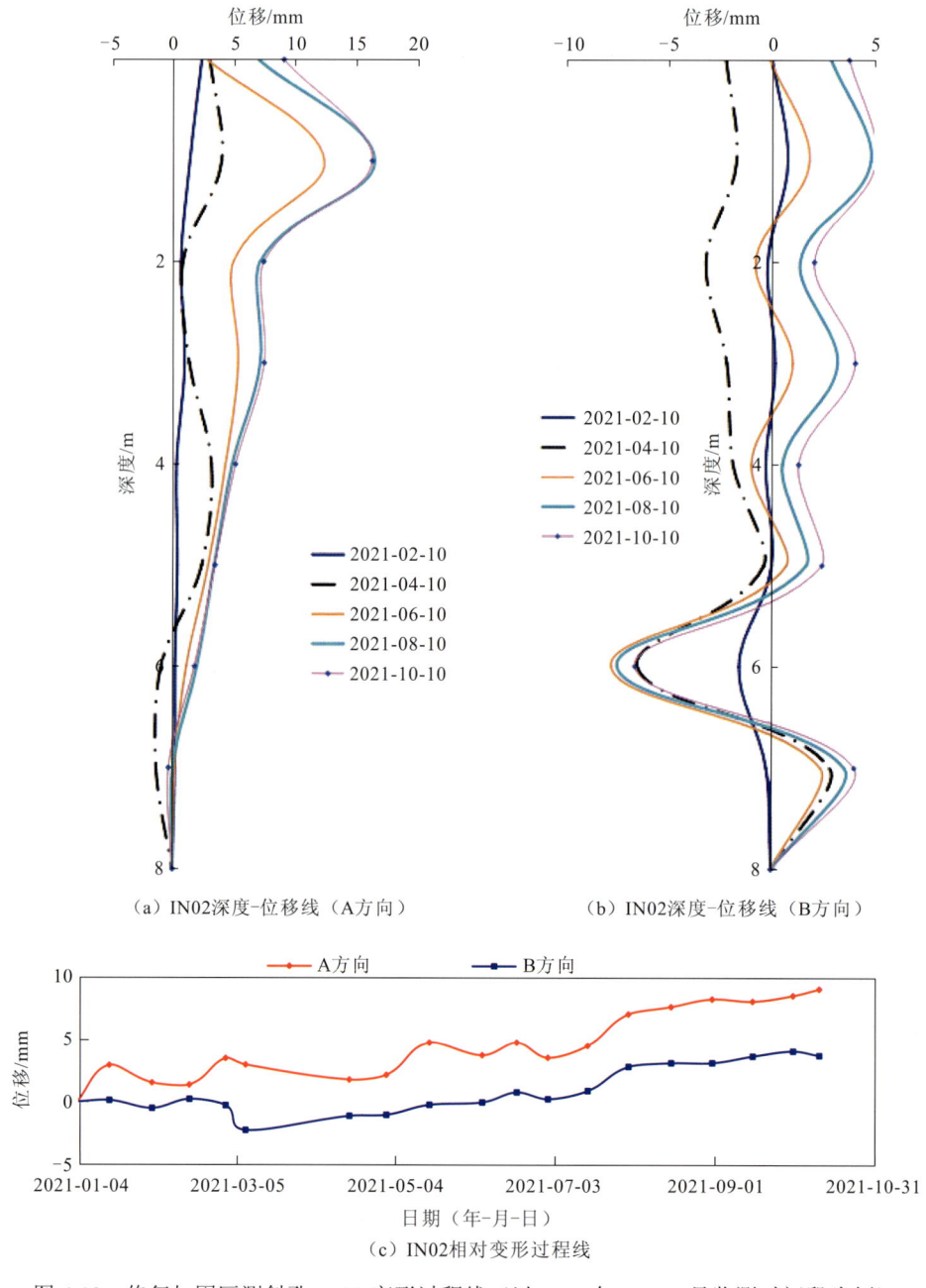

（a）IN02深度-位移线（A方向）　　（b）IN02深度-位移线（B方向）

（c）IN02相对变形过程线

图4.19　修复加固区测斜孔IN02变形过程线（以2021年1~10月监测时间段为例）

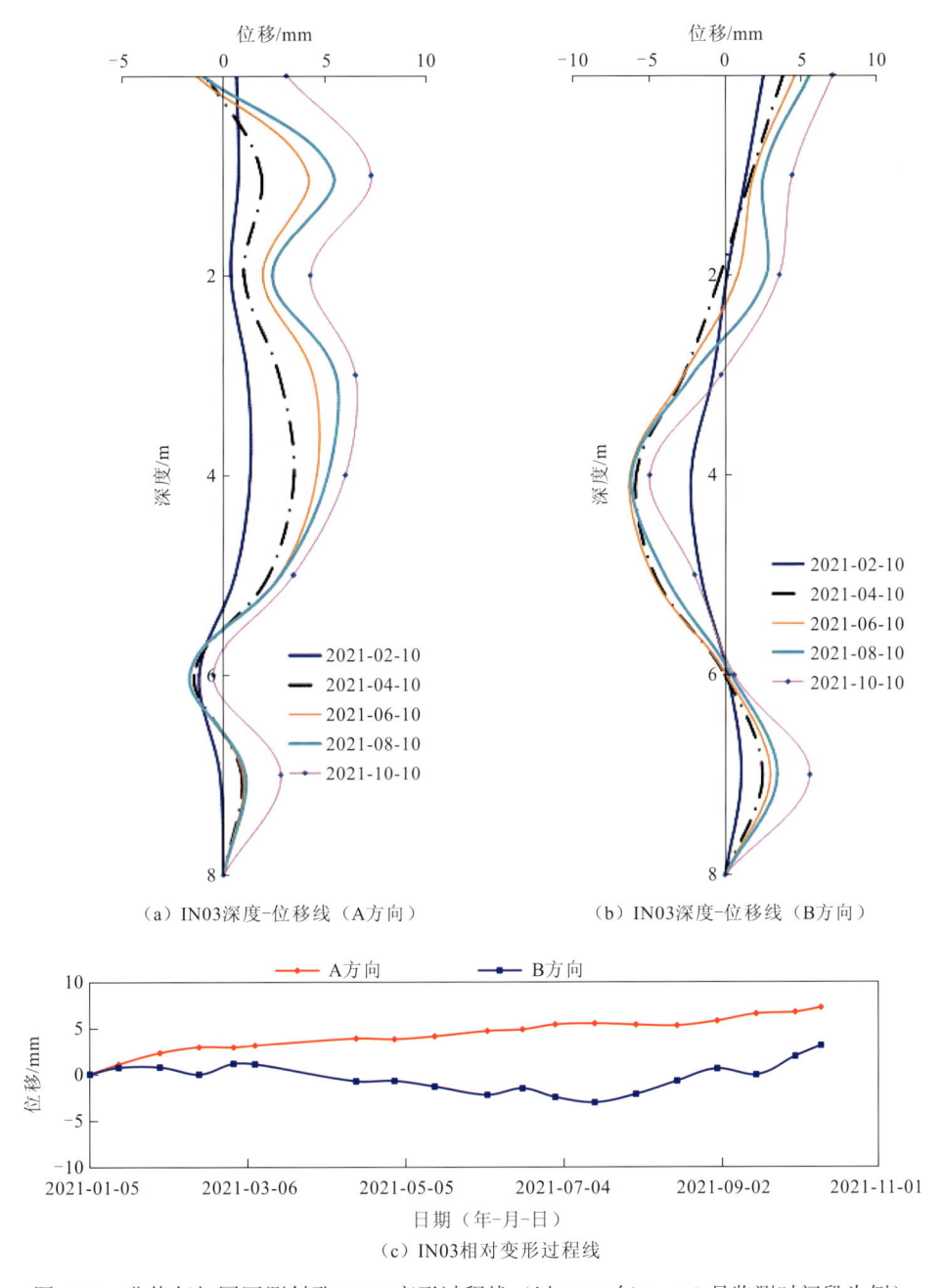

(a) IN03深度-位移线（A方向）　　　(b) IN03深度-位移线（B方向）

(c) IN03相对变形过程线

图 4.20　非修复加固区测斜孔 IN03 变形过程线（以 2021 年 1～10 月监测时间段为例）

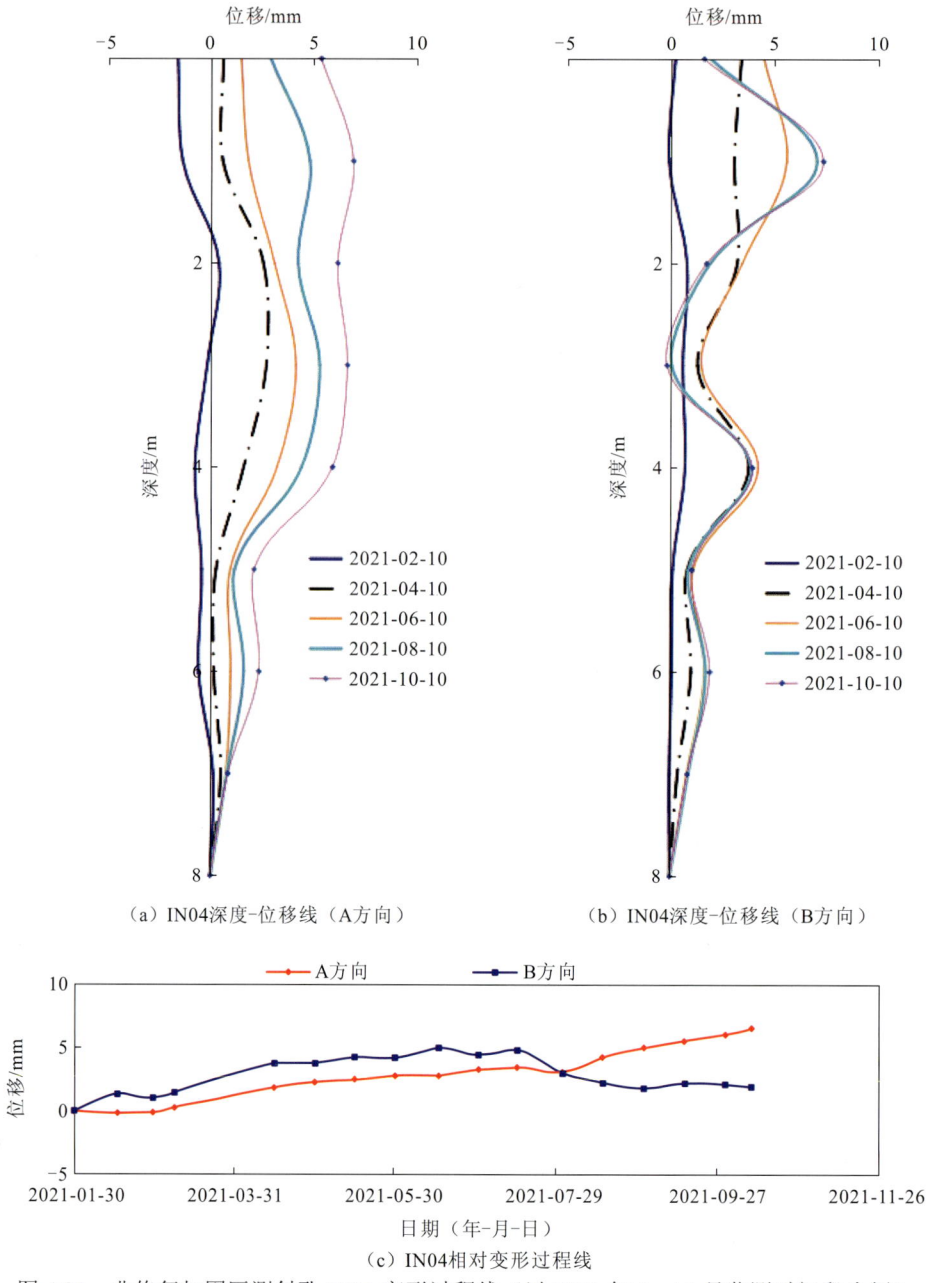

(a) IN04深度-位移线（A方向）　　(b) IN04深度-位移线（B方向）

(c) IN04相对变形过程线

图4.21　非修复加固区测斜孔IN04变形过程线（以2021年1～10月监测时间段为例）

修复加固区最大变形分别为 16.29 mm 和 27.26 mm，非修复加固区两孔向临空面的最大变形分别为 6.9 mm 和 7.19 mm。同一断面上两孔深部变形趋势基本一致，从孔口变形过程线可以看出，修复加固区早期变形速率较大，后期变形趋势减缓，非修复加固区变形速率一直较大，说明修复加固区的措施对限制岸坡有较好的效果。

（6）渗流监测成果。

宋岗码头膨胀土岸坡修复加固区和非修复加固区各设置1个渗流监测断面，其中渗

压计 $P_{示1}$～$P_{示3}$（对应图 4.7 示范区 P01～P03）位于修复加固区，渗压计 $P_{非1}$～$P_{非3}$（对应图 4.7 非示范区 P01～P03）位于非修复加固区，各监测断面 3 支渗压计分别安装在监测断面顶部（安装高程 167 m）、中部（安装高程 164.5 m）和下部（安装高程 162 m）三个部位。2021 年 6 月 8 日～7 月 9 日监测时间段，渗流监测成果如图 4.22～图 4.27 所示。

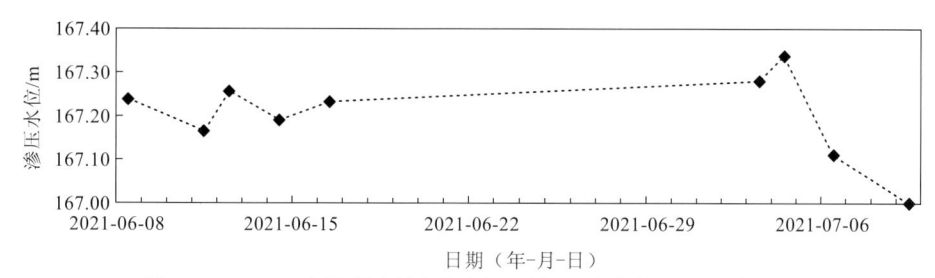

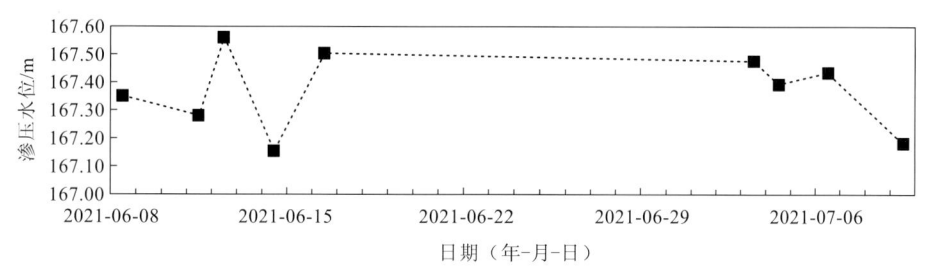

图 4.22　$P_{示1}$（宋岗码头修复加固区顶部）渗流监测成果过程线
（以 2021 年 6 月 8 日～7 月 9 日监测时间段为例）

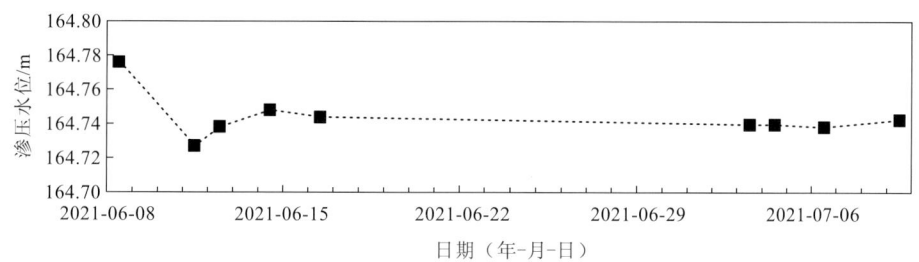

图 4.23　$P_{示2}$（宋岗码头修复加固区中部）渗流监测成果过程线
（以 2021 年 6 月 8 日～7 月 9 日监测时间段为例）

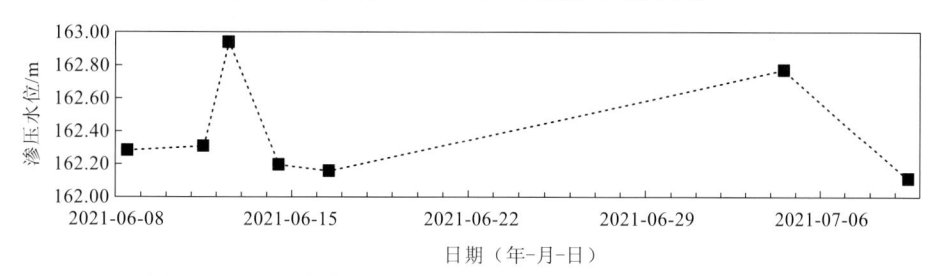

图 4.24　$P_{示3}$（宋岗码头修复加固区下部）渗流监测成果过程线
（以 2021 年 6 月 8 日～7 月 9 日监测时间段为例）

图 4.25　$P_{非1}$（宋岗码头非修复加固区顶部）渗流监测成果过程线
（以 2021 年 6 月 8 日～7 月 9 日监测时间段为例）

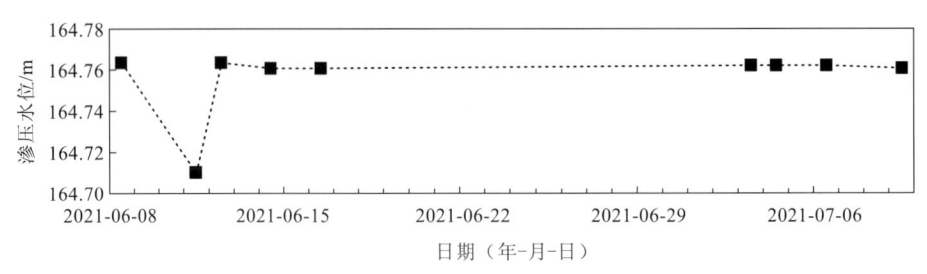

图 4.26　$P_{\#2}$（宋岗码头非修复加固区中部）渗流监测成果过程线

（以 2021 年 6 月 8 日～7 月 9 日监测时间段为例）

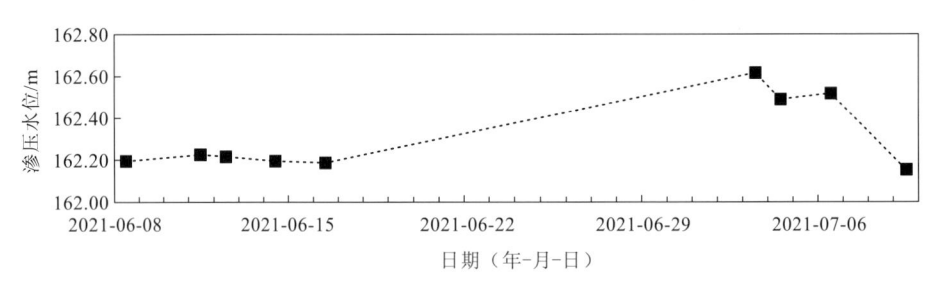

图 4.27　$P_{\#3}$（宋岗码头非修复加固区下部）渗流监测成果过程线

（以 2021 年 6 月 8 日～7 月 9 日监测时间段为例）

从图 4.22～图 4.27 可知，总体来说 2 个监测断面上中下三个部位渗压水头均较小。其中：修复加固区顶部渗压水头在 0～0.3 m，小于非修复加固区渗压水头 0.15～0.5 m；修复加固区中部渗压水头在 0.25 m 左右，非修复加固区渗压水头为 0.26 m，两者相差不大；修复加固区底部最大渗压水头为 0.8 m，非修复加固区同时期最大渗压水头为 0.6 m，前者略大；另外，修复加固区因设置有排水措施，其渗压值回落速度明显快于非修复加固区渗压值。

第5章

岸坡堤坝检测感知技术研究

5.1 时移电法检测方法概述

5.1.1 时移电法检测基本原理

时移检测技术最早起源于国外，目前已发展有时移地震检测技术、时移电磁法、时移电阻率法等。时移地震检测技术试验最初是由 ARCO 公司于 1982~1983 年在北得克萨斯州的 Holt 储层上进行的试验勘探，Greaves 和 Fulp[38]于 1987 年记录了那次试验勘探过程。试验主要是通过时间延迟的多次地震采集，观察地震响应的差异，进而确定油藏随时间的变化，即动态变化。然而，由于当时过分强调永久性检波器，而且其成本十分高昂，此项技术的应用前景受到严重的影响。

进入 20 世纪 90 年代中期，由于三维地震技术被广泛接受和应用，在全球范围内有一些油田结合不同时间采集的三维地震资料，得到了时移地震数据体。人们对这些数据进行分析、处理和解释，获得了相当不错的效果，从而使得时移地震检测技术有了广泛的应用前景，其中 WesternGeco、CGG、PGS 等主要地球物理服务公司成立了相当多的技术队伍，而石油公司如 Shell、ExxonMobil、ChevronTexaco 也组织专门的应用及开发小组，对其拥有的油田建立了相应的可行性分析手段，并在世界各地的实际油田中进行了应用，如 Gullfaks 油田、Shell 的 Draugen 油田等。

进入 21 世纪，人们提出了 e-field 的概念，即在油田开发的每个阶段，在油藏表面、井筒内，如套管上均安装检波器。然后，选择不同时间进行地震激发，并迅速处理和分析，以及时跟踪油藏动态并调整开发方案，最终获得最佳的采收率。在解释、处理方面，Huang 等[39]于 1997 年正式提出地震历史匹配的概念，并在工业界取得了应用，其核心是结合生产动态信息去约束地震处理，并引导解释和标定过程。之后，Statoil、Total Fina Elf、Schlumberger 等公司联合开展了相当多的试验研究工作，使得此技术成为地震信息进入油藏开发的重要手段。另外，近年来各大研究机构、院校也展开了有关时移地震和动态数据结合的研究工作，如斯坦福大学、塔尔萨大学、得克萨斯农工大学、赫里奥特瓦特大学等。

我国也在 20 世纪 90 年代中期从国外引入时移地震检测技术，中国的新疆、辽河、大庆等油田在这个方面进行了积极的探索，国内的中国科学院、中国石油大学、西南石油大学等院校也积极参与到时移地震检测技术的研究中。

在基础研究领域，国内学者从堤防土体的组分结构、含水率、密实度等与地球物理参数的相关关系的研究入手，寻找含水率发生变化后堤防典型隐患演变为渗漏、管涌、流土的临界物性参数变化特征，以此实现对典型隐患演变规律的分析研究。例如，白广明等[40]在对黑龙江省九龙水库堤坝土样模拟研究中，分析了浸润线上、下部位电阻率和含水率的关系及电阻率与土体密实度的关系等。

1. 电法勘探基本原理

电法勘探以地下介质的电性差异为基础,以特定的观测系统建立半空间稳恒电流场,通过观测稳恒电流场的时空分布特征,了解地下介质的状态[41]。传统的地球物理探测方法是对地下目标体某一时刻地球物理特性参数的瞬态探测,通过对数据的处理、分析,查看异常体的形态与赋存位置。而在膨胀土岸坡堤坝的水体渗透演进过程中,其性状往往是随着水体演进过程动态变化的,某一单个时间点的观测无法掌握目标体性状的发展趋势,因此,基于多时间点探测的时移地球物理概念被提出,研究表明其可以用于监测地下介质随时间的变化情况。

电法勘探是以研究地壳中各种物体结构电学性质之间的差异为基础,通过观测和研究电场(天然或人工)空间和时间上的分布规律来调查地下构造的一类物探方法,其研究的电学性质为导电性(电阻率ρ)、激电性(极化特性参数)。常用的直流电法有电阻率法(电测深法、电剖面法、高密度电法)、自然电场法、充电法。其主要用来探测金属、非金属矿床,调查地下水资源和能源,解决某些工程地质及深部地质问题。

目标体的构造组成差异,决定了它们具有不同的导电性、导磁性、介电性和电化学性质。根据这些性质及其空间分布规律和时间特性,人们可以推断物体或地质构造的赋存形态(形状、大小、位置、产状和埋藏深度)和物性参数等,从而达到勘探的目的。电法勘探具有利用的物性参数多,场源、装置形式多,观测或测量要素多及应用范围广等特点。电法勘探利用的岩石、矿石的物理参数主要有电阻率(ρ)、磁导率(μ)、极化特性(人工体极化率η和面极化系数λ_f)、自然极化的电位跃变($\Delta\varepsilon$)和介电常数(ε)。

2. 时移电法检测基本理论

时移电法检测是在常规直流电法的基础上增加一个时间维,即在不同时刻对同一部位采用同一观测系统进行数据采集,分析不同时间电阻率的差异,研究地下介质的动态变化特征[42-43],即$\rho(x, z, t)$或$\rho(y, z, t)$,也称为准三维高密度电法,其基本检测原理与传统直流电法没有本质的不同,仍然采用对称四极、偶极-偶极、三极等装置形式,不同的是其观测方式由瞬态一次性探测转变为连续的智能监测,同一条剖面(排列)或多条剖面在保持其电极位置固定、观测系统一致的条件下,通过不同时刻的基础数据的采集、处理、解译,分析不同时刻介质电阻率的差异特征,探究外部环境影响下,地下介质电阻率随时间的动态演变规律,持续监测并捕捉隐患异常的产生、发展过程,对其性质、特征做出定量分析与研究。

时移电法数据处理通常是先用正常的反演方法反演背景数据,即将某一时刻的观测数据作为基准值,将其反演结果作为其他时刻数据反演的初始模型或约束条件,然后一组接一组地反演多组探测数据,可以有效地减少反演结果的多解性。为了突出地下介质电性结构局部微小的变化部分,可使用基准数据反演结果对不同时刻的反演结果进行视电阻率归一化。

$$\begin{cases} D(x,z,t_i) = \rho_s(x,z,t_i) - \rho_s(x,z,t_0) \\ R(x,z,t_i) = \dfrac{\rho_s(x,z,t_i) - \rho_s(x,z,t_0)}{\rho_s(x,z,t_0)} \times 100\% \end{cases} \tag{5.1}$$

式中：$D(x, z, t_i)$ 为同一空间位置 t_i 时刻视电阻率值与基准值的差值；$R(x, z, t_i)$ 为同一空间位置 t_i 时刻视电阻率值相较于基准值的变化率；$\rho_s(x, z, t_i)$ 为某一空间位置 t_i 时刻的视电阻率值；$\rho_s(x, z, t_0)$ 为某一空间位置初始时刻基准视电阻率值。

5.1.2　时移电法检测工作布置

时移电法检测工作布置与常规直流电法基本一致，常用装置类型为温纳装置、偶极装置和微分装置等。在堤坝岸坡水位时移变化条件下，隐患缺陷的产生、发育、致灾伴随着电阻率的变化。根据达西定律，堤坝岸坡水体渗透演进一般由迎水面向背水面渗透，为了追踪水体渗透过程，通过在堤坝、岸坡的临水面、坝（坡）顶、背水面布置多条平行测线，形成阵列式测线布置（图 5.1），观测人工稳恒电流场的时空分布规律。通过观测同一测线的电阻率变化及不同测线的电阻率变化趋势，达到追踪水体演进过程的目的。

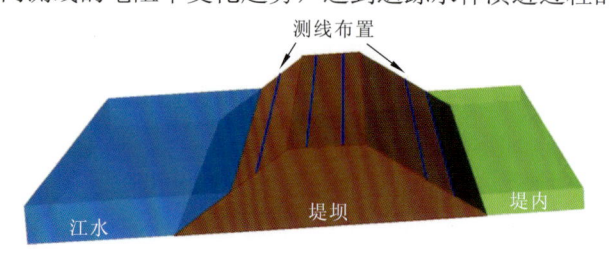

图 5.1　典型堤坝时移电法测线布置示意图

考虑到堤坝、岸坡结构线性及隐患局部发育的特点，时移电法测线一般平行于堤坝、岸坡布置，测线长度和电极距根据岸坡堤坝土体结构及探测深度、精度要求确定，一般情况下：测线线距在堤（岸）坡为 4~6 m，在堤（岸）顶为 2~4 m，电极距一般为 1~2 m，采用小电极距时，测线间距也要适当减小，以满足异常精细追踪的需求；测线长度应不小于探测目标体深度的 6 倍，测量用供电电压视测线长度和电极接地条件而定。

时移电法在不同时间对同一位置进行检测，为保证电极位置固定，可 RTK 进行测量放点或埋置电极、电缆等。

5.1.3　时移电法检测系统

1. 时移电法检测系统设计原则

时移电法是在常规直流电法的基础上增加了时间序列表征，不同的是传统直流电法是瞬态探测与数据解译，而时移电法是连续、长时间探测和多时空的数据对比解译。时移电法检测系统的研究，是从高密度电法的基本采集原理出发，融入原位多时间点探测策略。相比于传统的高密度电法检测系统，时移电法检测数据采集量更大，检测范围更广，智能化控制要求更高，时移电法检测系统的设计原则主要如下。

1）多线观测

满足时移电法检测新型供-采分离、辐射型电极排列观测系统的采集需求，直接获取岸坡堤坝内部呈空间辐射状的电阻率分布数据，实现空间三维建模数据的反演成像。

2）多模触发

考虑岸坡堤坝水体渗透滑动特点，时移电法检测装备采用水位、自然电位、质点振动等多元信号预警自动采集和远程人工启动采集相结合的模式，监测频次与水位、测区自然电位及质点振动速度的变化密切相关。

3）远程传控

时移电法检测装备应具备远程传输和远程控制功能，一次布设完成后可自动、连续进行数据采集与传输，自动进行数据反演、解译，这样才能满足时移电法检测对岸坡堤坝水体渗透过程实时监测的需求。

4）快速采集

时移电法检测装备需具备多通道同步采集技术，实现单次供电、多电极同步测量的采集模式，在采集控制、采集效率、采集范围、数据精度上实现多维度的提高，以满足在时间域、空间域上的精准控制和高效、精确、大范围采集的要求，提高堤坝岸坡滑动险情探测响应速度。

2. 岸坡堤坝时移电法检测系统研究

由于岸坡堤坝在外形结构上是一类非规则的梯形几何体（其一侧临水，一侧临空），其复杂的空间结构及外部条件，会引起电场在堤坝、岸坡表面的剧烈弯曲，所测结果势必会受到影响。基于此提出了一种适用于岸坡堤坝的时移电法检测系统，如图5.2所示。整个检测系统包括一套硬件系统（含多通道电法工作站、分布式电缆及惰性金属电极、远参考电位检测装置、水位监测装置）、一种新型辐射型电极排列布置、一种单极-偶极型数据测量跑极装置及一套系统双预警启动程序。该系统能够解决岸坡堤坝复杂几何体结构的电法检测工作布置问题，同时能够满足对时移检测的需求。

采用供电排列与测量排列分开的发-收分离模式，由专门的供电排列 F 进行发射，其他所有测量排列同步开展数据采集。在枯水期将供电排列布置于迎水面枯水位线附近，供电排列沿水流方向平行堤坝轴线布置；然后在岸坡堤坝顶部及背水面坡面沿水流方向布置多条空间相互平行、等间距分布的测量排列 S_i，测线间距和数量可根据岸坡堤坝结构尺寸大小、探测深度及分辨率要求调整。每条测量排列的电极道数和供电排列的道数保持一致，平行布置。将供电排列 F 中的每个电极分别作为 A 极与无穷远极 B 极供电，将测量排列 S_i 中的电极分别作为测量电极 M 极、N 极进行电阻率滚动测量，采集 F 排列与 S_i 排列空间连线的电阻率断面数据，在岸坡堤坝内部空间切出 F 与 S_i 排列连线的电阻率断面切片，通过空间数据网格化处理，获取岸坡堤坝内部空间电阻率的三维分布图。

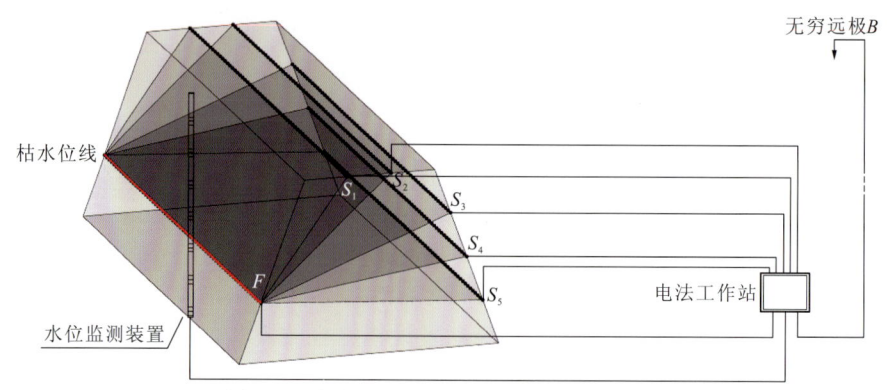

图 5.2　岸坡堤坝时移电法检测系统示意图

1）单极-偶极型数据测量跑极装置

如图 5.3 所示，将 F 排列中的电极依次作为供电电极 A 极，供电电极 B 极为无穷远极，布置于远离岸坡堤坝和水体的固定点上；测量排列中的电极依次作为测量电极 M 极、N 极。A 极、B(∞)极供电时，不同测量排列上的测量电极 M 极、N 极可同时进行测量，从而实现单供多采的并行电阻率数据采集。

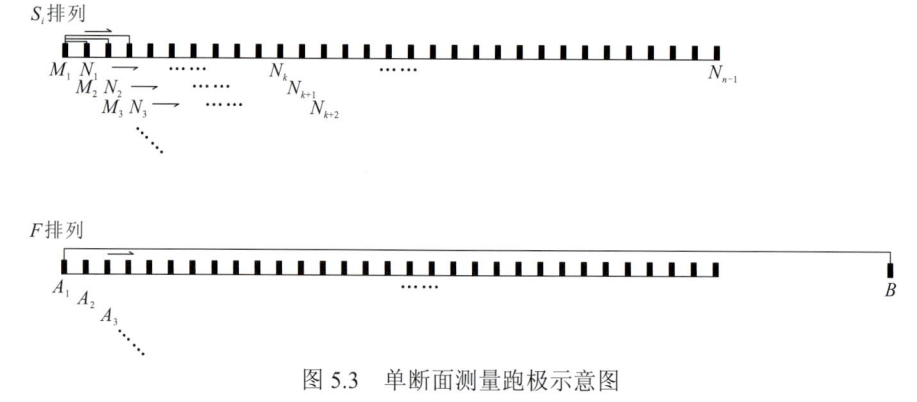

图 5.3　单断面测量跑极示意图

M_1 代表第 1 个测量电极 M 极；N_1 代表第 1 个测量电极 N 极；A_1 代表第 1 个供电电极 A 极，其余类似

2）远参考电位检测装置

利用多通道电法采集站，运用多通道电位并行快速扫描程序，采集供电及测量排列中的每一根电极与置于稳定场中的无穷远极 B 极间的自然电位，并将其作为探测区域背景电位，通过电位差值精确计算各测量电极 M 极、N 极之间的自然电位差，用于自然电位补偿计算，从而减小采集数据的误差。

3）系统双预警启动程序

时移电法检测采集启动采用水位、自然电位"双位"信号及振动阈值启动模式，通过置于水中的水位监测装置获取的水位信息，以及检测排列与无穷远极间的自然电位突变预警信号，控制数据采集系统的启动。分段设置预警水位，在水位上涨过程中，当达到设置的预警水位时，系统启动采集，预警水位的设置根据不同季节的气象情况进行动态调整，采集时间间隔尺度根据不同预警水位预先设置；在河流水位稳定阶段，实时检测堤坝或岸坡土体结构的自然电位，当自然电位变化超过设定的变化范围时，采集系统自动启动并进行观测；同时，通过拾振器监测岸坡堤坝质点的振动信号，超过设定阈值时，立即启动数据采集，实时掌握堤坝土体性状的变化情况。

5.1.4 岸坡堤坝时移电法检测数据处理与解释

1. 时移电法检测数据反演方法

对于时移电法反演而言，其核心是较常规直流电法反演多了时间约束项的约束函数，需要构建时间加权矩阵，其作用就是体现不同时间模型的差异对目标函数的权重。

针对岸坡堤坝时移电法数据，研究并采用一种水体渗透过程追踪的时移电法数据反演方法。该方法包括：对低水位岸坡堤坝结构电法探测原始数据进行反演，获得断面电阻率初值及对应的电阻率变化范围，并根据断面电阻率初值和电阻率变化范围创建静态模型；将静态模型作为初始模型，对每个时间点的电阻率数据进行反演，根据结果为每个时间节点分配拉格朗日乘子；基于拉格朗日乘子，采用正则化反演计算方法，对每个时间点的电阻率数据进行反演，获得反演计算结果。

1）静态模型建立

对枯水期水位稳定时采集的时移电法数据进行最小二乘法独立反演，获取初始状态时间点下电阻率的空间分布。在独立反演算法中，可采用如下方程式：

$$\min J_0 = \|\boldsymbol{P}(\boldsymbol{Gm}-\boldsymbol{d})\|^2 + \lambda^2 \|\boldsymbol{Lm}\|^2 \tag{5.2}$$

式中：$\min J_0$ 为反演过程中需要的最小目标函数；λ 为空间拉格朗日乘子；$\boldsymbol{m}$ 为模型向量；$\boldsymbol{d}$ 为数据向量；$\boldsymbol{G}$ 为反演算子；$\boldsymbol{P}$ 为加权因子矩阵；$\boldsymbol{L}$ 为评估模型二阶光滑度矩阵。

为了对上述最小目标函数进行求解，可通过线性反演方法中的高斯-牛顿算法求取模型向量 $\boldsymbol{m}$，迭代式如下：

$$\boldsymbol{m}_{i+1} = \boldsymbol{m}_i + d\boldsymbol{m} = \boldsymbol{m}_i + (\boldsymbol{J}^{\mathrm{T}}\boldsymbol{J} + \lambda \boldsymbol{L}^{\mathrm{T}}\boldsymbol{L})^{-1}\boldsymbol{J}^{\mathrm{T}}\boldsymbol{Gm} - \boldsymbol{d} + \lambda \boldsymbol{L}^{\mathrm{T}}\boldsymbol{Lm}_i \tag{5.3}$$

式中：i 为迭代次数；$d\boldsymbol{m}$ 为模型修正量；$\boldsymbol{J}$ 为灵敏度矩阵；λ 为空间拉格朗日乘子；$\boldsymbol{L}$ 为评估模型二阶光滑度矩阵；$\boldsymbol{Gm}$ 为模型正演数据向量。

通过式（5.3）逐步修正模型，达到要求的误差条件。基于上述最小目标函数及迭代式可以获得反演结果，并进一步根据独立反演结果获取断面电阻率初值，确定电阻率变化范围。

在获得断面电阻率初值及对应的电阻率变化范围后，可以建立静态模型 M_0^1，将该静态模型作为后续时间点的电阻率数据反演的先验模型。

2）拉格朗日乘子

结合初始数据独立反演得到的断面成果及所确定的电阻率变化范围，采用有限元方法模拟空间电阻率分布，根据电法断面数据上密下疏的分布特点，运用自适应网格算法创建静态模型 M_0^1，自适应网格算法的原理是将电阻率细微变化的单元根据精度需要裂变为更小的单元，裂变后产生的新单元的边长尺寸是原来的 1/2，通过各边中点及单元质心，一个四边形单元可以分割为四个四边形单元，依此类推，直至分辨率满足探测要求，最终得到静态模型 M_0^1，并作为后续时间点探测数据反演的初始模型。

3）正则化约束反演

$\min J_1$ 代表约束反演过程中需要的最小目标函数，表示为

$$\min J_1 = \boldsymbol{f}^\mathrm{T} \boldsymbol{f}^2 + \alpha \boldsymbol{\Gamma} + \beta \boldsymbol{\psi} \tag{5.4}$$

式中：$\boldsymbol{\Gamma}$ 为时间域上的光滑正则项；$\boldsymbol{\psi}$ 为自适应基尔霍夫约束正则项；α 和 β 分别为控制两个正则项的拉格朗日乘子；$\boldsymbol{f}$ 为总变差函数。模型是时间域上的约束采用一阶微分算子，稀疏约束采用二阶微分算子。

$$\boldsymbol{\Gamma} = (\delta^2 \boldsymbol{d\hat{m}})^\mathrm{T} (\delta^2 \boldsymbol{d\hat{m}}) \tag{5.5}$$

$$\boldsymbol{\psi} = [\boldsymbol{\hat{M}}(\boldsymbol{\hat{m}}^k + \boldsymbol{d\hat{m}})]^\mathrm{T} \boldsymbol{\hat{M}}(\boldsymbol{\hat{m}}^k + \boldsymbol{d\hat{m}}) \tag{5.6}$$

式中：$\boldsymbol{\hat{M}}$ 为一个稀疏矩阵，对角线和次对角线上分别为 1 或-1，为相邻时间点上模型施加的约束；$\boldsymbol{d}$ 为参考时间步长对应的观测数据；$\boldsymbol{d\hat{m}}$ 为模型的修正向量；k 为迭代次数；δ 为二阶微分算子。自适应基尔霍夫约束乘子 β 采用对角矩阵 $\boldsymbol{\Delta}$，Δ_k 为第 k 个参考模型空间步长对应的空间域拉格朗日乘子，空间步长依据反演模型深度增长系数的变化进行调整；拉格朗日乘子 α 采用对角矩阵 $\boldsymbol{\Lambda}$，Λ_i 为第 i 个参考时间步长对应的时间域拉格朗日乘子。

对于每一个时间步长中的模型单元，首先基于每一个时间点采集的数据，将静态模型 M_0^1 作为先验模型，运用最小二乘法进行反演，根据反演结果模型 M_0^n 预估拉格朗日乘子，再根据相邻时间步长反演模型 M_0^n 与 M_0^{n-1} 间的空间电阻率变化程度进行自适应匹配赋值，遵循变大赋小的原则，即不同时间步长下电阻率在空间变化大的区域分配较小的拉格朗日乘子，电阻率变化小的区域分配较大的拉格朗日乘子。用 M_0^n 表示第 n 个时间点数据独立反演的计算模型，则拉格朗日乘子分配矩阵 $\boldsymbol{Q}_1$ 根据电阻率改变程度范围进行赋值。

$$\boldsymbol{Q}_1 = \begin{bmatrix} M_0^2 & M_0^1 \\ \vdots & \vdots \\ M_0^n & M_0^{n-1} \end{bmatrix} \tag{5.7}$$

改变时间点间间隔尺度，即数据时间点跨度由 1 个单位时间间隔扩大为 2 个单位时间间隔，然后重复正则化约束反演计算，此时拉格朗日乘子分配矩阵 $\boldsymbol{Q}_2$ 变化为

$$\boldsymbol{Q}_2 = \begin{bmatrix} M_0^3 & M_0^2 & M_0^1 \\ \vdots & \vdots & \vdots \\ M_0^n & M_0^{n-1} & M_0^{n-2} \end{bmatrix} \tag{5.8}$$

时间点跨度选择由小至大，从 1 个单位时间间隔扩大至首尾相接时间点。

$$\boldsymbol{Q}_{n-1}=[M_0^n \cdots M_0^1] \tag{5.9}$$

最终，得到一系列拉格朗日乘子分配矩阵由 $\boldsymbol{Q}_1$ 变化至 $\boldsymbol{Q}_{n-1}$ 的不同时间尺度的正则化约束电阻率变化反演计算成果 $M_1^n \sim M_{n-1}^n$。

利用反演成果建立一系列不同时间尺度的电阻率参数变化百分比时间推移序列图像，获取电阻率随时间的变化趋势。

2. 时移电法检测数据资料解释

时移电法资料分析与解译通常以视电阻率相对大小和视电阻率等值线形态为主要依据，资料解释遵循"从已知到未知、从简单到复杂"的一般性原则。首先，整体分析视电阻率断面图，观察地形起伏与实际是否一致，有无明显"假异常"等；其次，将视电阻率等值线图与已知地质资料、信息进行比对，判断电性界面的大体分布情况；再次，根据视电阻率范围、视电阻率等值线形态推断地层界面、电性异常区等；最后，将推断结果与已知信息进行再比对，判断其合理性。

时移电法检测数据资料除单独分析每个时间节点的视电阻率断面图外，应注重分析不同时间节点的视电阻率变化信息，一般情况下，岸坡堤坝隐患规模较小，引起的视电阻率变化同样较小，为了突出岸坡堤坝电性结构的局部微小变化部分，可使用基准数据反演结果对不同时刻的反演结果进行视电阻率归一化，常见的归一化方法分数据差和数据比两种：数据差即前后两个时间点的探测数据相减，得到视电阻率绝对差值；数据比就是前后两个时间点的数据做对比，得到变化比例。

当岸坡堤坝隐患引起视电阻率增大时，数据差和数据比表现为正异常响应；当隐患引起视电阻率减小时，数据差和数据比则表现为负异常响应，异常响应幅值和范围与隐患规模、电性结构等信息相关。

5.2　岸坡堤坝时移电法检测技术应用研究

在长江洪湖堤防开展时移电法检测感知应用试验，完成了一个年度水情变化期内的 3 次时移观测数据的采集及时移反演分析，确定了装置类型、测点距、供电时间、电极距等参数，总结出了时移电法检测的可行性及检测系统设置的优化方案。

5.2.1　时移电法检测系统设计

本次时移电法试验选择在洪湖虾子沟长江干堤 413+100～413+400 处进行，根据长江河道走向和干堤结构尺寸特征，在测区布设了 3 条平行测线，如图 5.4 所示，测线编号分别为 W1、W2、W3，测线方向为上游至下游。每条测线上均设计了 1 m 电极距排列和 2 m 电极距排列，排列道数均为 120 道，剖面长分别为 119 m 和 238 m，两种排列的中心点号重合，布设方向保持一致。其中，W1 测线 1 m 电极距排列编为 W1-1 线，2 m 电极距排列编为 W1-2 线，其余测线依此类推。

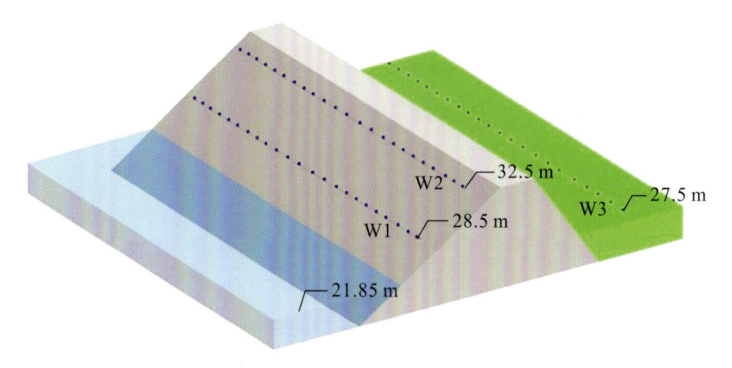

图 5.4　洪湖虾子沟长江干堤时移电法测线空间位置示意图

5.2.2　电法装置选择研究

1. 电极距选择

结合堤防隐患规模及分辨率需求，参考相关技术规范，设计了 1 m 电极距和 2 m 电极距来开展试验，在 3 条工作剖面上，分别实施了两种电极距的测试，成果如图 5.5~图 5.10 所示，1 m 电极距具有排列长度短、探测深度浅、浅部分辨率高等特点，2 m 电极距具有排列长度大、探测深度大、分辨率较高等特点，从有利于线路长、快捷、精确探测角度出发，结合时移电法工作特点、探测深度要求（最小探测深度不应小于堤基下 10 m）及堤防形态结构特征（堤基一般为二层结构，上覆黏土层厚 5~10 m，下部为滤水层），选择 2 m 的较优电极距。

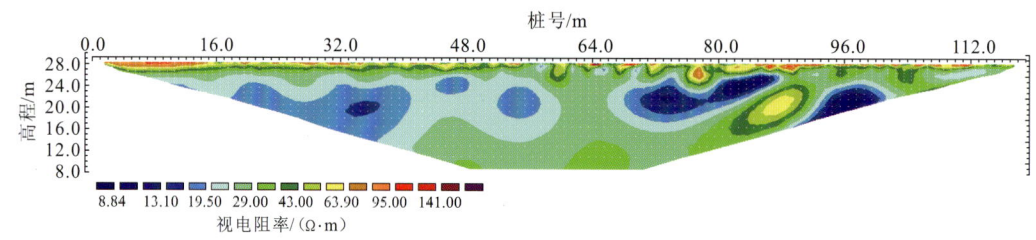

图 5.5　W1 测线 1 m 电极距温纳装置视电阻率成像成果图

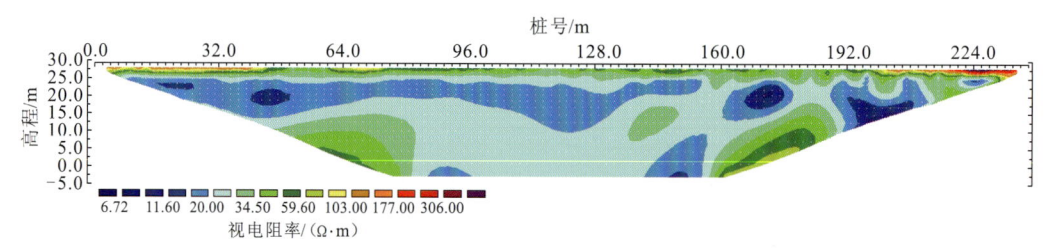

图 5.6　W1 测线 2 m 电极距温纳装置视电阻率成像成果图

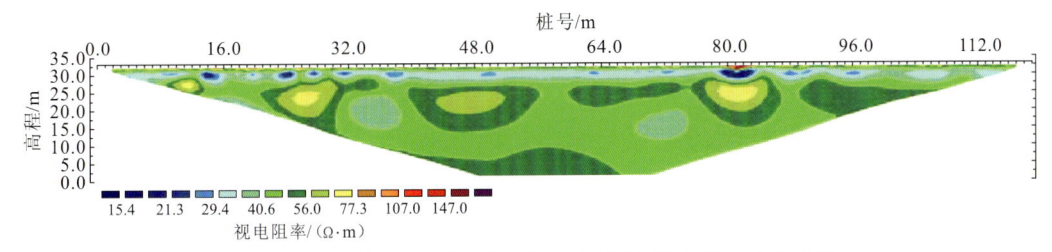

图 5.7　W2 测线 1 m 电极距温纳-偶极装置视电阻率成像成果图

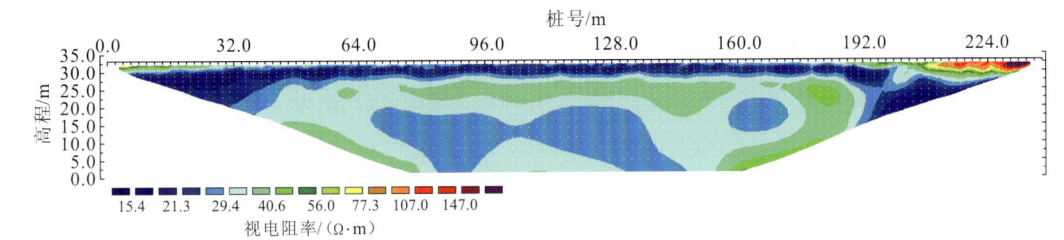

图 5.8　W2 测线 2 m 电极距温纳-偶极装置视电阻率成像成果图

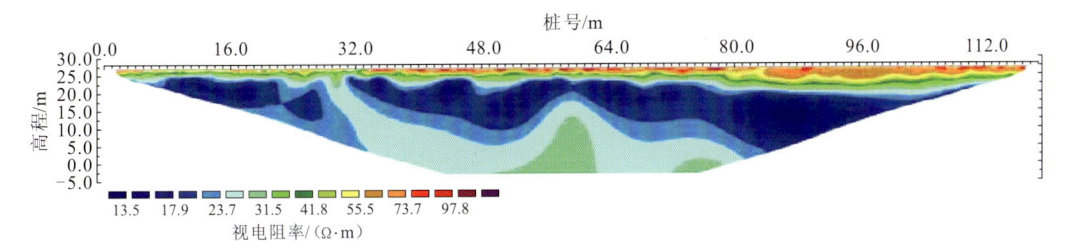

图 5.9　W3 测线 1 m 电极距温纳装置视电阻率成像成果图

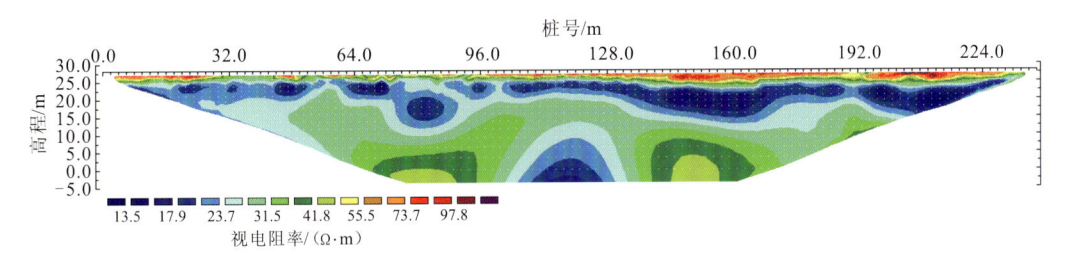

图 5.10　W3 测线 2 m 电极距温纳装置视电阻率成像成果图

2. 装置类型选择

分别对高密度电法常见的温纳装置、温纳-偶极装置、施伦伯格装置开展装置类型有效性试验，从测试数据及反演成果来看：温纳装置具有垂向分辨率高、探测深度大、一次场强度高、数据稳定、抗干扰较强等特点；温纳-偶极装置具有垂向和横向分辨率高、探测深度较浅、抗干扰较差等特点；施伦伯格装置具有垂向分辨率高、探测深度大、深部一次场信号弱、异常扩展效应强等特点。通过对比分析，结合对隐患的分辨率及堤防探测的目标深度（探测深度不小于堤基下 10 m），最终确定了最佳工作装置为温纳-偶极装置。

5.2.3 时移电法检测数据采集与分析

在实际工作中，为做好成果分析比对，在最优装置温纳-偶极装置基础上，还增加了温纳装置观测。电极距选择 2 m，供电时间为 5 s。电极传感器埋设在堤防上，时间跨度为 2018 年 10 月 10 日～2019 年 10 月 15 日，这期间共开展 3 次时移观测，分别为 2018 年 10 月 11～18 日，长江水位高程为 21.58 m；2019 年 3 月 26～30 日，长江水位高程为 21.00 m；2019 年 10 月 11～15 日，长江水位高程为 22.46 m。

图 5.11 为 W1 测线三次观测断面视电阻率等值图，长江水位未升至堤身段，同一装置类型下，堤身高程为 22.5～28.5 m，视电阻率基本在 24 Ω·m 以上，对应的含水率小于 22.9%。近地表受间隔性气候变化及降水影响，浅表层土体的孔隙度、含水率等物性发生变化，使近堤身表层土性视电阻率产生局部分异性，22.5 m 高程以下堤基段，二元地电结构特征明显，上覆黏性土层，下伏岩性以粉细砂层为主，电性分布虽有一定的分异性，但能够反映其地电结构特征或含水量各向异性引起的电阻率异常区，其变化形态、规模、强度基本一致，表明堤身土性质稳定。

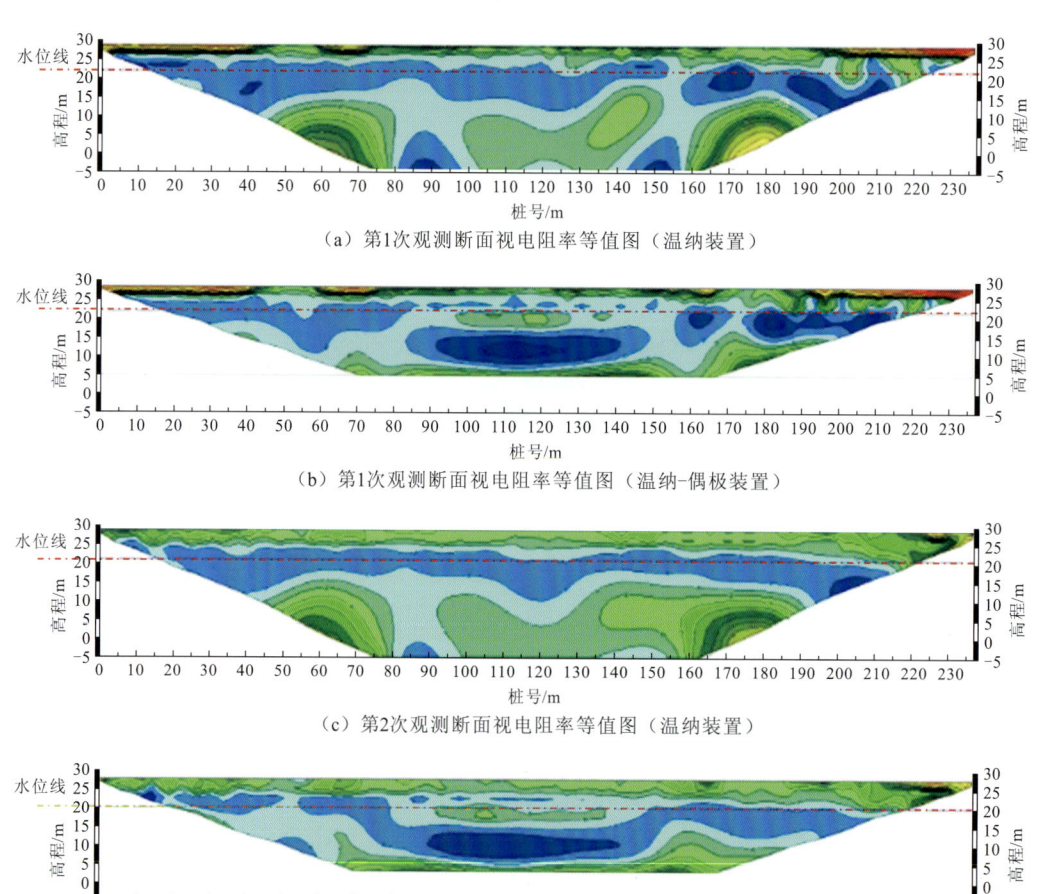

(a) 第1次观测断面视电阻率等值图（温纳装置）

(b) 第1次观测断面视电阻率等值图（温纳-偶极装置）

(c) 第2次观测断面视电阻率等值图（温纳装置）

(d) 第2次观测断面视电阻率等值图（温纳-偶极装置）

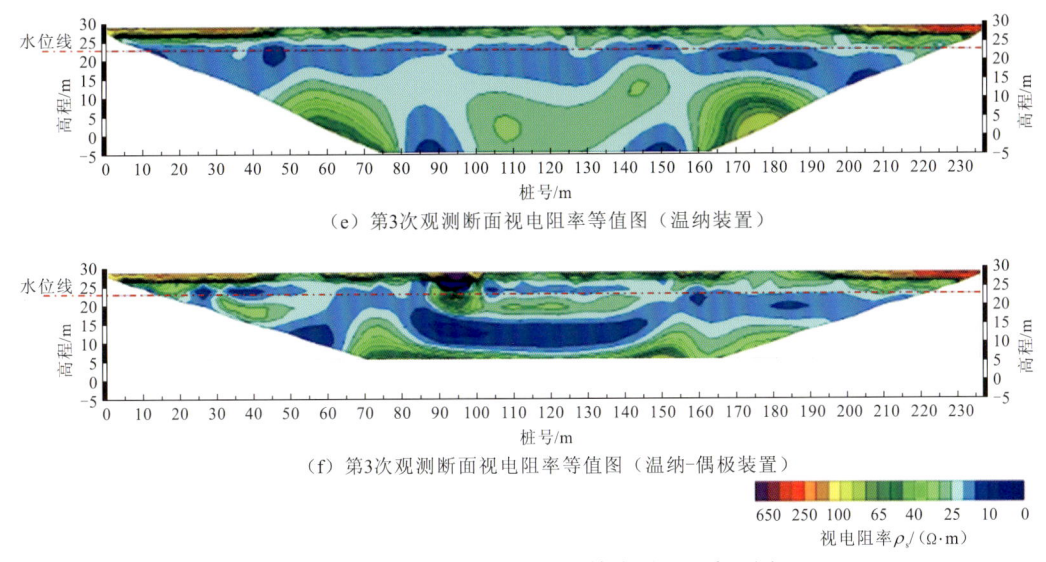

(e) 第3次观测断面视电阻率等值图（温纳装置）

(f) 第3次观测断面视电阻率等值图（温纳-偶极装置）

图 5.11 W1 测线断面视电阻率等值图（三次观测）

图 5.12 揭示了 W1 测线第 1 次与第 2 次、第 1 次与第 3 次、第 2 次与第 3 次的视电阻率变化率结果，温纳装置和温纳-偶极装置揭示的视电阻率变化率结果基本一致。堤身段第 1 次和第 2 次的视电阻率变化率结果反映，近地表有零散的不连续的正相关异常，应理解为，间隔期处于枯水期，降水量小，引起浅表层土体孔隙度增大、含水率降低等土体物性变化，导致土体电阻率增大；堤身中下部及堤基，视电阻率变化率较小且稳定，未见明显的正、负相关异常揭露。第 1 次和第 3 次的视电阻率变化率结果反映，对于整个堤坝观测段，在时间相近的观测段（第 1 次为 2018 年 10 月，第 3 次为 2019 年 10 月），堤身土的物性特征基本相似，其视电阻率变化率也较小且稳定。第 2 次和第 3 次时移观测期间经历了一次丰水期，当时最高水位已接近堤身段，堤身表层土体受雨水渗透影响，改变了表层土的含水率，导致表层土的电阻率相对降低，从视电阻率等值图可以看到，在近地表坝身段，视电阻率变化率表现出零散的负相关异常特征。

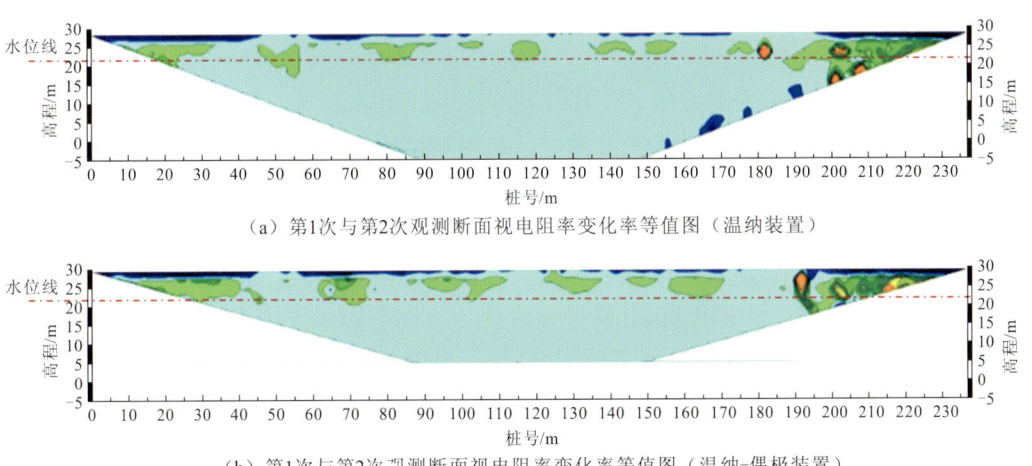

(a) 第1次与第2次观测断面视电阻率变化率等值图（温纳装置）

(b) 第1次与第2次观测断面视电阻率变化率等值图（温纳-偶极装置）

(c) 第1次与第3次观测断面视电阻率变化率等值图（温纳装置）

(d) 第1次与第3次观测断面视电阻率变化率等值图（温纳-偶极装置）

(e) 第2次与第3次观测断面视电阻率变化率等值图（温纳装置）

(f) 第2次与第3次观测断面视电阻率变化率等值图（温纳-偶极装置）

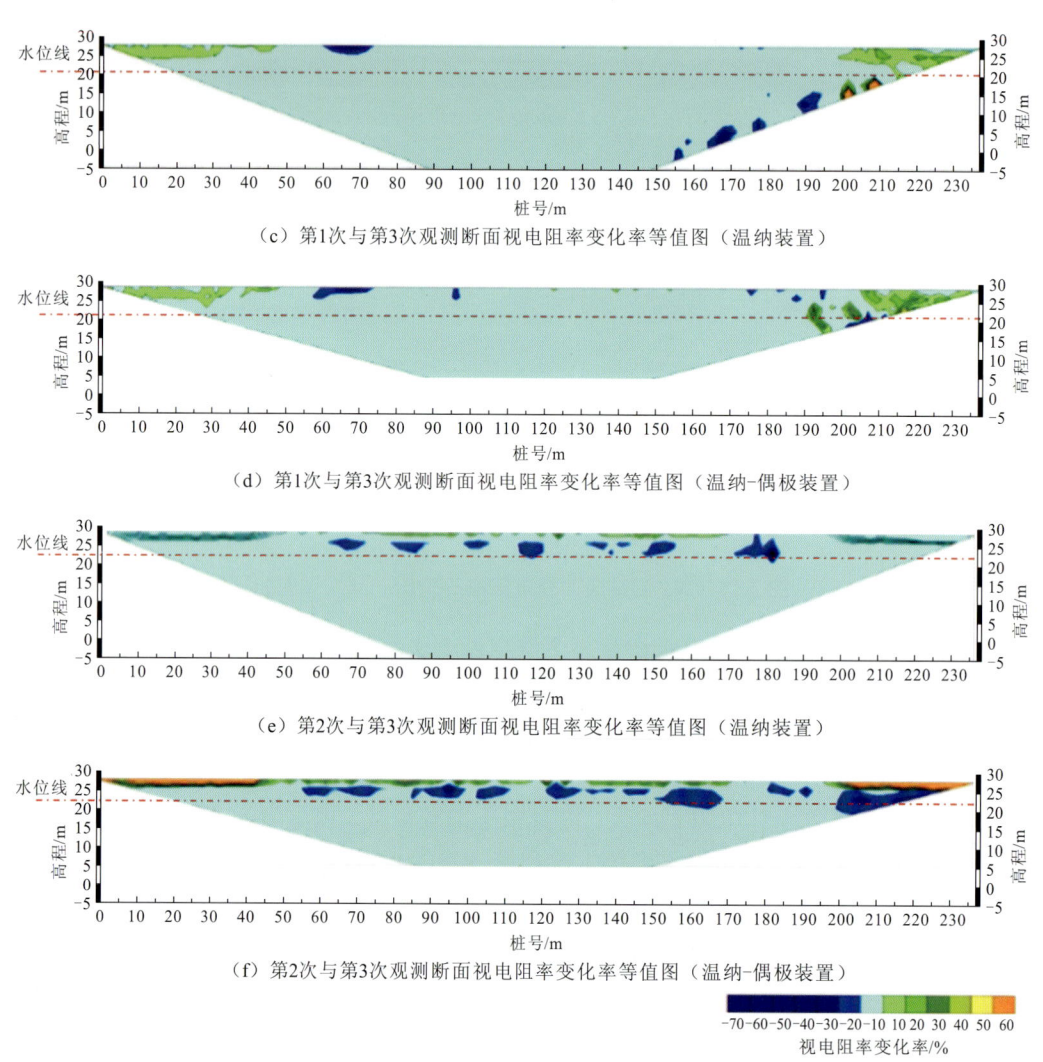

图 5.12　W1 测线断面视电阻率变化率比较成果图（三次观测）

图 5.13 为 W2 测线三次观测断面视电阻率等值图，长江水位未上涨至堤身段，同一装置类型下，堤身高程为 22.5~32.5 m，视电阻率基本稳定在 30 Ω·m 以上，对应的含水率小于 19%。近地表受间隔性气候变化及降水影响，近堤顶层面视电阻率局部存在一定的电性分异性，22.5 m 高程以下堤基段，二元地电结构特征明显，上覆黏性土层，下伏岩性以粉细砂层为主，电性分布虽有一定的分异性，但能够反映其地电结构特征或含水量差异引起的电阻率异常，其形态、规模、强度基本一致。堤身土体性质稳定。

图 5.14 揭示了 W2 测线第 1 次与第 2 次、第 1 次与第 3 次、第 2 次与第 3 次的视电阻率变化率结果，温纳装置和温纳-偶极装置揭示的视电阻率变化率情况基本一致。堤身段第 1 次和第 2 次的视电阻率变化率结果反映，近地表有零散的不连续的正相关异常，可理解为，间隔期处于枯水期，降水量小，水分流失引起浅表层土体孔隙度增大、含水率降低等土体物性变化，导致堤坝土体电阻率增大；堤身中下部及堤基，视电阻率变化

第 5 章　岸坡堤坝检测感知技术研究

（a）第1次观测断面视电阻率等值图（温纳装置）

（b）第1次观测断面视电阻率等值图（温纳-偶极装置）

（c）第2次观测断面视电阻率等值图（温纳装置）

（d）第2次观测断面视电阻率等值图（温纳-偶极装置）

（e）第3次观测断面视电阻率等值图（温纳装置）

（f）第3次观测断面视电阻率等值图（温纳-偶极装置）

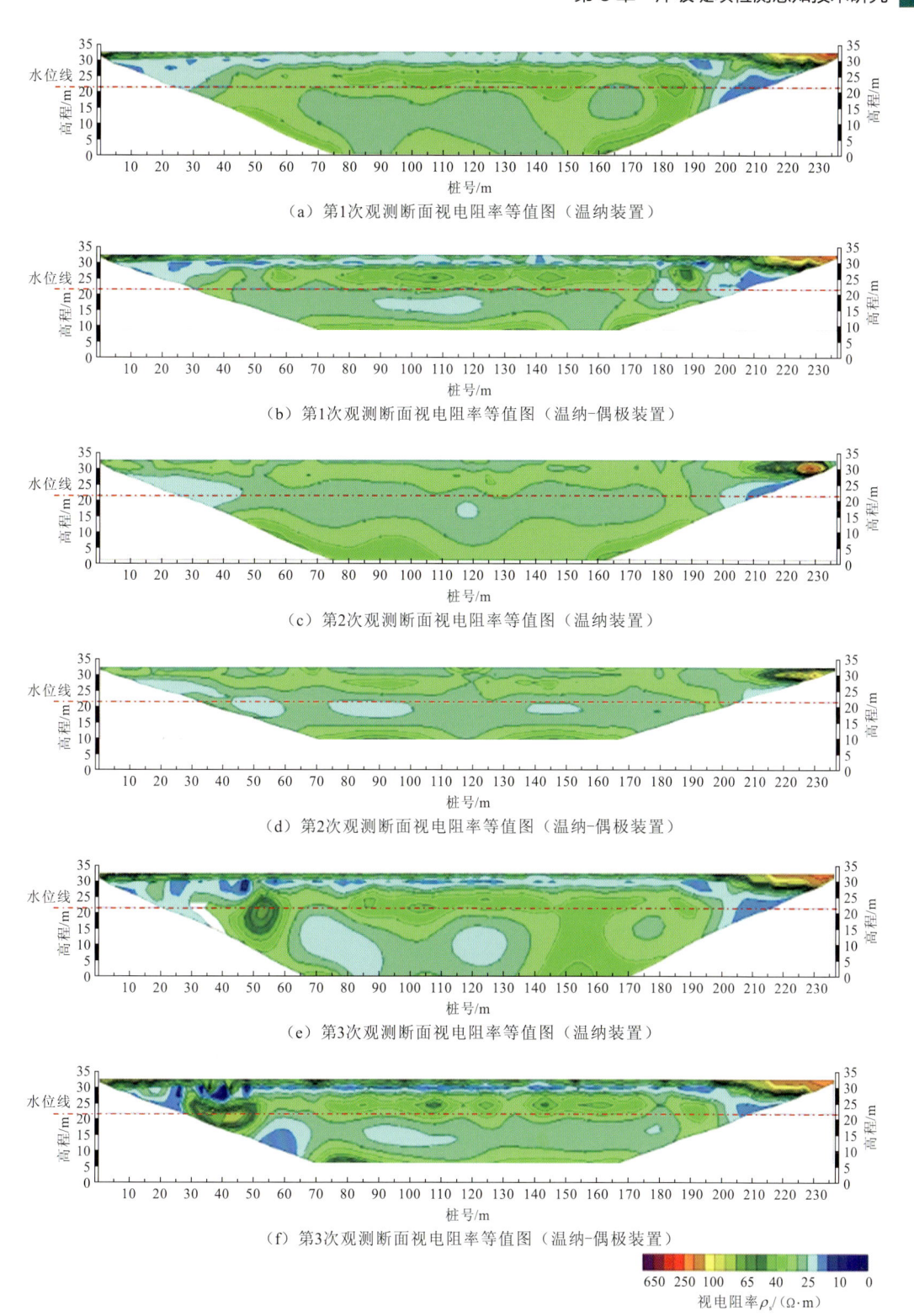

图 5.13　W2 测线断面视电阻率等值图（三次观测）

(a) 第1次与第2次观测断面视电阻率变化率等值图（温纳装置）

(b) 第1次与第2次观测断面视电阻率变化率等值图（温纳-偶极装置）

(c) 第1次与第3次观测断面视电阻率变化率等值图（温纳装置）

(d) 第1次与第3次观测断面视电阻率变化率等值图（温纳-偶极装置）

(e) 第2次与第3次观测断面视电阻率变化率等值图（温纳装置）

(f) 第2次与第3次观测断面视电阻率变化率等值图（温纳-偶极装置）

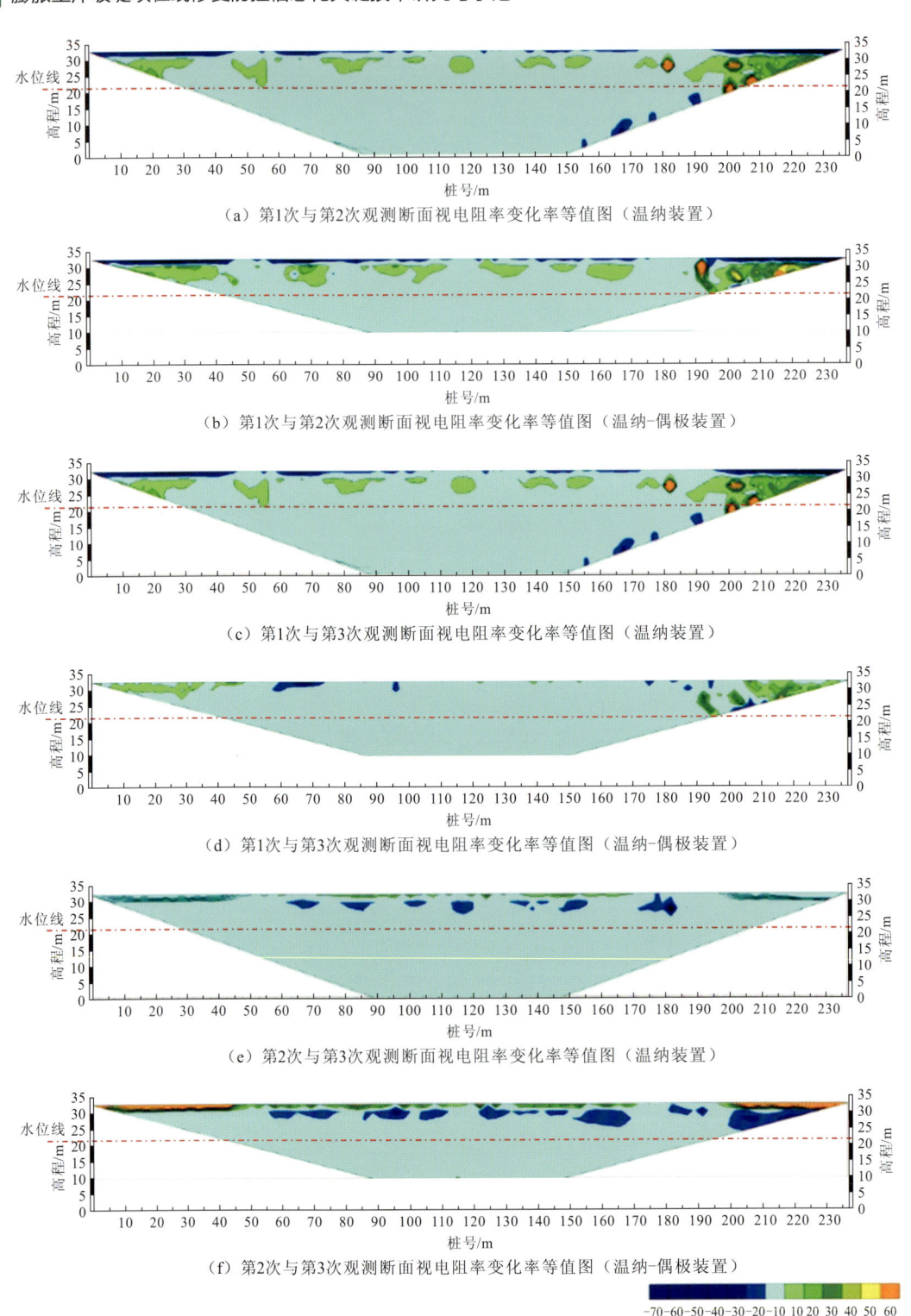

图 5.14　W2 测线断面视电阻率变化率比较成果图（三次观测）

率较小且稳定，未见明显的正、负相关异常揭露。第 1 次和第 3 次的视电阻率变化率结果表明，对于整个堤坝观测段，在时间相近的观测段（第 1 次为 2018 年 10 月，第 3 次为 2019 年 10 月），堤身土的物性特征基本相似，其视电阻率变化率也基本一致和稳定。第 2 次和第 3 次时移观测期间经历了一次丰水期，当时最高水位已接近堤身段，堤身表层土体受雨水渗透影响，表层土壤内的水分未完全蒸发，含水率较高，从而在近地表坝身段，视电阻率变化率具有零散的负相关异常表现。

图 5.15 为 W3 测线三次观测断面视电阻率等值图，长江水位未升至堤身段，同一装置类型下，堤身高程为 22.5～27.5 m，视电阻率基本在 25 Ω·m 以上，对应的含水率小于 20.9%。近地表受间隔性气候变化及降水影响，近堤身表面视电阻率局部存在一定的电性分异性，22.5 m 高程以下堤基段，二元地电结构特征明显，上覆黏性土层，下伏岩性以粉细砂层为主，电性分布虽有一定的分异性，但能够反映其地电结构特征或含水量差异引起的电阻率异常，其形态、规模、强度基本一致。堤身土性质稳定。

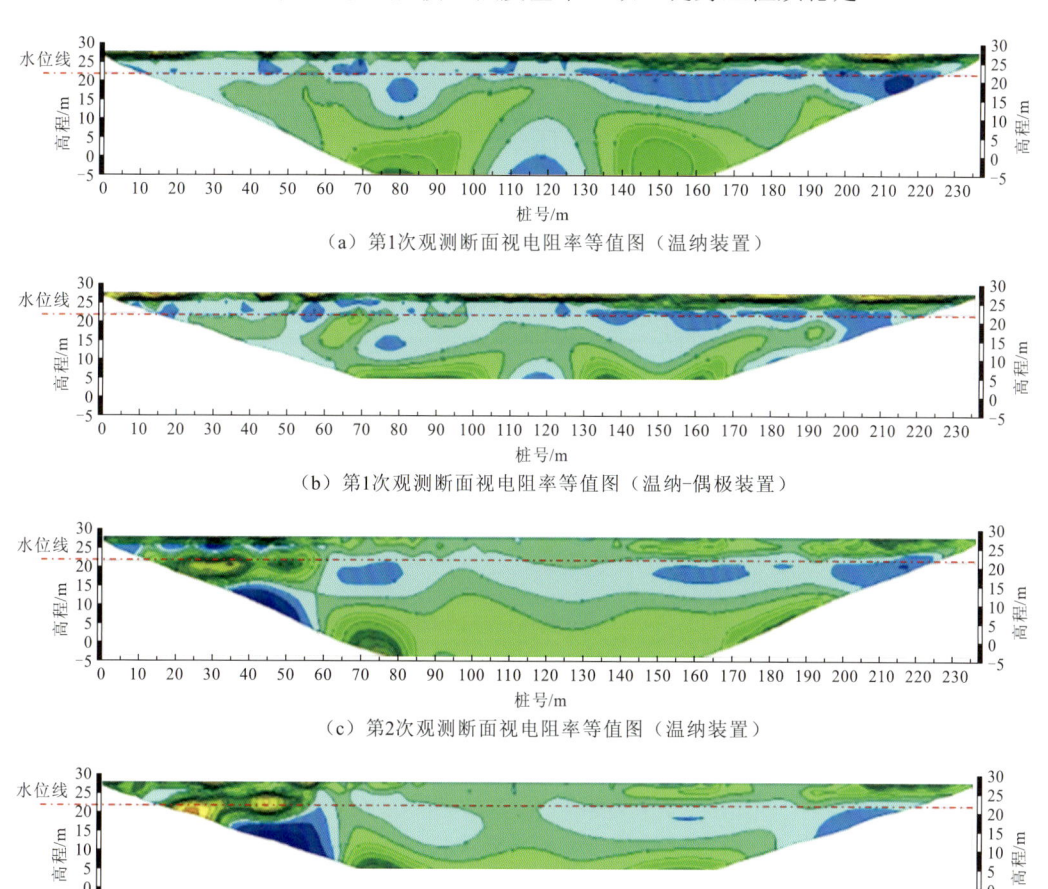

（a）第1次观测断面视电阻率等值图（温纳装置）

（b）第1次观测断面视电阻率等值图（温纳-偶极装置）

（c）第2次观测断面视电阻率等值图（温纳装置）

（d）第2次观测断面视电阻率等值图（温纳-偶极装置）

(e) 第3次观测断面视电阻率等值图（温纳装置）

(f) 第3次观测断面视电阻率等值图（温纳-偶极装置）

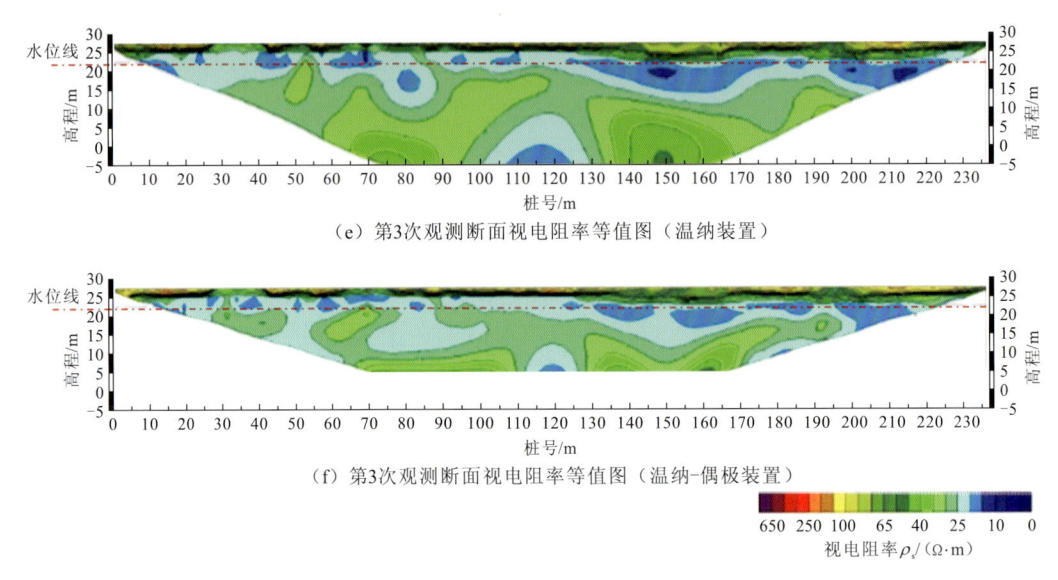

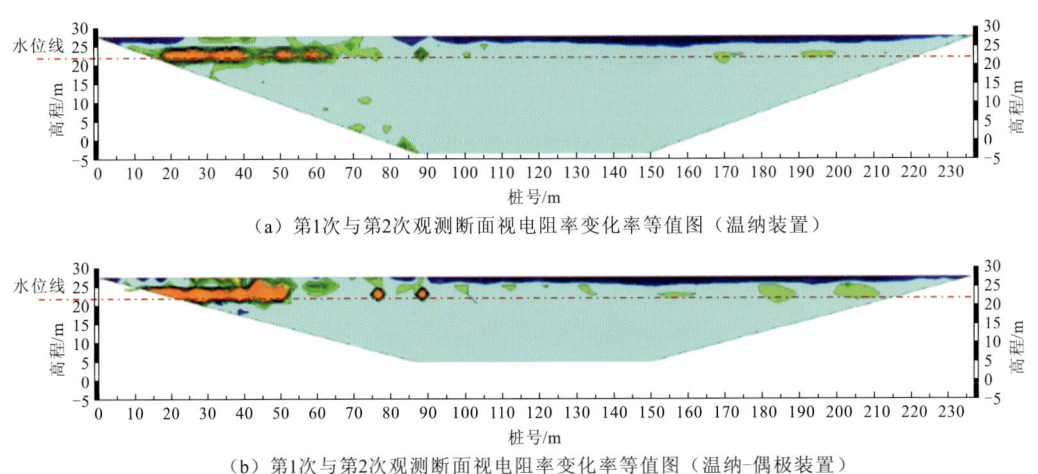

图 5.15　W3 测线断面视电阻率等值图（三次观测）

图 5.16 揭示了 W3 测线第 1 次与第 2 次、第 1 次与第 3 次、第 2 次与第 3 次的视电阻率变化率结果，温纳装置和温纳-偶极装置揭示的视电阻率变化率情况基本一致。堤身段第 1 次和第 2 次的视电阻率变化率结果反映，近地表有零散的不连续的正、负相关异常，间隔期处于枯水期，降水量小，使浅表层土体孔隙度增大、含水率降低，测线中后部穿越防护林带，蒸发量小，表层土体含水率增大，导致电阻率变化；堤身中下部及堤基，视电阻率变化率基本稳定，未见明显的正、负相关异常揭露。第 1 次和第 3 次的视电阻率变化率结果反映，对于整个堤坝土体，在时间相近的观测段（第 1 次为 2018 年 10 月，第 3 次为 2019 年 10 月），堤身土的物性特征基本相似，其视电阻率变化率也基本一致和稳定。第 2 次和第 3 次时移观测期间经历了一次丰水期，水位最高已接近堤身段，堤身表层土体受雨水渗透影响，表层土壤内的水分未完全蒸发，含水率较高，再加上土体性质的非完全均一性，在近地表坝身段，视电阻率变化率具有零散的正、负相关异常特征。

(a) 第1次与第2次观测断面视电阻率变化率等值图（温纳装置）

(b) 第1次与第2次观测断面视电阻率变化率等值图（温纳-偶极装置）

(c）第1次与第3次观测断面视电阻率变化率等值图（温纳装置）

(d）第1次与第3次观测断面视电阻率变化率等值图（温纳-偶极装置）

(e）第2次与第3次观测断面视电阻率变化率等值图（温纳装置）

(f）第2次与第3次观测断面视电阻率变化率等值图（温纳-偶极装置）

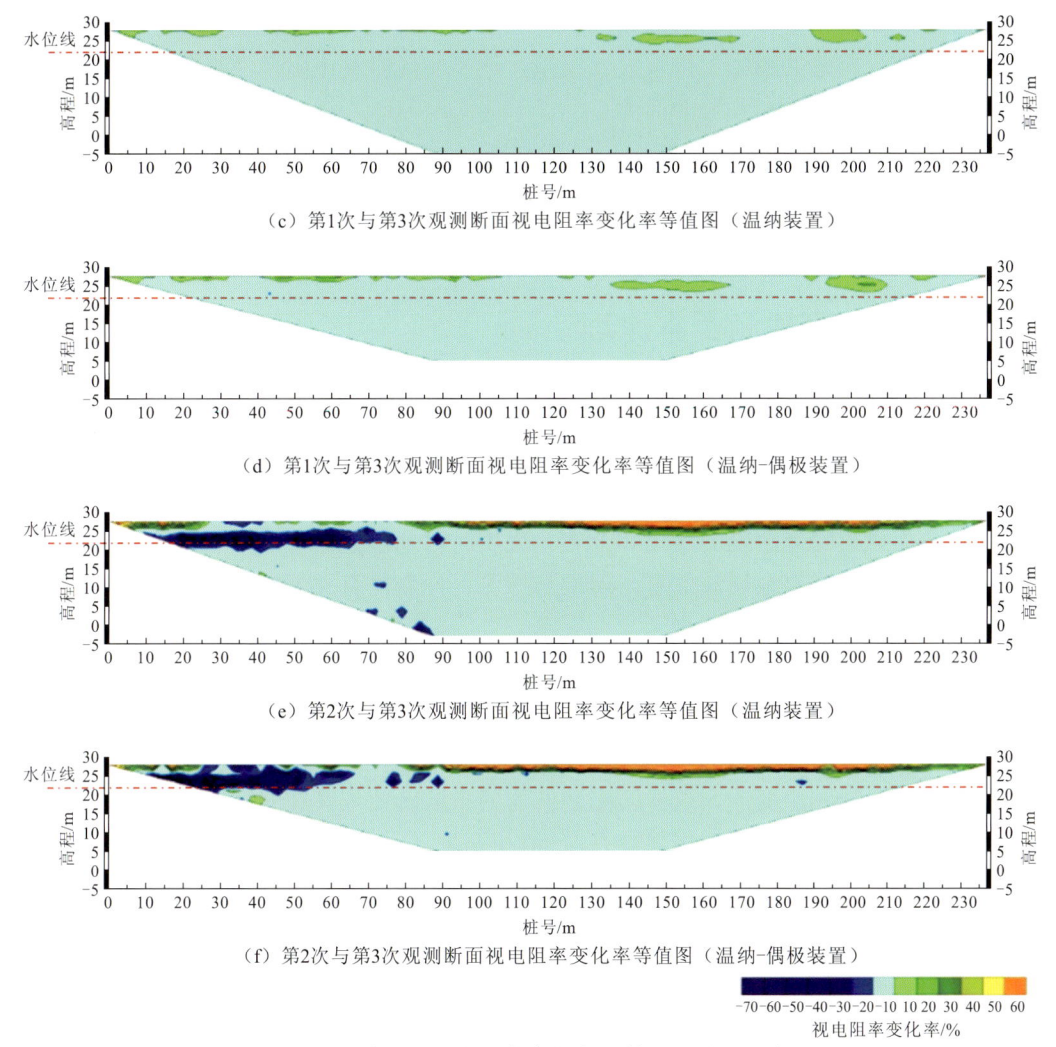

图 5.16　W3 测线断面视电阻率变化率比较成果图（三次观测）

5.2.4　研究结论

（1）膨胀土的电阻率随含水率的升高而明显降低，土体含水率达到液限饱和后电阻率趋于稳定。随着岸坡稳定渗流场的形成，岸坡土体的电性参数基本无变化。

（2）某一时刻的视电阻率断面图可以反映膨胀土岸坡的电性结构，通过比对不同时刻观测的数据，进行视电阻率归一化，能够探究膨胀土岸坡局部微小的电性特征变化，进而捕捉到土体结构内部的裂隙发育及水体渗透情况。

（3）膨胀土岸坡演化过程伴随着电性特征的变化，在不同时刻采用电阻率法观测膨胀土岸坡在不同水位下的电性结构特征，可以了解膨胀土裂隙发育及含水量变化情况，从而反映岸坡土体结构演化度的变化，为滑动预警提供有效数据信息。

（4）进一步完善时移电阻率探测技术，加密数据采集时间点，加强与土体含水率信息的融合，结合构建的膨胀土岸坡演化模型，逐步实现时移电阻率法量化监测，有望提高膨胀土岸坡安全评估和预警的能力。

5.3 时移地震检测方法概述

5.3.1 时移地震检测基本原理

时移地震检测方法是时移地球物理检测方法中最早发展起来的，也是目前发展最为成熟的一类时移地球物理检测方法。它是指在同一个地区、不同时间点，采用一致的观测系统，原位进行地震勘探工作，以能够监测出地下由物性参数变化导致的波速、波阻抗差异，从而确定隐患缺陷的变化和分布。采用时移地震检测方法，可剔除与探测目标体物性变化无关的重复地震波信息，保留与探测目标变化有关的地震波特征差异，从而实现对关注区域物性状态的监测。

时移地震数据处理技术基本分为两大类：第一类为均衡处理技术，即在完成常规处理后，为了提高可重复性，对不同时间点的地震响应进行匹配或互均衡，目的是使隐患部位以外的差异性较小，而隐患部位的差异性较大；第二类为匹配滤波器的方法，因为匹配滤波器是时变和空变的，这样匹配滤波器的求取就要求其在时间上或空间上是一个移动的窗口，空间的移动窗口极限就是道-道相匹配。

时移地震数据经过处理后，做差异性求取可以确定对应隐患的地震响应变化，地震道是反射系数与子波褶积的结果，反射系数 R_s 定义为

$$R_s = \frac{\sigma_2 v_2 - \sigma_1 v_1}{\sigma_2 v_2 + \sigma_1 v_1} \tag{5.10}$$

式中：σ_1、v_1 为地震波在第 1 种介质中传播的密度和速度；σ_2、v_2 为地震波在第 2 种介质中传播的密度和速度。很明显，反射系数与两种介质的密度和速度有关，当岸坡堤坝土体含水率发生变化时，该层密度和速度都将发生变化，因而界面反射系数也会发生相应的变化，这种变化往往反映在波速和波阻抗的变化，通过地震技术获得这些特性的变化，从而为岸坡堤坝隐患的探测提供基础。工作原理示意图如图 5.17 所示。

5.3.2 时移地震检测工作布置

利用不同时间测量的地震数据属性之间的差异变化来研究目标结构地球物理特性参数的变化，时移地震检测工作的布置与传统地震勘探测线布置差别不大。具体工作根据现场的条件灵活布置测线，遵循以下几个原则。

（1）测线覆盖全面。测线布设要覆盖所要探测的目标区域。

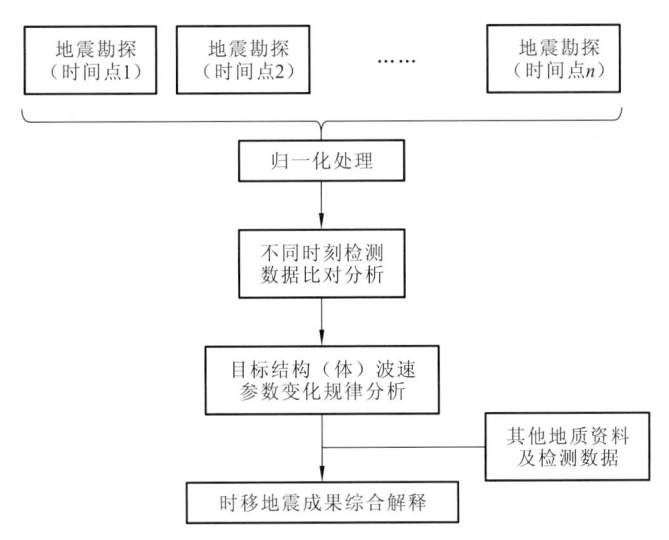

图 5.17 时移地震检测工作原理示意图

（2）检测系统合理。检测系统的选择要满足目标体的探测要求，可根据试验结果进行合理的参数调整。

（3）资料重复性好。时移地震资料采集和处理的主要目标之一是使资料的可重复性最大，即要保证基准和监测测量间的所有差异都与目标体条件的变化有关，这是最为理想的状态。研究表明，时移地震资料的可重复性与多种因素有关，采集中的仪器因素比较好解决。但是，有些采集因素难以保持一致，如环境、背景噪声、气候引起的激发接收条件变化，水流及其流速的变化，以及车船等临时干扰等。可以从采集和处理2个环节来改善资料的可重复性。陆上采集中可以采取的主要措施有：①改进激发接收定位的可重复性；②设置原位永久传感器；③对于不同时间的采集资料，保持检测系统的一致性；等等。

5.3.3 时移地震检测系统

时移地震检测测线布置一般采用分布式排列方式，其优势在于灵活多变，可根据实际场地条件进行布置。

（1）在场地较规则时，可采用的检测系统大致可分为以下几种形式：直线型、规则网格型、不规则网格型，主要特点如下。

直线型：结构简单，数据量小，易于处理。

规则网格型：数据量大，可用于三维成像。

不规则网格型：灵活多变，可根据试验现场实际地形而变化，提高探测效果。

（2）在场地为非规则场地时，要根据场地地形情况，灵活采用分布式排列检测系统，如图5.18所示，该类检测系统几何关系复杂，数据梳理工作量较大，要求较高。

(a) 直线型

(b) 规则网格型

(c) 不规则网格型

(d) 非规则分布式排列检测系统

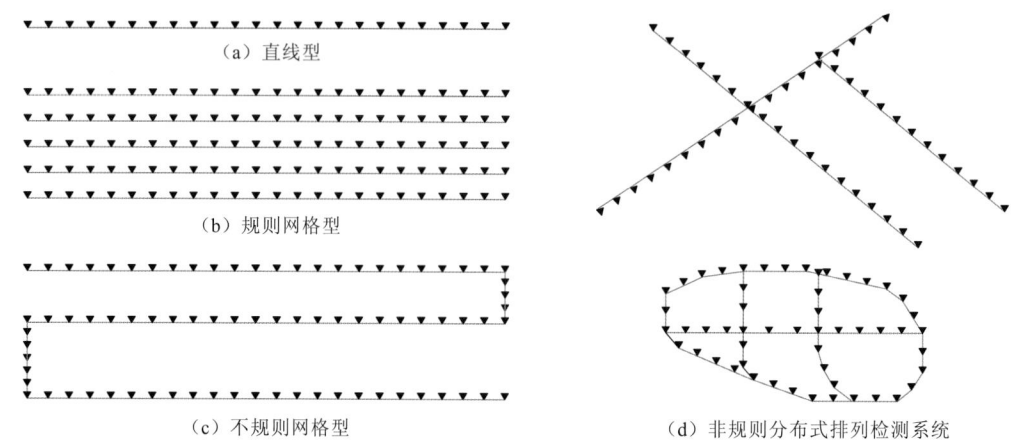

图 5.18　规则分布式排列检测系统及非规则分布式排列检测系统

针对岸坡堤坝场地类型，应分别采用专门的分布式地震检测系统。当布置类型为直线型时，根据基本参数布置激发点和接收点的位置；当布置类型为规则网格型时，根据基本参数计算观测参数，并根据观测参数布置激发点和接收点的位置。选取不同的时间点激发所述激发点，获取接收点在不同时间点接收到的地震波，并根据此地震波计算观测场地在不同时间的地震检测影像。采用本方法能够更准确地反映膨胀土岸坡堤坝滑坡的地震图像，系统实现技术路线如图 5.19 所示。

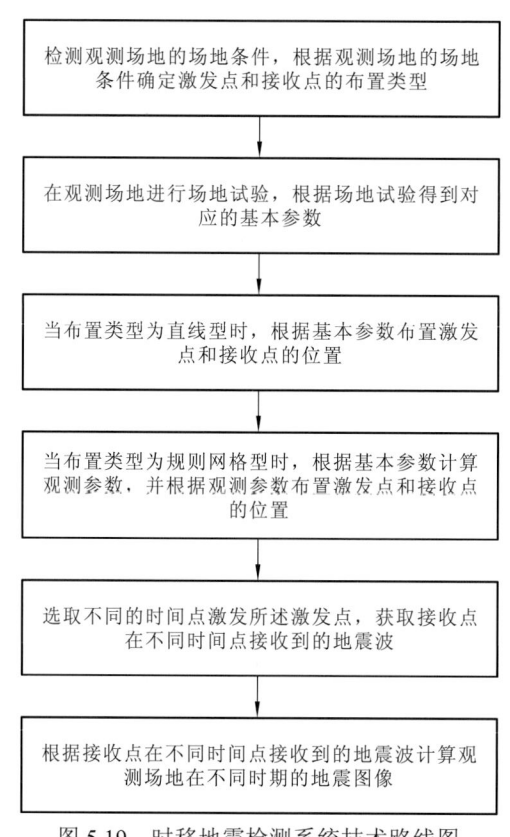

图 5.19　时移地震检测系统技术路线图

5.3.4 岸坡堤坝时移地震检测数据处理与解释

时移地震是利用地震响应随时间的变化对目标体性质（岩石弹性性质、含水率、压力、温度等）的变化进行表征，达到对目标体内部物性参数（波阻抗、速度、渗透率、饱和度、压力、温度）变化持续监测的目的[44]。在岸坡堤坝探测中，水体渗透过程对土体弹性波参数的影响较大，因此时移地震资料重点反映目标体中水体变化的属性。同时，时移地震数据中包含时间这一重要参数，所以时移地震资料解释能更好地与目标体动态变化关联起来。

地震属性生成后，差异地震属性可以描述和解释目标体中水体的变化，通过计算机可视化技术可以实现多种形式的计算机数据体的动态与切片显示，这样，工程人员可从不同角度、不同时间连续地观察目标体内部的水体变化和运移情况，从而实现对岸坡堤坝等目标体安全性状的监测。

1. 资料解释关键技术

实现时移地震数据基于数值模拟的解释循环的关键是，由数值模拟模型合成时移地震响应，包括以下四方面技术。

1）合成时移地震响应

根据数值模拟的相关数据（包括含水率、原始饱和度的分布、岩性等）生成对应的地震响应，包括速度、波阻抗、振幅等参数。

速度计算——生成速度模型：根据目标体数值模拟模型的含水率、原始饱和度、岩体速度等计算速度分布。波阻抗计算——合成波阻抗模型：根据计算的速度和密度，合成波阻抗，建立全区的波阻抗模型。

2）不同网格的投影

由于地震响应在纵、横向上的网格和目标体数值模拟的网格不同，故需要实现这两种网格的互换。建立相互转换关系的方法主要如下。

①将目标体数值模拟网格数据通过重新网格化转换到地震数据测线网格上来；②按目标体数值模拟数据的网格中心点坐标将地震数据提取出来，形成与目标体数值模拟数据的网格坐标对应的地震数据体，如果地震数据的网格长度小于目标体数值模拟网格尺寸，那么该方法所产生的误差是可以忽略的。

在实际对齐网格时选用了以上介绍的第二种方法，其过程如下：①从目标体数值模拟数据中提取网格中心点的大地坐标；②按各个大地坐标从地震属性数据中提取地震数据；③形成与目标体数值模拟网格对应的地震数据体。

3）时间—深度网格转换

时间—深度网格转换是将合成的时移地震数据转换到实测时移地震数据的时间点上，或者将反演波阻抗转换到目标体数值模拟深度网格上。

将合成的时移地震深度信息转换为实测时移地震时间信息的过程可分为两步：首先将合成的地震数据与测量的地震数据顶界面对齐，然后用钻孔、地质数据确定反演波阻抗的时间—深度转换关系并完成其余部分。

类似地，可将反演波阻抗体的时间域转换成深度域，首先应将反演波阻抗体的顶界面与目标体数值模拟的顶界面对齐，然后用测井曲线合成地震记录，确定反演波阻抗的时间—深度转换关系，并完成其余部分，再将反演的波阻抗体投影到目标体模型网格上，生成以目标体模拟网格节点的反演波阻抗。

在实际操作过程中，应首先将目标体模型中的地层顶界面与地震记录对应的层界面对齐，然后用时间—深度转换关系计算顶界面以下的其余各界面的时间，继而将各个参数转换到地震网格或数值模拟网格上。

4）目标体合成响应与实际地震记录对比分析

将反演结果和目标体合成响应进行对比分析，并指导目标体静态模型的调整。

2. 时移地震资料解释流程

（1）基础资料分析：在对测区的地质、钻孔信息和地震资料质量进行详细分析的基础上，分析地震数据的分辨率，结合裂隙等缺陷分布确定地震可分辨、可全区追踪的目标体。

（2）建立地震波速-含水率关系：①利用合成记录，采用大时窗建立目标体的地震波速-含水率关系；②采用小时窗，利用合成记录创建目标体的地震波速-含水率关系。

（3）目标体（裂隙、空洞等）解释：对于不同时间序列、多次采集的地震数据，为了剔除与目标体不相关的背景，得到地下目标体含水率变化引起的弹性参数的差异，消除土体内部缺陷之外其他因素对差异的干扰，需要对多次采集的地震波数据进行匹配处理。

（4）地震可分辨的最小尺度裂隙或缺陷解释：能精细解释满足地震可分辨条件的目标体，保证最终探测结果的可靠性。

（5）可有效识别异常范围：裂隙、空洞等在全区分布不稳定，只有最小尺度的满足地震分辨率的部分探测结果才是可靠的，划分出不满足地震可识别条件、预测不可靠的范围，为后续研究工作提供可靠依据，避免给后续的评估造成较大的误差。

5.4 岸坡堤坝时移地震检测技术应用研究

5.4.1 时移地震检测系统设计

丹江口水库宋岗码头岸坡地层岩性以泥质粉砂岩、泥岩为主，地表广泛分布膨胀土，厚度为1~6 m，岸坡局部已采取修复加固措施。根据现场场地条件，参考时移地震检测测线布设原则，沿岸坡布置了3条时移地震检测测线，分别为L1（长度为132 m，中心高程为 166 m）、L2（长度为 102 m，中心高程为 164 m）、L3（长度为 102 m，中心高程为 162 m），如图 5.20 所示。

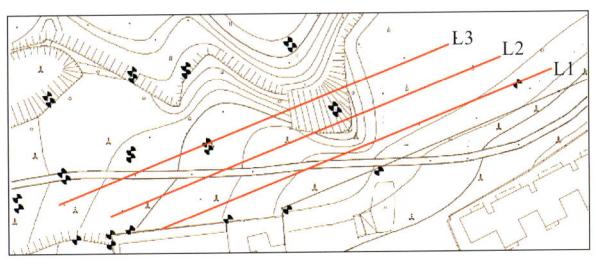

图 5.20 时移地震检测测线布置图

时移地震检测系统参数：道间距为 2 m，采样率为 0.125 ms，地震探测方式包括折射波法、反射波法及面波探测法。

5.4.2 时移地震检测数据采集与分析

1. 时移地震检测数据采集与处理

时移地震检测数据采集分 4 次进行，见表 5.1。采集时间点分别为 2019 年 8 月、2019 年 10 月、2020 年 10 月、2021 年 2 月，开展了地震探测数据采集工作，数据采集期间相应的水库水位分别为 161 m、163 m、162 m、160 m。在完成第一次数据采集后，部分段膨胀土进行了水泥改性土置换治理，并采用混凝土格构对岸坡进行了加固处理。

表 5.1 时移地震检测观测时间及水库水位情况表

项目	观测时间（年-月-日）			
	2019-08-27	2019-10-29	2020-10-15	2021-02-27
水库水位/m	161	163	162	160

由于不同时间段库区水位发生变化，L1 和 L2 测线 4 次均有数据采集，L3 测线部分淹没，未采集完整数据，仅对 L1 和 L2 两条测线检测成果进行分析。

图 5.21 为 4 次试验岸坡 L1 测线土体横波波速随水位的变化图。由图 5.21 可知，速度分布形态基本一致，在纵向上波速整体表现为由低至高的特征，浅部低速层为膨胀土层的反映，深部波速较高层为基岩的反映。图 5.21 中的黑色方框为速度变化较大的区域，随着水位变化，土体波速呈现出先降低后增大的趋势，其中在水位为 163 m 时，区域波速最低，推断膨胀土经过多次胀缩，产生裂隙并延伸至基岩顶板，水体富集，该区域易受水位、降水等影响，为滑动灾害易发区。

图 5.22 为 4 次试验岸坡 L2 测线土体横波波速随水位的变化图。由图 5.22 可知，速度分布形态基本一致，在纵向上波速整体表现为由低至高的特征，浅部低速层为膨胀土层的反映，深部高速层为基岩的反映。图 5.22 中的黑色方框为速度变化较大的区域，其中第 1 次试验（水位为 161 m），该区域未经处理，低速区延伸至基岩顶板，水体在顶板

(a) 第1次采集波速分布成果图（水位为161 m）

(b) 第2次采集波速分布成果图（水位为163 m）

(c) 第3次采集波速分布成果图（水位为162 m）

(d) 第4次采集波速分布成果图（水位为160 m）

图 5.21　L1 测线土体横波波速随水位的变化图

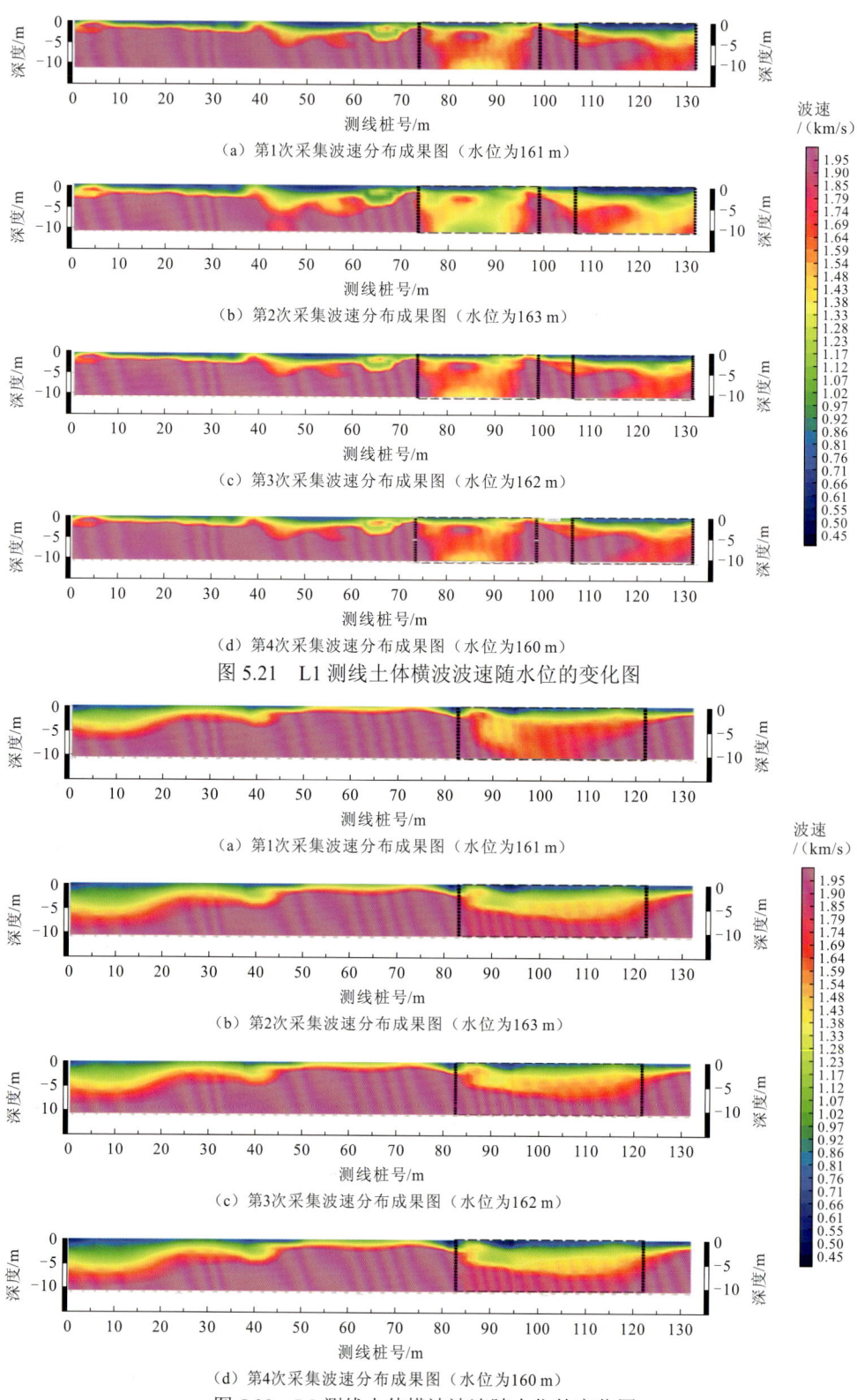

(a) 第1次采集波速分布成果图（水位为161 m）

(b) 第2次采集波速分布成果图（水位为163 m）

(c) 第3次采集波速分布成果图（水位为162 m）

(d) 第4次采集波速分布成果图（水位为160 m）

图 5.22　L2 测线土体横波波速随水位的变化图

富集，其后的三次时移地震数据采集，均为土体改性换填处理后，随水位、时间变化，土体地震波参数的变化趋于稳定，推测该区域岸坡土体水体渗透趋于平衡，岸坡整体状态趋于稳定。

2. 水体渗透地震波特性响应规律分析

1）膨胀土岸坡土体裂隙地震波传播特性

在岸坡膨胀土处理置换之前，岸坡裂隙部位地震波场呈现出明显的规律性倾斜条纹，具体表现为土体平均波速偏低，而其他部位地震波波速和振幅随水位变化未发生明显改变；换填处理后，裂隙部位的波场相对异常幅值大幅减小，之前存在的规律性倾斜条纹减弱并消失，波速变化幅值较小。这表明在裂隙体处理前，异常信号强度会随着水位增高、水体渗漏导致的含水率升高而逐渐增强，换填处理后，水体渗透达到稳定，土体波速及地震波幅值趋于稳定。

2）不同水位条件下土体地震波参数变化响应规律

高水位时，岸坡土体含水率最大，裂隙充水引起的相对异常变化较明显，裂隙体速度降到最低；低水位时，岸坡含水率降低，在裂隙部分充水甚至无水情况下，地震波波速较高，裂隙体引起的波速异常变化不明显，表明岸坡含水率的增加会导致波速的降低，含水率降低，波速会相应增大。

5.4.3 研究结论

（1）数值模拟对于特定尺度的膨胀土岸坡裂隙能够在剖面上反映出波阻抗差异，采用时移地震检测技术研究岸坡水体渗透过程中土体性状的变化是可行的。

（2）不同水位条件下，土体含水率的变化会引起地球物理弹性参数的变化，即波速随含水率增加而降低，含水率达到饱和后，地震波参数与传播特征趋于稳定。含水率的变化与速度之间的关系可反映膨胀土水体渗透过程的变化及分布，可为岸坡膨胀土失稳滑动预测提供监测数据支撑。

（3）时移地震检测技术通过观测膨胀土岸坡不同水位下的地震波传播特征，推断裂隙发育、水体分布情况，以及工程修复加固处理效果，从而实现对岸坡水体渗透致灾过程的监测与预警评估，膨胀土岸坡渗透滑动全生命期演化模型的计算结果验证了其应用的可靠性。

第6章

岸坡堤坝修复加固技术研究

6.1 膨胀土岸坡柔性非开挖修复加固技术

6.1.1 膨胀土岸坡滑坡计算理论

1. 边坡稳定分析理论

边坡整体稳定性分析，较为常用的方法主要有两大类：极限平衡法和数值分析法。极限平衡法因其计算简单、物理意义明确、算法成熟可靠等优点，在工程实践中得到了广泛的应用，具体计算方法包括瑞典圆弧滑动法、Janbu法、Spencer法及Bishop法等[45]。目前，关于非饱和土体边坡稳定性分析的研究成果，大多是基于Bishop或Fredlund所提出的非饱和土强度理论开展研究得到的，并取得了良好的拟合效果[46]。因此，在膨胀土岸坡柔性非开挖修复加固技术研究中，采用极限平衡法中的Bishop法对膨胀土边坡的稳定性进行分析，其非饱和土有效应力抗剪强度为

$$\tau_f = c' + [(\sigma - u_a) + \chi(u_a - u_w)]\tan\varphi' \tag{6.1}$$

式中：σ 为总应力；u_a 为孔隙气压力；u_w 为孔隙水压力；χ 为吸力参数；c' 为有效黏聚力；φ' 为有效内摩擦角。

2. 土水特征曲线

在非饱和渗流场计算过程中，为求解地下水质量守恒方程及运动方程，还需给出非饱和土体基质吸力 ψ、含水量 w、饱和度 S_l 或体积含水量 θ 等参数之间的关系曲线，即土水特征曲线。

目前使用较多且较为成熟的几类土水特征曲线模型主要包括 Brooks-Corey 模型、Gardner 模型、Van Genuchten 模型和 Gardner-Russo 模型等[47]。基于徐绍辉等[48]、刘平[49]等的研究成果，光滑连续的 Van Genuchten 模型对膨胀土土体的土水特征曲线拟合效果良好，相关系数较高，其基本关系式为

$$S_l = \frac{\theta - \theta_r}{\theta_s - \theta_r} = \left[1 + \left(\frac{\psi}{a}\right)^{b'}\right]^{-\left(1-\frac{1}{b'}\right)} \tag{6.2}$$

式中：S_l 为饱和度；a、b' 均为拟合参数；ψ 为基质吸力；θ 为体积含水量；θ_r 为残余体积含水量；θ_s 为饱和体积含水量。

3. 膨胀土岸坡渗透滑动判据

膨胀土的抗剪强度特性，对膨胀土的强度和边坡的稳定性具有重要影响。影响膨胀土的抗剪强度的主要因素有膨胀土的物质成分、结构与构造、上覆压力、含水量等。其中，膨胀土的抗剪强度对含水量变化特别敏感，土中含水量变化，膨胀土的干密度将随

之变化，通常含水量减小，干密度增大，土的抗剪强度提高。含水量对抗剪强度指标（黏聚力 c 和内摩擦角 φ）的大小具有重要影响，两者存在某种线性相关性。

根据上述对水力耦合机制的分析，建立了渗透滑动的水力耦合模型，如式（6.3）所示。

$$A_1 + \alpha A_2 h_t \overline{\gamma_t} + \beta \frac{(B_1 + B_2 h_t \overline{\gamma_t})\overline{\gamma_t}}{\gamma_w} \frac{[2+(1+D_f)e_0]}{(1+D_f)e_0} \frac{\omega_t}{1+\omega_t} \\ + (C_1 + C_2 h_t \overline{\gamma_t})D_f - \tau_p = \Delta\tau \tag{6.3}$$

式中：γ_w 为水的重度，kN/m^3；ω_t 为裂隙区含水量，%，实时监测；h_t 为裂隙区深度，m，实时监测；e_0 为孔隙比，无量纲，室内试验获取；$\overline{\gamma_t}$ 为裂隙区平均重度，kN/m^3，实时监测；D_f 为土体表面完整度，由图像处理获得，取值为 0~1；τ_p 为当前剪应力，kPa；$\Delta\tau$ 为理论和当前应力差，kPa；$A_1 \sim C_2$ 由室内试验获得，A_1、A_2 为土压力修正系数，B_1、B_2 为含水率修正系数，C_1、C_2 为土体表面完整度修正系数；α、β 为监测数据修正系数，在精确测量含水量深度变化值及裂隙率时均取为 1。

基于上述水力耦合模型，提出了渗透滑动的水力耦合判据：$\Delta\tau > 0$，稳定；$\Delta\tau = 0$，临界；$\Delta\tau < 0$，破坏。

将渗透滑动的水力耦合模型与判据由土体单元通过叠加扩展到整个膨胀土岸坡，即得到膨胀土岸坡全生命期行为演化模型。同时，对不同深度的含水量数据进行曲面拟合，将其向膨胀土滑坡表面进行投影即可得到暂态饱和区分布区域 TAZ 与主要裂隙开展分布区域 CDZ 的重叠关系，如图 6.1 所示，根据两者的重叠性，提出整体渗透滑动判据，即全生命期行为预测评定方法与指标。

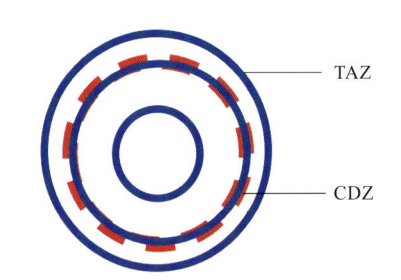

图 6.1　暂态饱和区分布区域 TAZ 与主要裂隙开展分布区域 CDZ 的重叠关系图

TAZ<CDZ，整体呈稳定状态，全生命期演化阶段：健康。
TAZ=CDZ，整体呈临界状态，全生命期演化阶段：不良。
TAZ>CDZ，整体呈破坏状态，全生命期演化阶段：患病。

4. 膨胀土岸坡堤坝渗透失稳评判体系

$\Delta\tau$ 是膨胀土岸坡堤坝渗透滑动的重要判据，除此之外，位移监测结果也是岸坡堤

坝安全失稳评价体系中的另一个核心指标，位移变化可通过位移速率变化体现，位移速率变化为

$$位移速率变化=\left|\frac{本步位移速率-上步位移速率}{上步位移速率}\right|\times100\%,\quad 位移速率=位移量/时间 \quad (6.4)$$

位移速率变化的阈值分别为 50%、100%、200%和200%以上，对应的位移变化分别为"基本无变化""轻微变化""明显变化""显著变化"。膨胀土岸坡堤坝渗透失稳评判体系如表 6.1 和图 6.2 所示。

表 6.1　膨胀土岸坡堤坝渗透失稳评判体系表

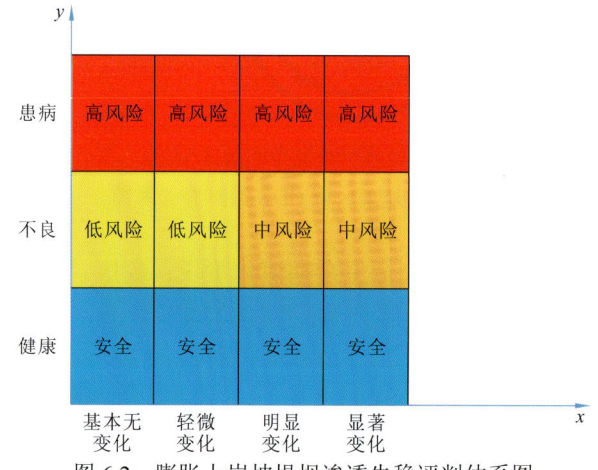

y 轴指标	x 轴指标	安全等级
$\Delta\tau>0$	基本无变化（最大位移速率变化 $\in[0,50\%)$）	安全
	轻微变化（最大位移速率变化 $\in[50\%,100\%)$）	
	明显变化（最大位移速率变化 $\in[100\%,200\%)$）	
	显著变化（最大位移速率变化 $\in[200\%,\infty)$）	
$\Delta\tau=0$	基本无变化（最大位移速率变化 $\in[0,50\%)$）	低风险
	轻微变化（最大位移速率变化 $\in[50\%,100\%)$）	
	明显变化（最大位移速率变化 $\in[100\%,200\%)$）	中风险
	显著变化（最大位移速率变化 $\in[200\%,\infty)$）	
$\Delta\tau<0$	基本无变化（最大位移速率变化 $\in[0,50\%)$）	高风险
	轻微变化（最大位移速率变化 $\in[50\%,100\%)$）	
	明显变化（最大位移速率变化 $\in[100\%,200\%)$）	
	显著变化（最大位移速率变化 $\in[200\%,\infty)$）	

图 6.2　膨胀土岸坡堤坝渗透失稳评判体系图

6.1.2 膨胀土柔性非开挖修复加固方法及实施

失水开裂、遇水膨胀是膨胀土最重要的特征，也是膨胀土边坡表层（1～3 m）发生滑坡的重要起因，此特征主要由土体内的水分状态控制。当膨胀土土体内的水分交替变化时，膨胀土将反复发生干缩开裂和湿胀变形，进而导致膨胀土土体松散，最终使膨胀土边坡发生变形破坏。国内已有工程实践表明，大气降水和地下水活动是膨胀土土体内水分交替的重要原因，膨胀性边坡经开挖，暴露于大气环境后，表层土体迅速发生失水收缩、开裂变形，形成网状胀缩裂隙，这些裂隙以干缩开裂形式存在于土层浅表部位，一旦大气降水或地下水入渗，这些裂隙在膨胀变形的作用下会迅速闭合。在开挖后气候反复的干湿交替作用下，网状胀缩裂隙被层理面、地下界面切割时，形成了有利的土体变形破坏条件，界面的胀缩活动会导致土体变形和溜坍破坏的发生。因此，为防止膨胀土边坡表层发生破坏，必须有效控制土体内的水分状态，保持其稳定性，最关键的措施是防止大气降水和地下水向膨胀土边坡内渗入。常规土质边坡一般采用格构混凝土+草皮护坡进行治理，但该措施无法保证大气降水入渗及坡内地下水的快速排出，因此，本书提出一种适用于膨胀土岸坡柔性非开挖修复加固的治理方法。

1. 膨胀土岸坡修复加固方法

本书提出的膨胀土岸坡修复加固方法主要由外部置换层和内部排水层两部分组成。其中，外部置换层的作用是隔离弱膨胀土和大气降水，防止大气降水入渗导致的弱膨胀土崩解、软化；内部排水层的作用是将弱膨胀土边坡内部的地下水快速排出坡外，防止地下水运动导致的上缘拉裂造成岸坡的跌瓦式破坏。外部置换层和内部排水层的主要结构如下。

1) 外部置换层

外部置换层由下部弱膨胀土台阶层和上部水泥改性土层组成。弱膨胀土台阶是将岸坡开挖成台阶状，每级台阶高 25 cm，顶宽不小于 1 m；岸坡开挖的弱膨胀土与水泥拌和得到水泥改性土，将其分层摊铺在弱膨胀土台阶之上，并碾压夯实，制得 300 mm 厚的上部水泥改性土层。图 6.3 为外部置换层隔排支护措施典型剖面。

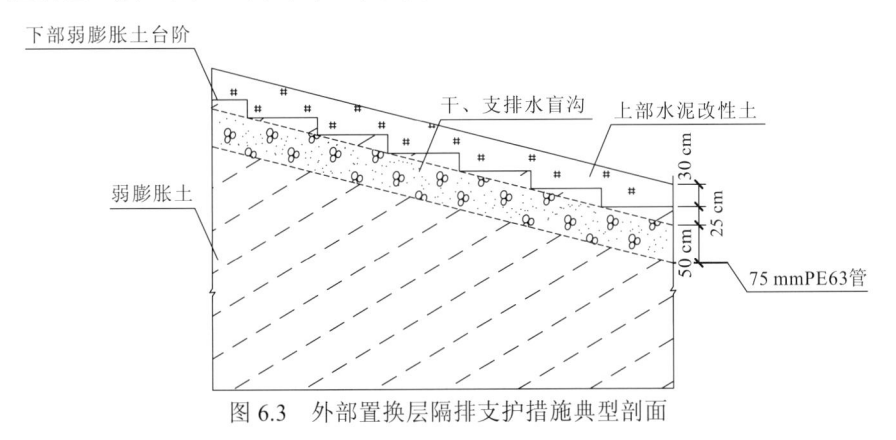

图 6.3 外部置换层隔排支护措施典型剖面

2）内部排水层

内部排水层由干、支排水盲沟和 75 mmPE63 管组成。干、支排水盲沟采用尺寸相同的梯形断面，底宽 50 cm，顶宽 80 cm，深度 50 cm。干排水盲沟间距 8 m，支排水盲沟间距 4 m，干、支排水盲沟侧面及底部铺设复合土工膜，用砂砾料、碎石回填。75 mm PE63 管接干排水盲沟末端，引出护坡面。图 6.4 为内部排水层支护措施典型剖面。

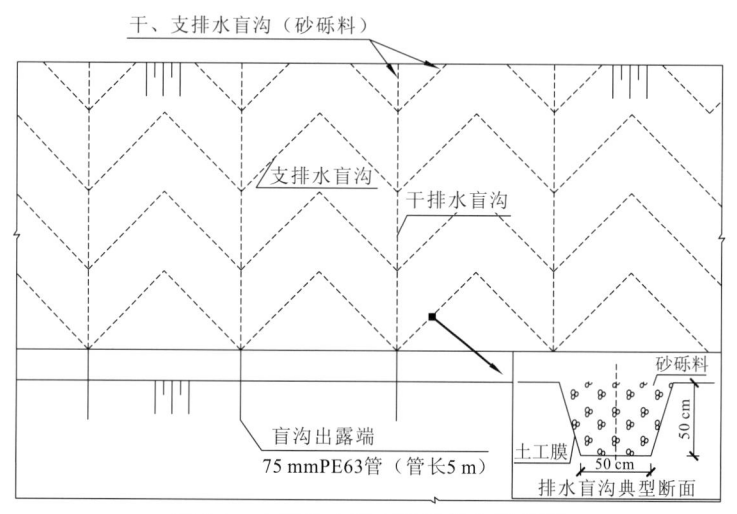

图 6.4　内部排水层支护措施典型剖面

2. 膨胀土岸坡修复加固实施

1）坡面排水、开挖

（1）疏导排水。

在对膨胀土岸坡进行清理之前，应对岸坡坡顶及附近地形的地表排水进行疏导，防止地表水冲刷清理后的膨胀土岸坡建基面，距离开口线 30 m 范围内不应存在积水。

（2）土体开挖。

对膨胀土岸坡的清理必须达到滑动面以下的原状土层，土体开挖以机械开挖为主，并预留 8 cm 厚人工清面。土体开挖应集中力量快速施工，尽量缩短建基面的暴露时间。

2）内部排水层施工

在换填土与清理坡面之间设置干、支排水盲沟，盲沟为梯形断面，底宽 50 cm，顶宽 80 cm，深度 50 cm，回填材料可采用砂砾料或碎石。断面侧面和底部铺设 400 g/m² 二布一膜复合土工膜，膜厚 0.2 mm。在盲沟底部（马道处）沿纵向放置 75 mm PE63 管，接干排水盲沟，引出护坡面，构成一个完整的内部排水通道，管道进口（与干排水盲沟连接处）采用土工布封堵。

3）外部置换层施工

（1）膨胀土改性处理。

岸坡开挖的弱、中膨胀土（自由膨胀率不宜大于 65%）需破碎至设计要求，土料粒径应不大于 10 cm，其中 5～10 cm 粒径含量不大于 5%，0.5～5 cm 粒径含量不大于 50%，采用液压碎土机施工。破碎筛分后的膨胀土用稳定土拌和机掺 4%水泥加水拌和，摊铺时水泥改性土的含水率宜高于最佳含水量 1.0%，以补偿摊铺及碾压过程中的水分损失。

（2）水泥改性土回填。

拌制水泥合格后，应及时分层填筑，填筑厚度为 30 cm。为使处理层与边坡更好地结合，应结合铺料和平仓施工将边坡面整理、开挖成小台阶状，每级台阶高 25 cm，顶宽不小于 1 m。在分层填筑上升过程中，应及时对填筑边坡进行洒水养护。施工可采用振动夯实，压实度不小于 94%。整个过程（从加水拌和到碾压终了）的延续时间不宜超过 4 h。碾压夯实过程中如有弹簧土、松散土、起皮现象，应及时翻开重新夯实。

3．膨胀土岸坡修复加固有益效果

（1）对于外部置换层，采用一定厚度的水泥改性土换填坡体表层膨胀土，避免下部膨胀土体的含水量发生剧烈的变化。该法施工简单，容易操作，效果好。弱膨胀土加水泥改性后，作为膨胀土保护材料具有取材方便、稳定性好、强度高的优点，能够预防膨胀土岸坡浅表层破坏，并对岸坡内部膨胀土起到很好的保护作用。

（2）在含水量发生变化时，外部置换层的胀缩性、土体结构稳定性、抗剪强度变化明显好于被保护土体，从而达到对被保护体进行有效保护的目的。水泥改性土换填层避免膨胀土与外部环境直接作用，吸收膨胀潜能，同时提高岸坡表层土体的抗剪强度，进而提高岸坡稳定性。

（3）外部置换层隔断大气降水进入膨胀土渠坡的通道，同时降低地下水位，减少换填层下的扬压力，保证换填层的稳定性。

（4）内部排水层疏排降水入渗和坡后积水下渗产生的渗流，加速对坡面水的疏导，减小降水入渗引起的膨胀土含水量的变化，防止坡面水土流失。

（5）内部排水层可以及时将水分通过排水盲沟排出坡外，减少膨胀土土内水分的波动和胀缩现象的发生，防止裂隙面进一步扩张而向内部发展。

6.2　高聚物注浆柔性防渗墙修复加固技术

6.2.1　工艺原理及理论基础

借助定向预劈裂引导，在裂隙中注射高聚物材料，在快速填充、挤密裂隙的同时，沿裂隙端部进一步快速劈裂扩散[50]，如图 6.5 所示，最终形成与两侧土体连接紧密的柔性连续片状体，如图 6.6 所示。试验和研究发现，在此过程中，先注入的高聚物材料首先与裂隙侧壁黏结成整体，形成有效围压后，驱使后注入的材料进一步在土体中扩散，借助材料反应过程中产生的膨胀力，基本沿原定方向进一步劈裂扩散。基于此发现，本书提出了高聚物注浆柔性防渗墙修复加固技术及成套装备，可用于岸坡、堤坝、地下空间等的防渗。

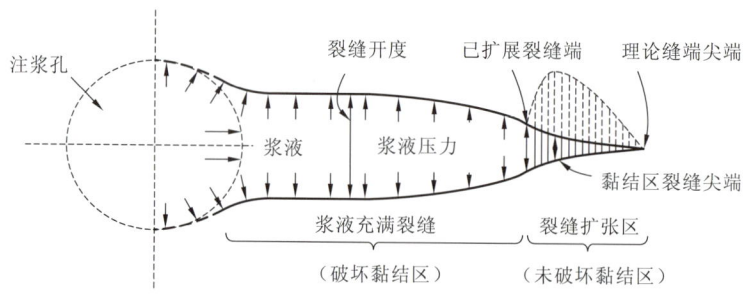

图 6.5　高聚物浆液扩散方式示意图

图 6.6　高聚物劈裂注浆试验开挖图

基于有限体积法和流体函数法原理[51]，可对高聚物浆液在狭窄模具中的流动扩散过程进行分析，为高聚物帷幕注浆参数设计提供理论依据[52]。

1. 扩散过程中高聚物浆液的膨胀特性

在高聚物形成过程中，高聚物体积随时间的延长增加，直到达到固化完成时间为止。假定体积 V 与时间 t 呈简单的线性关系[53]，如式（6.5）所示。

$$V = V_0(1 + \alpha_2 t) \tag{6.5}$$

式中：α_2 为膨胀率；V_0 为初始体积。注浆过程中，注入的混合物的质量随着注浆点的改变而发生变化，但在注浆点固定的情况下，可以认为其质量没有变化，则相应的密度符合式（6.6）。

$$\rho = \frac{\rho_0}{1 + \alpha_2 t} \tag{6.6}$$

式中：ρ_0 为初始密度；α_2 为高聚物的膨胀率，可以通过测试在一个具有简单空腔的模具内不断增长的高聚物的体积得到。高聚物膨胀率取常数，根据试验结果，$\alpha_2=1.3$ 或为时间的函数，即

$$\alpha_2 = 2.18 - 0.074t \tag{6.7}$$

由式（6.7）可知，固化完成时间为 29.46 s，对于流体，固化完成时间和混合物的黏度有关，100 Pa·s 的黏度值假定满足雷诺数 $Re \ll 1$ 的条件，也不会太高。这里，固化完成时间与高聚物材料化学反应的时间有关，当两者作用的膨胀力不再变化时，认为达到了固化完成时间。

假定注浆沿着如图 6.7 所示的虚线位置，向上间断或连续移动提注，假定注入的浆体形状为规则的半圆形。x 和 y 坐标沿着空腔厚度的中心面，z 坐标沿着裂隙扩展方向。

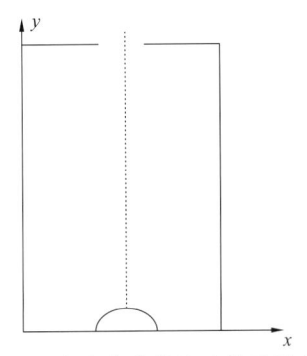

图 6.7 高聚物注浆流动模型示意图

2. 高聚物注浆流动方程建立

假定高聚物混合材料是黏性的，而且空腔比较狭窄（通常为 5～10 mm），聚氨酯泡沫扩展可以近似为 Hele-Shaw 模型。动量方程如式（6.8）和式（6.9）所示。

$$\frac{\partial p}{\partial x} = \frac{\partial}{\partial z}\left(\eta \frac{\partial v_x}{\partial z}\right) \tag{6.8}$$

$$\frac{\partial p}{\partial y} = \frac{\partial}{\partial z}\left(\eta \frac{\partial v_y}{\partial z}\right) \tag{6.9}$$

式中：v_x 和 v_y 为 x 与 y 方向的相应膨胀流动速度；p 为压力；η 为黏度。

因为 ρ 是 t 的函数，连续方程可以表示为

$$\frac{\partial(\rho b)}{\partial t} + \frac{\partial(\rho b \bar{v}_x)}{\partial x} + \frac{\partial(\rho b \bar{v}_y)}{\partial y} = 0 \tag{6.10}$$

式中：b 为空腔厚度的一半，是 x 和 y 的函数；$\bar{v}_x$ 和 $\bar{v}_y$ 为 z 坐标的平均膨胀流动速度。

积分式（6.8）和式（6.9），假定边界条件为壁面没有滑动（$z = \pm b$ 时，$v_x = v_y = 0$），得到高聚物材料注浆在膨胀压力下的压力方程，为

$$\frac{\partial}{\partial x}\left(S \frac{\partial p}{\partial x}\right) + \frac{\partial}{\partial y}\left(S \frac{\partial p}{\partial y}\right) = \frac{\alpha_2}{1 + \alpha_2 t} \tag{6.11}$$

如果假定 η 为常数，则流导 $S = h^3/(3\eta)$（h 为模具高度），视作常数。

3. 高聚物注浆流动方程求解

1）求解压力方程

压力场和速度场应耦合计算，反复迭代，直至两个连续迭代的压力变化小于预先设定的误差。由于聚氨酯泡沫膨胀扩展时，温度和黏度影响较小，可以忽略两者对膨胀引起的界面流动的影响。

2）自由界面移动追踪

因为每个控制体积中的流动速度是已知的，有可能预测下一个时间步中哪个控制体积会填充。因此，自由面适当前进。

压力方程可以用有限体积法求解。计算域被线性单元划分，每个单元包含 z 方向一维有限差分网格或有限元网格，单元的质心与线性单元的中点连接形成子控制体积，来自节点附近的单元的子控制体积形成了节点的多边形控制体积。然后对压力方程的每个控制体积进行积分，对每个单元中的压力分布使用线性内插，以得到压力同步的方程，因此得到的压力分布可以用来计算流入每个控制体积的质量。

4. 压力方程离散方法

首先求解压力方程，压力方程的离散采用有限体积法，有限体积法也叫控制体积法。求解时，划分计算区域的网格，保证每个网格点周围有与其不重复的控制体积。把网格点上定义的因变量作为未知数，对控制体积的待解微分方程进行积分，得到离散方程。预先假定因变量在网格点之间的变化规律，以求出控制体积的积分。

其次，利用 Patanker 提出的改进的压力耦合方程组的半隐式方法（semi-implicit method for pressure linked equations revised，SIMPLER）反复迭代求解动量方程和压力方程[54]。

5. 流动界面追踪方法

目前界面追踪的方法主要是流体函数法和等值面函数方法[55]，流体函数法是一种追踪和定位自由界面的数值方法，它属于欧拉法，其主要特点是具有指定方式的固定或移动的网格以适应不断变化的界面。因此，流体函数法是一个允许编程者追踪界面的形状和位置的局部算法。该方法基于分式函数思想，它被定义为控制体积上的流体特征函数的积分，控制体积即体积的控制网格单元。引入表达流动自由面状态的参数 f，f 的值在 0 和 1 之间。$f=1$ 表示控制体积里完全充满泡沫，$f=0$ 意味着控制体积内仍是空的，而 $0<f<1$ 则表示流动面正经过控制体积。分数函数 f 是一个标量函数，当流体以速度 v 移动时，每个流体粒子保持一致。因为函数 f 不连续，控制方程不能直接求解，目前最常用的方法是几何方程重建。流体函数法在追踪质量守恒的流体方面有很好的适用性，同样，当流体界面改变其拓扑时，用流体函数法很容易实现对界面的追踪，界面可以结合或分离。

等值面函数方法就是采用等值面函数 $\varphi(\bar{x},t)$（$\bar{x}$ 是空间变量，t 表示时间）代替流体函数法中的流体体积函数。让 $\varphi(\bar{x},t)$ 以适当的速度移动，使其零等值面就是物质界面，由此可以知道此时的活动界面[56]。

这里预测的自由界面位置通过流体函数法得到。在时间间隔 Δt 下，反复计算 f。Δt 的选取取决于流动界面被充满的每个控制体积的必要时间，也就是将达到 $f=1$ 状况最短的时间取为 Δt。

耦合利用有限体积法和流体函数法，根据以上分析求解过程，追踪界面流动的程序框图如图 6.8 所示。

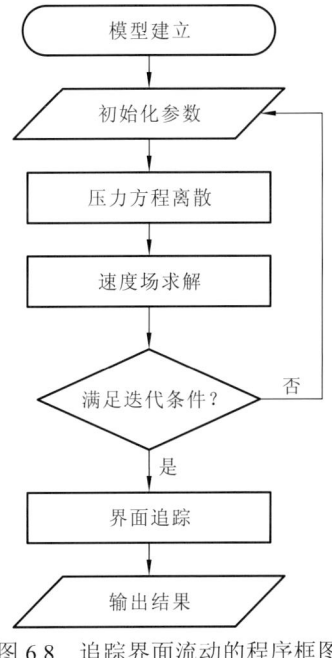

图 6.8 追踪界面流动的程序框图

6. 数值模型建立

问题的关键是将两个方法耦合起来，首先求解压力场分布，并得到速度场，依此追踪流动的界面，寻求高聚物注浆流动的范围，为帷幕灌浆的实施提供技术指导。

1）几何尺寸

x 边长为 0.5，y 边长为 1.0。

半圆形中心位置：$x=0.25$，$y=0$，$r=0.1$（r 为初始半径）。

2）边界条件

速度分布：$t=0$ 时，所有面上 $v_x=v_y=0$。

压力分布：$t=0$ 时，边界上压力 p 都为 0。

半圆形中心点处的压力为 p_0，$p=0.24\cdot e^{0.37\cdot\gamma}$，这里 γ 为聚氨酯泡沫的重度，$\gamma=\rho g$。

当空腔内任一点与半圆形中心的距离 dist $< r$ 时，存在关系式 $p = p_0(1-\mathrm{dist}/r)$。其他参数按照聚氨酯泡沫实测的数值给定。

7. 计算结果分析

利用有限体积法耦合计算压力方程和动量方程得到速度场，再利用流体函数法追踪高聚物流场特征值，则在单注的情况下，计算了 5 s、10 s、20 s 和固化终止（29.46 s）时的注入情况，示意图分别如图 6.9～图 6.12 所示。

从图 6.9～图 6.12 可以看出：在膨胀力的作用下，注浆开始时，膨胀流动的范围比较小，随后高聚物注浆不断扩展，逐渐填充预先设置的空腔，直至固化完成时间结束，膨胀流动停止，最终形成一个注浆块体，注浆块体均匀连接在一起，形成连续帷幕。

受现阶段施工机械研发的限制，高聚物注浆柔性防渗墙一般适用于黏质土、粉质土和砂类土填筑体或场地，最大深度接近 20 m，单幅柔性防渗墙宽 600～1 000 mm，厚 10～25 mm。

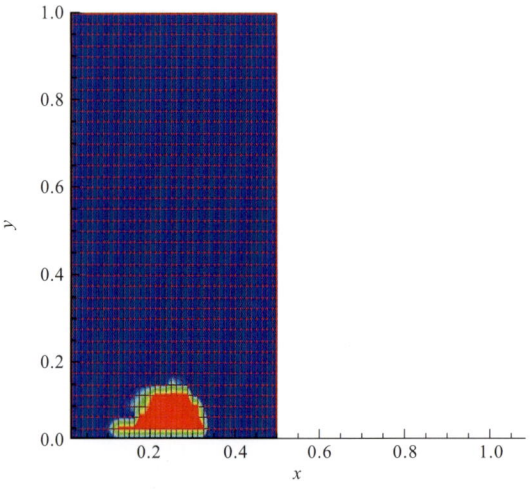

图 6.9 注浆 5 s 的示意图

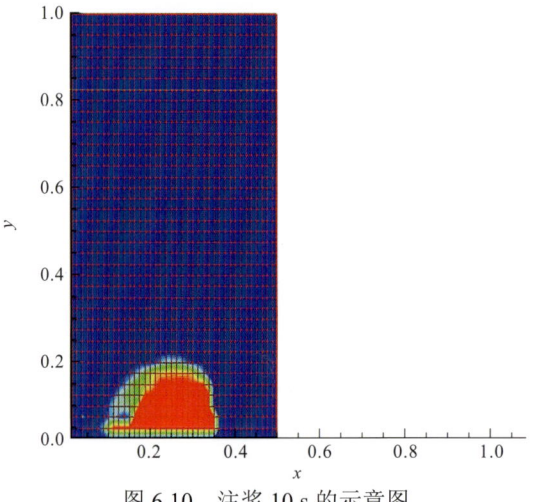

图 6.10 注浆 10 s 的示意图

图 6.11　注浆 20 s 的示意图

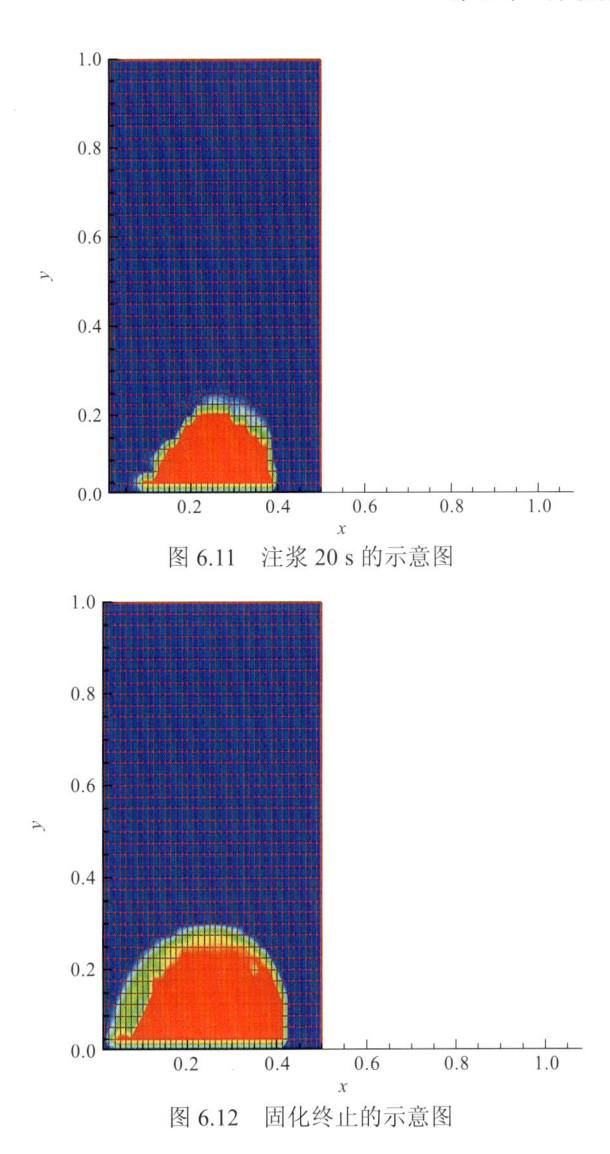

图 6.12　固化终止的示意图

6.2.2　高聚物注浆柔性防渗墙修复方案实施

1. 场地准备

与传统施工所需的"三通一平"相比，高聚物注浆柔性防渗墙施工所需的场地条件更简单，进出场道路宽度仅需保证在 3 m 以上，作业区域相对平整，地下无异物即可，施工所需的动力用电已经集成在施工设备中。因材料特性，不涉及施工用水的问题。

2. 施工设备

开展高聚物注浆柔性防渗墙施工，所需投入的主要施工机械设备如表 6.2 所示。

表 6.2　拟投入的主要施工机械设备表

机械名称	规格型号	额定功率/kW	数量	施工部位
静压（振动）成槽机	ZZAY-40	37	1 台	静压（振动）成槽
高聚物注浆集成系统	AJ G20	15	1 台	柔性防渗墙施工
交流电焊机	BX1-315A	10	1 台	备用
钻杆	$\phi 63.5 \text{ mm} \times 1\,500 \text{ mm}$	—	30 根	辅助静压成槽
三锥头成槽板	600～1 000 mm	—	6 套	备用
发电机组	XG-200	60	1 台	提供施工动力
厢式货车	—	—	1 辆	系统集成载体
空压机	7 m^3	—	1 台	辅助注浆施工
吊车	XG50	—	1 台	设备、材料等装卸

施工机械核心装备主要包括静压（振动）成槽机、高聚物注浆集成系统两部分，如图 6.13 和图 6.14 所示。为保证成槽深度和解决静压成槽过程中的土层穿透力不足的问题，在静压成槽的基础上，增加了高频振动辅助功能。高聚物注浆集成系统、交流电焊机、空压机及发电机组集成于厢式货车内，为了方便操作和按功能进行分区，高聚物注浆集成系统位于箱体尾部，高聚物注浆材料及空压机位于中部，发电机组位于箱体前部。

（a）静压（振动）成槽机　　　　　（b）液压系统

图 6.13　静压（振动）成槽机及液压系统

3. 施工工艺流程

高聚物注浆柔性防渗墙的施工工艺流程如图 6.15 所示，相关工艺流程图如图 6.16～图 6.18 所示。

(a）集成式高聚物注浆车　　　　　　（b）高聚物注浆系统

图 6.14　高聚物注浆集成系统

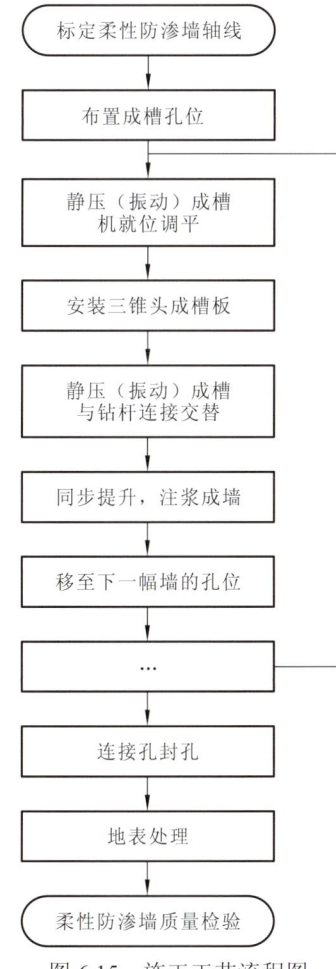

图 6.15　施工工艺流程图

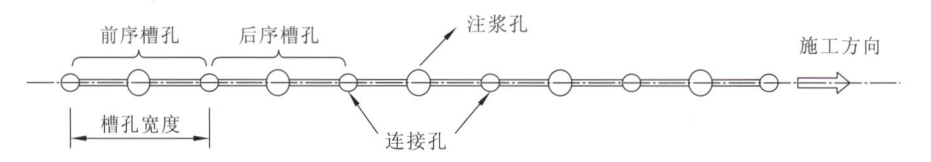

图 6.16　槽孔及连接孔布置平面示意图

（a）静压（振动）成槽机就位调平 　（b）静压（振动）成槽 　（c）同步提升注浆

（d）下一幅静压（振动）成槽 　（e）下一幅同步提升注浆 　（f）连续成墙效果

图 6.17　槽孔施工工艺示意图

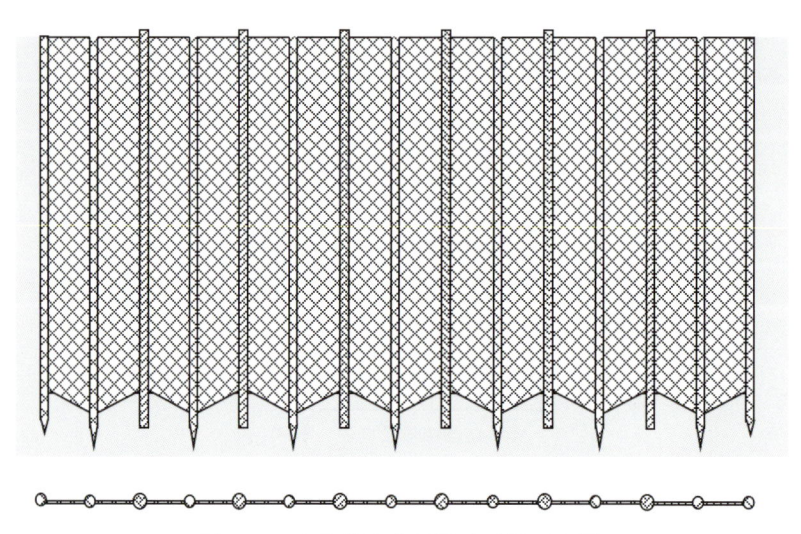

图 6.18　高聚物注浆柔性防渗墙示意图

第7章

信息化关键技术研究

7.1 数据融合技术研究

单一来源的监测或检测数据容易受到自然或人为因素扰动，有失科学性，为提高数据的可信度，需要结合各类采集手段，形成大量异构、复杂的数据源，并借助多元数据融合的方法提高数据的可信度并判断其正确性[57]。

岸坡堤坝滑坡监测预警与修复加固系统数据具有类型多、来源多、量级大的特点，数据可分为空间型数据与非空间型数据、实时数据与非实时数据、结构化数据和非结构化数据，其中结构化数据包括水文气象数据、安全监测数据及物探检测数据，空间型数据包括低空摄影数据、地形数据及 BIM 数据。

为提高本系统数据的可靠度和准确性，本章采用数据整合、数据筛选和数据挖掘等大数据技术，并结合空间数据库、分布式文件存储数据库等数据库技术，开发面向多元异构数据的三维数据库，同时对上述多元数据进行系统梳理并建立资源目录，构建多元异构数据集，从而实现岸坡堤坝滑坡监测预警与修复加固系统的多元数据的融合。

7.1.1 多元数据融合支撑技术

三维空间数据具有空间特征和非结构化特征，是岸坡堤坝滑坡监测预警与修复加固系统多元数据融合的关键。空间特征是指能够表征地理实体的空间位置、几何形态、关系特征，空间位置一般通过坐标来描述，几何形态以点、线、面结构表示，关系特征用拓扑结构表示。非结构化特征是相对于结构化数据而言的，即不方便使用数据库二维逻辑表来表现的结构特征[58]。

为了存储这些空间特征和非结构化特征，GIS 领域的国际组织 OGC 与国际标准化组织地理信息技术委员会合作，以地理要素的几何形式为基础，制定了基础地理要素及其空间关系的规范化表达标准，建立了基于对象表达的简单要素模型[59]。

为实现岸坡堤坝滑坡监测预警与修复加固系统空间数据和其他数据的多元融合，一方面需要从宏观角度明确空间数据模型的组织与索引方法；另一方面需要从微观角度明确空间数据模型内部的物理组织与存储方法，具体如下。

1. 宏观数据组织

为了将低空摄影或 BIM 等空间数据模型存储到计算机中，并进行快速的数据处理、查询与更新，必须要有优良的数据组织方式。当前 GIS 的空间数据组织中的，通常将现实世界中的地理对象或现象以某种空间数据模型为基础，从宏观上认为地理空间由空间数据模型构成，然后将其按比例尺分级，用横向分幅与纵向分层的方式进行组织[60]。这种从传统地图模式发展起来的按尺度分级、分幅与分层的组织方式称为宏观数据组织。

大尺度宏观数据组织，主要以全球海量空间数据组织为典型代表，核心是海量时空数据的压缩存储、快速提取及可视化表达。代表性研究主要有：基于瓦片编码的全球多尺度空间数据组织模型；基于 SOA 网格服务模型组建逻辑上具有超大虚拟空间的空间数据库来实现海量数据的存储；基于地图分幅拓展的全球剖分多层级地理空间组织框架；等等。

宏观空间数据的组织方式包括基于对象数据模型的组织方式、基于拓扑关系数据模型的组织方式、基于空间特征的组织方式[61]。基于对象数据模型的组织方式将空间数据组织分为要素类、要素层、地图、地图集四个层次，其中要素类是数据组织的核心；基于拓扑关系数据模型的组织方式将数据组织作为专题层，层是该组织方式的核心；基于空间特征的组织方式仍处于概念模型研究阶段。

针对岸坡堤坝滑坡监测预警与修复加固系统多个示范工程、多时相数据特点，对其宏观数据拟采用基于对象数据模型的组织方式。

2. 微观数据组织

1）微观数据存储

数据库为文件管理的高级形式，空间数据的组织方式也随着数据库技术的发展而不断进步，空间数据库已成为空间数据存储和管理的主要场所。GIS 的微观空间数据组织方式大体经历了文件存储、文件-关系型数据库、关系型数据库、对象-关系型数据库与非关系型数据库等阶段。在文件-关系型数据库中，关系型数据库无法管理几何数据，导致几何数据与属性数据分别存储，如 ArcInfo 全关系型数据库中将几何数据以二进制格式与属性数据一起存储到关系型数据库中进行管理，但几何数据的非结构化特性使变长二进制块的读写效率较低，特别是在对象嵌套情况下速度更慢。对象-关系型数据库通过面向对象方式扩展关系型数据库，实现点、线、面等空间对象的管理，优化了几何数据的存取效率，但空间对象的嵌套等问题没有得到解决，且用户不能任意定义空间数据结构。近年来，NoSQL 数据库技术的爆发式发展为新型空间数据组织存储方式的研究提供了基础。非关系型数据库为几何数据的组织存储提供了更为灵活的方式，云计算与分布式存储系统的应用为大型空间数据的并发并行计算和分布式管理带来了新的机遇。表 7.1 为基于数据库的空间数据组织方式分类表。

表 7.1 基于数据库的空间数据组织方式分类表

组织方式	代表应用	优点	缺点
文件存储	图形文件、数据文件	文件管理高效	增、删、改、查困难
文件-关系型数据库	ArcInfo、GeoStar（吉奥之星 GIS 软件）	能实现初步的双向查询	一致性维护困难
关系型数据库	ArcSDE、SpatialWare	可支持复杂空间操作	变长二进制块读写效率较低，关系模型结构化

续表

组织方式	代表应用	优点	缺点
对象-关系型数据库	PostGIS、Oracle Spatial	支持丰富的操作	在一定程度上解决了变长问题，但无法嵌套
非关系型数据库	SpatialHadoop、MongoDB	模式自由，高性能，高并发	支持的操作类型较少，且缺少空间组件

数据库技术成为空间数据微观组织的基础，数据库技术的发展在很大程度上决定了空间数据的组织存储方式，但关系型数据库直接存储空间数据的低效充分说明了空间数据组织与索引方式的重要性。地理对象或现象本身具有非结构化特性，而在关系型数据库中，却对空间对象采用简化的关系模型和结构化的数据结构进行组织与存储。在关系模型的高度抽象与简化特性下，将空间对象抽象成固定的"表"，不考虑地理规律对空间数据组织的作用，忽视关系模型与空间数据的基本矛盾，使得以关系型数据库为基础的空间数据组织存储系统难以满足地理分析与地理场景构建等大型地理应用的实际需求[62]。

现有的空间数据组织存储方式大多以关系模型为基础，结构化的关系模型与非结构化的地理对象之间的根本矛盾是空间数据组织和存储技术需要突破的最大障碍。而非关系模型的灵活性、可扩展性、非结构化等特性更符合空间数据存储的要求，分布式并行处理框架为空间大数据的高效处理提供了可行的技术基础，以此发展遵循地理规律的组织方式并建立高效的空间数据索引机制，是应对空间大数据挑战的关键。

岸坡堤坝滑坡监测预警与修复加固系统涉及的微观数据多与空间位置相关，数据量较小，因此拟以对象-关系型数据库为基础，针对数据特点进一步开发，形成面向多元数据融合应用的多元异构数据库。

2）微观数据索引

空间索引是指依据空间对象的位置和形状或空间对象之间的某种空间关系按一定顺序排列的一种数据结构，其中包含空间对象的概要信息，如对象的标识、外接矩形及指向空间对象实体的指针。空间索引是空间数据管理与调度的关键技术，从20世纪70年代计算机用于管理空间数据开始，空间索引就成为GIS与计算机领域最为活跃的研究热点之一。贯穿其发展历史，众多学者提出了大量索引结构，加上在各种索引结构基础上修正、优化发展而来的索引家族，可谓是枝繁叶茂、种类繁多。

高维的空间索引结构是从一维索引结构发展起来的，从早期科学计算的静态数据集到商业动态数据集的批处理，都是以一维单键的存取方式为主[63]。当磁盘访问次数成为效率瓶颈时，索引顺序存取法（index sequential access methods，ISAM）用单键排序的方式来提高访问效率。针对数据集的动态插入与删除的新需求，ISAM发展成为平衡树结构。其中，B树家族在组织与维护有序数据集上使用最为广泛。树状结构的优点是易于在主存中维护与更新，随后B树被应用于多键值索引。较为典型的有，将ISAM与B树结合，提出K-D树索引用于多键值存取。然而，在实际应用中，K-D树却没有体现出B树在一维索引中的优点，随后有学者在其基础上提出改进、优化，发展出一些变种。

后来众多学者提出了大量的空间索引方法,从结构上大致可分为基于哈希的空间索引与基于树结构的空间索引两大类[64]。已有的研究表明,基于哈希的空间索引作为树状索引结构下的空间排序、空间映射技术来提高树状空间索引的性能。树状索引结构按照构建方向可分为自上而下与自下而上两种方式,按照构建的粒度则分为顺序插入、批量处理等方式。表 7.2 为空间索引构建算法分类表。

表 7.2 空间索引构建算法分类表

构建方向	构建粒度	典型索引方法
自上而下	顺序插入	K-D 树、Buddy 树、R 树、R*树、R+树、CompactR 树、CR 树
	批量处理	TGS R 树、OMT R 树、Merging R 树、GBI 树、SCB 树
自下而上	空间排序方法	Lowx Packed R 树、Hilbert Packed R 树、STR 树、Hilbert STR 树
	空间聚类方法	k-way R 树
	缓冲区方法	Berken's Buffer 树、Agre's Buffer 树

自上而下的方法中,R 树、R+树、R*树均采用顺序插入方式构建索引树,CompactR 树、CR 树也采用类似的方式,但使用特殊的节点分裂算法提高空间利用率与索引树整体质量。K-D 树、Buddy 树使用自上而下迭代划分的方式来构建索引树。

自下而上的空间索引构建方式主要包括空间排序方法、空间聚类方法与缓冲区方法等。Lowx Packed R 树针对静态数据的特征,通过对最小边界矩形(minimum bounding rectangle,MBR)角点的 x 或 y 坐标排序,采用自下而上的方式一次一层构建整个树;Hilbert Packed R 树引入 Hilbert 空间曲线对数据项进行空间排序;STR 树则先对对象 MBR 中心点的 x 坐标排序并进行垂直切分,然后对 y 坐标排序并对切片进行递归网格划分,以划分子区为单位,递归构建索引树;k-way R 树引入 k-means 聚类方法对数据进行聚类预处理,自下而上构建索引树;缓冲区方法将空间索引树结构关联一个基于缓存的临时数据结构,然后通过批量插入生成索引树。

岸坡堤坝滑坡监测预警与修复加固系统涉及的微观数据与示范点工程强相关,且多与监测、检测传感器关联,因此拟采用 R 树进行空间索引划分,在数据集上采用 K-D 树进行索引。

7.1.2 岸坡堤坝多元异构数据集构建

通过对岸坡堤坝滑坡监测预警与修复加固系列中的结构化和空间型数据进行分析,针对两类数据的数据组成和数据特点,制订对应的数据处理流程,最终构建形成数据集。两种类型数据集的构建如下。

1. 结构化数据集构建

1)水文气象数据

水文气象数据主要包括水位、出入库流量、温度、降雨量等,采用自动化采集或定时导入进行数据集构建,并以结构化数据表方式进行存储,数据表由测点编号、安装部位、传感器编号及观测数据构成。水文气象数据集构建如图 7.1 所示。

图 7.1　水文气象数据集构建

2)安全监测数据

安全监测数据包括含水量监测数据、表面变形监测数据、深部变形监测数据、渗流监测数据等,主要采用 RS-900 采集器、3D-Tracker GPS 监测系统进行自动化采集。安全监测数据集构建包括监测成果数据集构建和测点考证数据集构建,并以结构化数据表方式进行存储,数据表主要包括测点编号、测点安装部位、监测项目、仪器类型、生产厂家、设备型号、传感器编号及监测成果,安全监测数据集构建如图 7.2 所示。

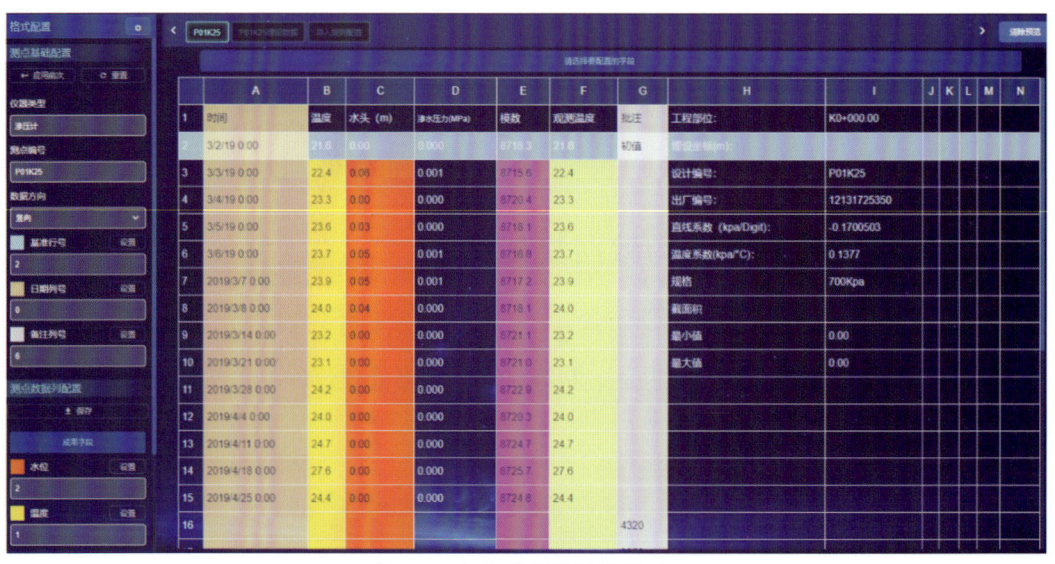

图 7.2　安全监测数据集构建

3）物探检测数据

物探检测数据包括时移地震法波速和时移电法电阻率，并以.dat 文件形式进行数据存储，物探检测数据集包括数据编号、文件类型、数据文件名、存储格式等。此外，通过对物探检测数据进行解析，形成直观的分级分布云图，并以图片形式存储至数据库，物探检测数据集构建如图 7.3 所示。

图 7.3　物探检测数据集构建

2. 空间型数据集构建

1）低空摄影和地形数据

利用无人机进行低空摄影采集并制作 DOM 和 DEM，采用方舟平台 3DGIS 支撑软件对数字影像和地形数据进行处理，并利用方舟平台的地形生成子系统进行三维地形构建，利用数据集成浏览子系统进行三维地形的导入和集成，低空摄影和地形数据的处理、集成过程如图 7.4～图 7.6 所示。

（a）工程区域DOM数据　　　　　　（b）工程区域DEM数据

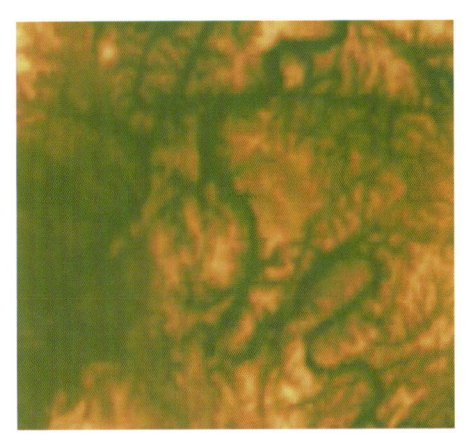

图 7.4　岸坡堤坝工程区 DOM 和 DEM 数据

图 7.5　三维地形数据生成操作界面

图 7.6　三维地形数据导入和集成操作界面

2）BIM 数据

采用 3DE 平台对土壤湿度计、测斜仪、渗压计等安全监测仪器，以及水泥改性土、排水盲沟、混凝土格构、防渗墙等修复加固措施进行 BIM 构建，并基于方舟平台的模型数据处理子系统对 3DE 构建的 BIM 进行时空转换，实现 BIM 与系统的融合。BIM 构建及其与系统的融合如图 7.7 和图 7.8 所示。

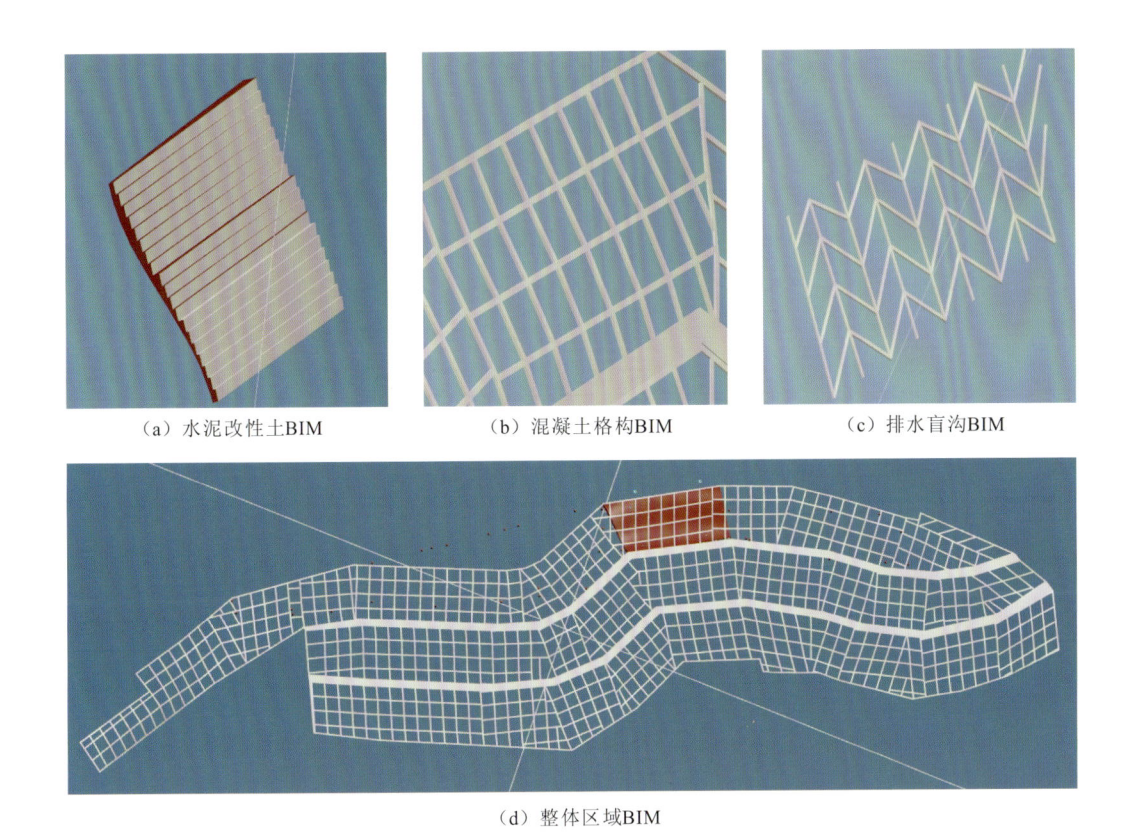

(a) 水泥改性土BIM　　　　(b) 混凝土格构BIM　　　　(c) 排水盲沟BIM

(d) 整体区域BIM

图 7.7　岸坡堤坝工程 BIM 数据

图 7.8　BIM 数据处理及 BIM 与系统融合的操作界面

7.1.3 基于 3DGIS 场景的多元数据融合

数据融合技术用于多元数据的处理，能够有效消除数据中信息的不确定因素，提高对目标或环境描述、解释分析和表示结果的准确性，获得的融合结果比单一信息有更充分的信息[65]。数据融合不是简单的叠加，它产生新的蕴含更多有价值信息的图像，达到 1+1 大于 2 的效果，可从不同空间尺度的多元数据特征着手，研究多元空间数据采样单元之间的配准及量化，并利用多元统计分析、主成分分析、形态数学、Hough 变换、地学分析等数学方法实现三维数据的融合[66]。从岸坡堤坝滑坡监测预警与修复加固系统三维地理空间的数据特点来看，可采用基于影像色觉原理的多源数据融合方法，如表 7.3 所示。

表 7.3 基于影像色觉原理的多源数据融合方法

像素级	特征级	决策级
加权融合法	贝叶斯推理法	基于知识的融合法
乘积融合法	Dempster-Shafer 法	Dempster-Shafer 法
比值融合法	熵法	模糊集理论
高通滤波融合法	带权平均分	可靠性理论
小波变换融合法	神经网络	贝叶斯推理法
彩色变换融合法	聚类分析	神经网络
主成分变换融合法	表决法	逻辑模板法

1. 像素级融合

像素级是将各传感器的数据经数据联合后直接融合，其流程为经过预处理的多元数据—数据融合—特征提取—融合属性说明，像素级融合保留了尽可能多的信息，具有最高的精度。

2. 特征级融合

特征级融合是一种中等水平的融合。在这一级别中，先是对各类数据分别进行特征提取，提取的特征信息应是原始信息的充分表示量或充分统计量，然后按特征信息对多源数据进行分类、聚集和综合，产生特征矢量，最后采用一些特征级融合方法融合这些特征矢量，做出基于融合特征矢量的属性说明。特征级融合的流程为经过预处理的遥感影像数据—特征提取—特征级融合—融合属性说明。

3. 决策级融合

决策级融合是最高水平的融合。融合的结果为指挥、控制、决策提供了依据。在这一级别中，首先对每一数据进行属性说明，然后对其结果加以融合，得到目标或环境的融合属性说明。决策级融合的优点是具有很强的容错性、很好的开放性，处理时间短，数据要求低，分析能力强。而决策级融合对预处理及特征提取有较高要求，所以代价较高[67]。

决策级融合的流程为经过预处理的遥感影像数据—特征提取—属性说明—属性融合—融合属性说明。决策级的融合算法有基于知识的融合法、模糊集理论、可靠性理论、贝叶斯推理法、神经网络。

4. 以 3DGIS 场景为基础的融合

采用基于双数影像色觉原理的融合方法，构建了岸坡堤坝滑坡监测预警与修复加固系统以 3DGIS 为基础的数据融合流程，具体如下。

空间数据采用像素级融合，对外观模型、BIM、DEM、航片卫片、倾斜摄影、点云等数据基于采集的空间像素特征开展信息提取和融合，形成三维模型数据库和三维基础场景库。

业务数据采用特征级融合，对水文气象、安全监测、物探检测、渗流滑坡等稳定性参数信息进行关联转换、信息聚合等筛选分析操作，形成业务记录数据库和参数规则数据库。

完成空间数据的像素级融合和业务数据的特征级融合后，采用决策级融合的理论方法，通过三维模型空间关联、三维场景数据集成等手段，建立以 3DGIS 为基础的一套统一的多元数据集合，并存储为融合后的多元信息库，为后续的分析决策提供一体化的支撑[68]。

以 3DGIS 为基础的数据融合流程如图 7.9 所示。

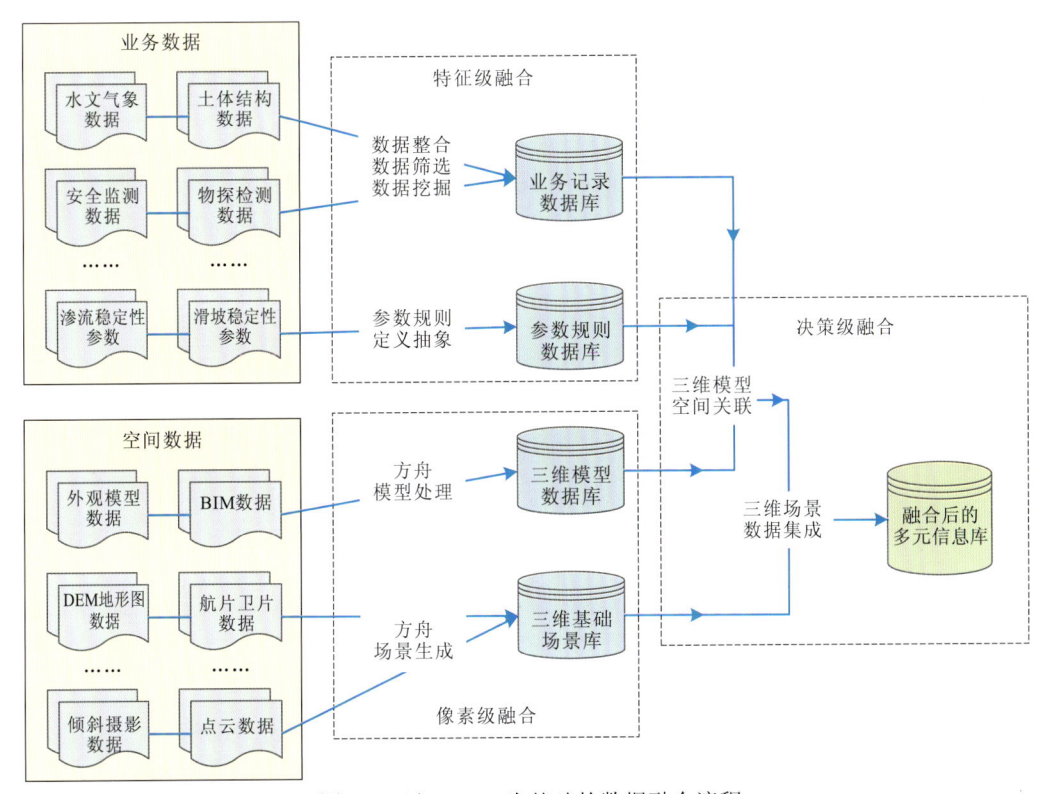

图 7.9 以 3DGIS 为基础的数据融合流程

7.2　全链条技术集成研究

岸坡堤坝滑坡监测预警与修复加固系统涉及监测信息可视化技术、检测信息可视化技术、岸坡堤坝全生命期行为分析评价和监测预警技术、膨胀土岸坡柔性非开挖修复加固技术及高聚物注浆柔性防渗墙修复加固技术，为实现上述技术的全链条集成，需要在融合后的多元数据基础上，开发数据分发服务（data distribution service，DDS）、算法技术集成服务，从而构建出一个全链条技术集成框架，用以支撑岸坡堤坝滑坡监测预警与修复加固系统全生命期服务。

7.2.1　DDS

DDS 是以数据为中心，基于发布/订阅通信模型，提供丰富的服务质量配置的中间件技术规范，该规范最早由对象管理组织（object management group，OMG）于 2004 年 12 月发布 1.0 版本，后面又陆续发布了三个正式版本，迄今最新的是 2015 年 4 月发布的 1.4 版本。DDS 中间件将应用的通信行为从底层的操作系统、网络传输、数据格式中抽离出来，提供了支持不同开发语言的统一的通信机制和应用开发接口，从而使得应用能够完成跨平台、跨操作系统、跨语言的信息交换。同时，DDS 中间件还负责底层发现匹配、数据连通、可靠性、网络协议、QoS 策略等模块的管理。通过 DDS 中间件所提供的标准的通信接口，软件开发人员只需专注于应用组件的数据需求，提高了实时通信应用的开发效率[69]。

为实现对岸坡堤坝滑坡监测预警与修复加固系统融合后的多元数据集的分发与获取，需要基于 DDS 机制，设计以数据为中心的发布/订阅机制，如图 7.10 所示。

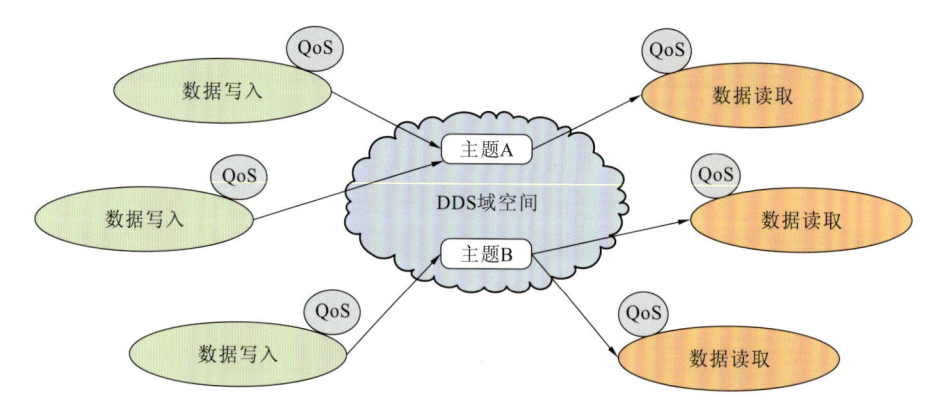

图 7.10　岸坡堤坝滑坡监测预警与修复加固系统多元数据的发布/订阅机制

DDS 的发布/订阅机制建立在全局数据空间（global data space，GDS）的概念之上，GDS 也称作域空间，它是一个虚拟的通信环境，应用组件分布在不同的节点上。DDS 的发布/订阅机制通过数据的读写组件 Datareader 和 Datawriter 实现，发布者通过

Datawriter 组件将数据写入域空间，订阅者通过 Datareader 组件从域空间中获取数据。发布者、订阅者需要绑定到某个数据域下的某个主题，处在相同数据域并且关注了同一主题的发布者、订阅者在 QoS 匹配成功后，通过发布/订阅行为完成数据的传递。一个发布者/订阅者只能绑定一个主题，但一个主题能够被多个发布者/订阅者绑定，利用相同的主题实现多对多的数据通信。

为了实现在多个客户端的远程访问，可以借助 RPC 的方法。RPC 是一种进程间的通信方式，允许像调用本地服务一样调用远程服务，并且对开发者隐藏了底层通信细节和调用过程，具有简单、高效及通用等特点。DDS 的发布/订阅通信擅长一对多的实时数据通信，但如果直接用于双向的请求/应答或远程方法调用，开发人员需要构建大量的通信管道，使得应用系统变得复杂，也极大降低开发效率。RPC Over DDS 规范在 DDS 基本实体（主题、数据类型、发布者、订阅者）的基础之上定义了请求/应答语义的 RPC 框架和总体实现思路，还未规范具体的实现细节。

针对 RPC 框架的规范，结合岸坡堤坝数据的特点，研发了支持 RPC Over DDS 的数据分发原型系统，该系统充分利用 DDS 基本架构的优点，实现了良好的 RPC 通信机制，并提供函数调用风格、请求/应答风格两种调用接口供客户端使用。

7.2.2 技术集成服务

岸坡堤坝滑坡监测预警与修复加固系统涉及岸坡堤坝全生命期行为分析评价、监测预警等多个算法的调用，需要一套集成服务进行算法的接入和集中管理。

SOA 最早是在 1996 年由 Gartner 公司提出来的，其定义了 SOA 的主要特性。随后，结构化信息标准促进组织（Organization for the Advancement of Structured Information Standards，OASIS）在 2006 年初提出了 SOA 参考模型，并且其于 2006 年底成为标准，该参考模型致力于定义最小的一组 SOA 核心概念并确定其间的关系，用于构造 SOA 的共同语义。SOA 至今还没有一个统一的、广泛认可的标准，不同的厂商和组织根据自己的需求制定自己的 SOA 参考模型，目前广泛使用的是万维网联盟（World Wide Web Consortium，W3C）定义的 SOA 参考模型。

SOA 是一套可以被调用的组件，用户可以发布并发现其接口。SOA 将企业应用程序的功能独立出来成为服务，服务之间具有良好的通信接口和契约，接口采用中立的方式进行定义，使得服务能够跨平台、跨系统、跨编程语言进行交互。SOA 主要有四个基本组成元素：服务注册中心、服务提供者、服务消费者及合同。服务注册中心相当于一个服务信息的数据库，同时也为服务提供者和服务消费者提供了注册/发布服务接口及查询/订阅服务接口的平台，使得两者可以各取所需。合同是服务提供者和服务消费者之间的通信协议，或者说交互规范，它对服务的请求和响应进行格式化，保证彼此间的通信。

SOA 的经典实现方式是 Web 服务，其实现了 SOA 的四个基本要素。Web 服务采用开发协议将应用程序转换为网络应用程序，可以向全世界发布信息，或者提供某项功能。在 W3C 的倡导和 IT 开发商的努力下，Web 服务技术在 IT 领域内得到了广泛的发展。

Web 服务平台的组成元素主要有以下三种：Web 服务描述语言（Web service description language，WSDL），通用描述、发现及整合（universal description discovery and integration，UDDI）协议，简易对象访问协议（simple object access protocol，SOAP）。

岸坡堤坝滑坡监测预警与修复加固系统涉及的各类算法按照 Web 服务平台的组成可实现如图 7.11 所示的服务提供、服务注册、服务消费流程。

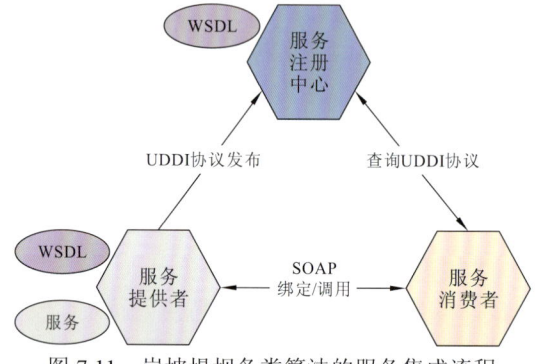

图 7.11　岸坡堤坝各类算法的服务集成流程

7.2.3　全链条技术集成框架

在完成了 DDS、技术集成服务的搭建后，针对岸坡堤坝滑坡监测预警与修复加固系统的特点，设计了其对应的全链条技术集成框架，以支撑系统的运行。

整理系统现有的多元融合数据集、算法服务后，设计服务的一体化注册、访问、监控应用架构，如图 7.12 所示。各数据和算法服务通过注册中心进行查找与注册，并由相应的用户系统模块进行订阅，当用户需要调用该服务时，通过统一的应用服务接口进行访问，系统动态从服务仓库中提取服务并动态构建服务容器进行服务调用，在调用过程中，监控中心全程记录服务的调用名称、资源占用、耗时、处理日志等。

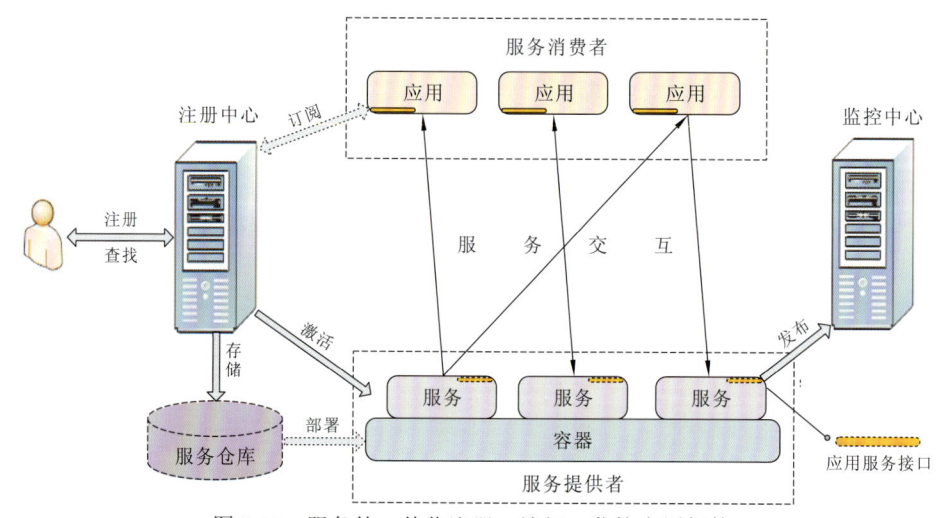

图 7.12　服务的一体化注册、访问、监控应用架构

针对岸坡堤坝滑坡监测预警与修复加固系统中全生命期行为预测、监测预警与评价、无损检测识别与评估、柔性非开挖修复加固技术等算法的依赖关系和应用模式，搭建完成其对应的技术集成框架，并在此基础上对服务验证、服务组合、服务链、服务发布等技术进行扩展设计，建立了岸坡堤坝滑坡监测预警与修复加固系统全链条技术集成框架，满足各算法的封装和接入要求。岸坡堤坝滑坡监测预警与修复加固系统全链条技术集成框架如图 7.13 所示。

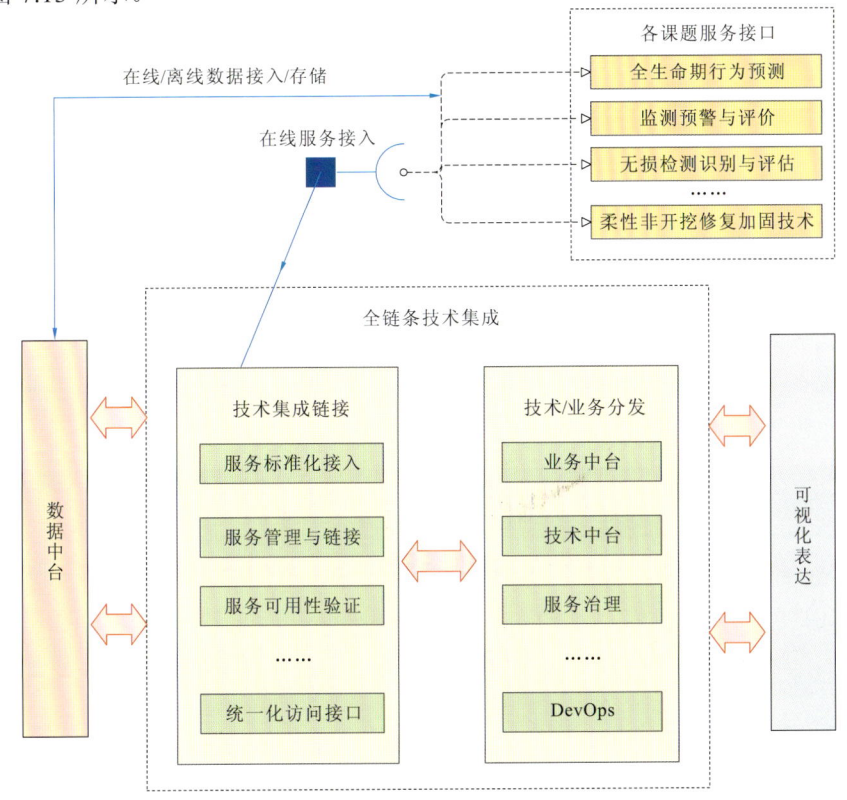

图 7.13 全链条技术集成框架

7.3 推演仿真技术研究

在多元数据融合和全链条技术集成的基础上，利用方舟 3DGIS 支撑软件对系统进行可视化仿真与三维模拟，具体包括示范点工程三维场景仿真、监测检测信息仿真、监测预警仿真及修复加固技术仿真，并在此基础上实现基于时间轴的岸坡堤坝滑坡监测预警与修复加固全过程仿真模拟。

7.3.1 示范点工程三维场景仿真

示范点工程三维场景仿真，即在多元数据融合形成的 3DGIS 场景基础上，利用方舟

3DGIS 支撑软件,对三维场景进行信息增补、效果提升和美化、多视角场景参数配置、模型信息关联配置等操作,最终形成各示范点工程的三维仿真场景,满足各类算法仿真应用的需求。

(1)三维场景信息增补。在多元数据融合形成的 3DGIS 场景基础上,添加公共地图服务数据、各示范点工程的行政区划数据等,并结合示范点工程相关勘察资料在三维场景中进行标绘和信息增补。

(2)三维场景效果提升和美化。通过设定场景的时间、光照强度、天气特效、色彩饱和度等,提升场景的真实感,并且可以在三维场景中种植树木、铺设水面以进一步对场景进行美化。

(3)三维场景多视角场景参数配置。针对水文气象、安全监测、物探检测、分析评估等不同的应用,配置对应的地图视角、图层隐显、模型透明度、标注颜色等信息,实现面向不同应用主题的场景快速切换。

(4)三维场景模型信息关联配置。通过方舟 3DGIS 支撑软件的三维场景结构树面板进行信息关联配置,对模型和数据查询服务进行关联,实现信息的关联查询,并可将查询结果呈现在三维场景中。

利用方舟 3DGIS 支撑软件进行三维场景的配置如图 7.14 所示。

图 7.14　利用方舟 3DGIS 支撑软件进行三维场景的配置

7.3.2　监测检测信息仿真

1. 监测信息仿真

在系统平台中,根据监测断面位置,动态对岸坡堤坝三维模型进行拆分,并通过透明度方式、隐显方式、贴图方式、颜色方式等各类仿真技术，实现监测仪器、监测断面、岸坡堤坝等各类三维模型在示范点工程场景中的可视化仿真。通过缩放、移动、旋转、隐藏等操作，平台视口可实时聚焦至某一监测断面或某一监测仪器，单击监测仪器模型后，系统平台将对其高亮显示，并动态弹出其对应的监测数据和过程线。图7.15为岸坡堤坝监测信息仿真效果，图7.16为岸坡堤坝监测信息动态查询效果。

图 7.15　岸坡堤坝监测信息仿真效果

图 7.16　岸坡堤坝监测信息动态查询效果

2. 检测信息仿真

检测信息仿真方法与监测信息仿真方法基本相同，即通过透明度方式、隐显方式、贴图方式、颜色方式等各类仿真技术，将时移电法和时移地震法物探检测断面在示范点工程场景中进行可视化仿真。通过缩放、移动、旋转、隐藏等操作，平台视口可实时聚焦至任意检测断面，单击检测断面后，系统平台将对其高亮显示，并动态弹出其历次电阻率或波速云图。图 7.17 为岸坡堤坝检测信息仿真效果，图 7.18 为岸坡堤坝检测信息动态查询效果。

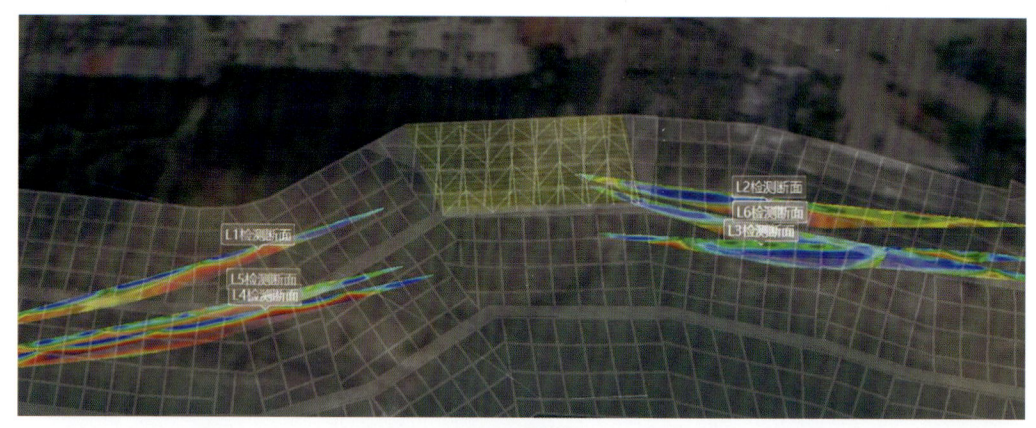

图 7.17　岸坡堤坝检测信息仿真效果

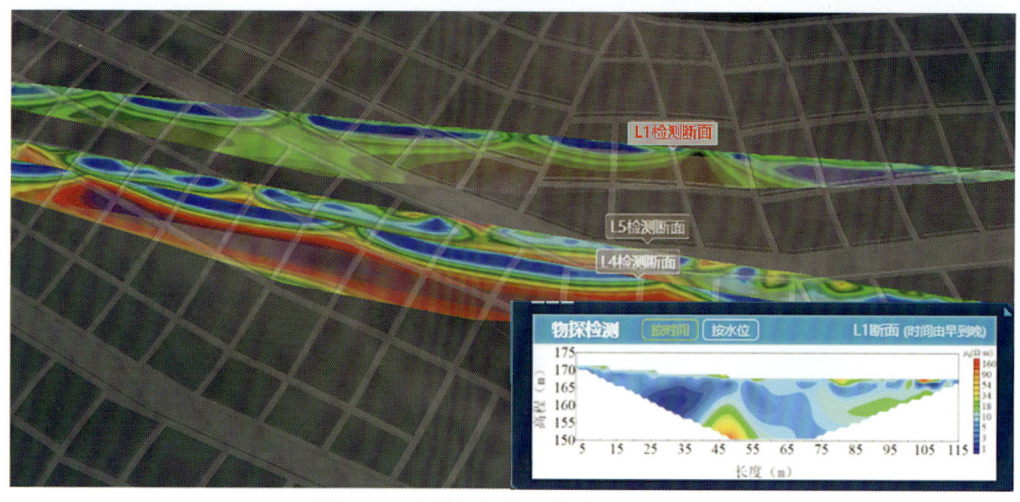

图 7.18　岸坡堤坝检测信息动态查询效果

7.3.3　监测预警仿真

岸坡堤坝滑坡监测预警与修复加固系统监测预警仿真主要包括两类算法，即膨胀土岸坡全生命期行为分析评估算法和滑坡监测预警算法，两种算法以 6.1 节提出的膨胀土岸坡渗透滑动判据和膨胀土岸坡堤坝渗透失稳评判体系为基础，结合监测传感器自动化数据、物探检测定时采集数据及无人机航拍摄影数据等，动态计算岸坡堤坝的全生命期健康状态和稳定状态。

为实现监测预警可视化仿真，系统平台根据监测仪器的埋设分布，预先对岸坡堤坝三维模型进行分区、分层处理，并通过预设的监测预警颜色仿真规则，动态实时表达岸坡堤坝健康及稳定状态，具体监测预警颜色仿真规则如下。

（1）对于膨胀土岸坡堤坝全生命期健康状态，绿色代表膨胀土岸坡处于健康状态，黄色代表膨胀土岸坡处于不良状态，红色代表膨胀土岸坡处于患病状态。图7.19为膨胀土岸坡堤坝全生命期健康状态可视化仿真效果。

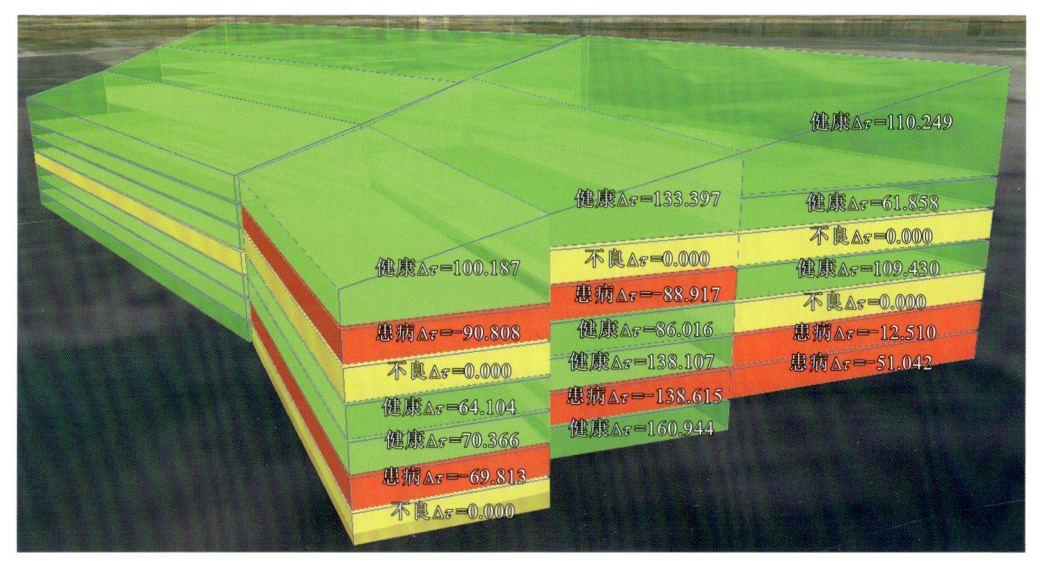

图7.19　膨胀土岸坡堤坝全生命期健康状态可视化仿真效果

（2）对于膨胀土岸坡稳定状态，绿色代表膨胀土岸坡处于安全状态，黄色代表膨胀土岸坡处于低风险状态，褐色代表膨胀土岸坡处于中风险状态，红色代表膨胀土岸坡处于高风险状态，并对中高风险区域通过面闪烁的方式进行风险预警仿真。图7.20为膨胀土岸坡堤坝稳定状态可视化仿真效果。

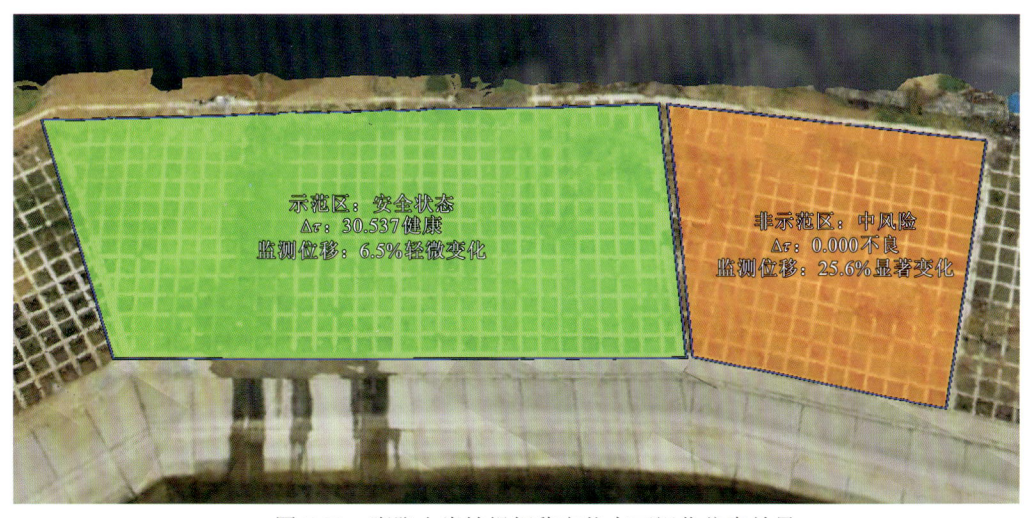

图7.20　膨胀土岸坡堤坝稳定状态可视化仿真效果

7.3.4 修复加固技术仿真

岸坡堤坝滑坡监测预警与修复加固系统涉及的修复加固技术主要包括膨胀土岸坡柔性非开挖修复加固技术和高聚物注浆柔性技术。

对于膨胀土岸坡柔性非开挖修复加固技术仿真，系统主要通过图层设定、场景预设等方式，对修复加固措施 BIM 进行分类分步表达，达到系统视口既可聚焦修复加固某一步骤，又可动态仿真修复加固全过程的效果。图 7.21 为膨胀土岸坡柔性非开挖修复加固技术仿真效果。

（a）基底开挖　　（b）布设盲沟　　（c）回填水泥改性土

（d）格构施工　　（e）草皮护坡

图 7.21　膨胀土岸坡柔性非开挖修复加固技术仿真效果

对于高聚物注浆柔性技术，系统采用动画嵌入、自动调用方式进行动态仿真，即通过预留接口动态接入高聚物注浆柔性加固动画，动画中预设的不同视角可实现对修复加固过程全方位、多角度、多层次的仿真。图 7.22 为高聚物注浆柔性技术仿真效果，包括施工设施进场、仪器就位、设备调平、液压振动成槽、同步提升注浆和控制灌浆修复加固效果等。

（a）施工设施进场　　（b）仪器就位

(c) 设备调平 　　　　　　　　　　(d) 液压振动成槽

(e) 同步提升注浆 　　　　　　　　(f) 控制灌浆修复加固效果

图 7.22　高聚物注浆柔性技术仿真效果

7.3.5　基于时间轴的模拟仿真

基于时间轴的模拟仿真，即以时间为横坐标，对岸坡堤坝工程从施工阶段、监测预警阶段、修复加固阶段、效果分析阶段等进行动态仿真的过程。

（1）施工阶段。施工阶段主要包括监测检测断面布置、监测仪器埋设，本阶段主要是对三维场景、监测检测断面、监测仪器进行可视化仿真。

（2）监测预警阶段。监测预警阶段主要包括监测数据自动化采集、检测数据定时采集及风险实时判断，本阶段主要是对监测检测信息及监测预警信息进行可视化表达。

（3）修复加固阶段。修复加固阶段主要包括现场采取的膨胀土岸坡柔性非开挖修复加固技术和高聚物注浆柔性技术，本阶段主要对修复加固技术进行可视化表达。

（4）效果分析阶段。效果分析阶段主要是对修复加固的效果进行分析评价，运用全生命期行为分析评估、监测预警与评价算法分析修复加固后岸坡堤坝的健康状况，并进行可视化表达。

基于时间轴的模拟仿真流程如图 7.23 所示。

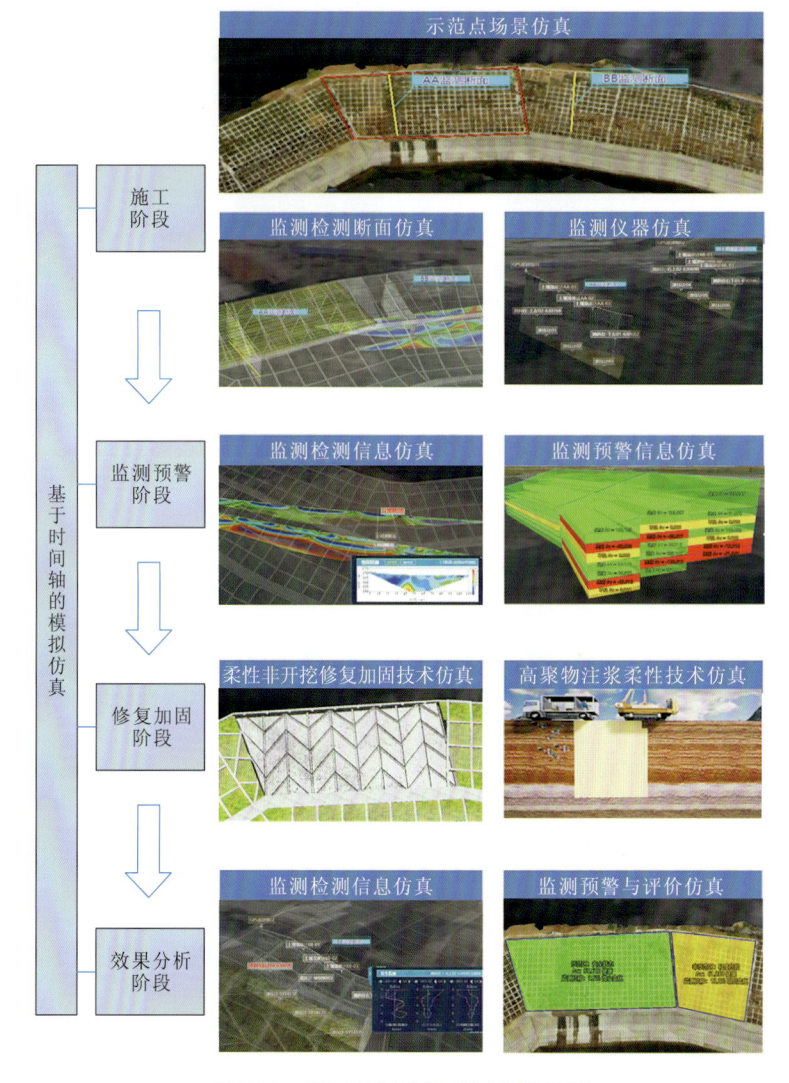

图 7.23 基于时间轴的模拟仿真流程

第 8 章

数据库管理技术

数据库设计作为建立数据库及其应用系统的基础技术，是信息系统开发和建设中的核心技术。应通过考虑数据项、数据结构、数据流、数据存储、处理过程及业务流程来理解用户的信息需求，并在数据库设计时重视分析实体与属性间及实体与实体间的联系。

岸坡堤坝滑坡监测预警与修复加固系统数据库设计主要遵循标准化、实用性与完整性、安全性、统一性、独立性和可拓展性等原则。

（1）标准化。首先是数据结构的标准化，在岸坡堤坝专业数据结构设计过程中必须遵从行业规范标准，按照约定的数据结构进行数据库设计，这样便于数据通信和信息集成，方便接口的设计和实现。然后是数据格式的标准化，数据存放的文件形式和存放的位置必须按照统一的标准进行设计。最后是数据精度的标准化，不同类型的专题数据按照专业要求对精度进行标准化设计。

（2）实用性与完整性。数据库设计充分考虑岸坡堤坝预警及修复加固的实际情况和实际应用特点，按照系统规模和实际需求，遵循"先进性与实用性并重"的原则，保证数据的实用性。数据完整性用来确保数据库中数据的准确性，一般是通过约束条件来控制的。约束条件可以检验进入数据库中的数据值，防止重复或冗余的数据进入数据库。在系统中可以利用约束条件来保证新建或修改后的数据能够遵循所定义的现实规律。

（3）安全性。数据库是整个信息系统的核心和基础，它的设计要保证安全性。通过设计一个合理和有效的备份与恢复策略，在数据库因天灾或人为因素等意外事故毁坏时，能在最短的时间内使数据库恢复。同时，通过做好对数据库访问的授权设计，保证数据库不被非法访问。

（4）统一性。数据库建设时，要充分考虑数据采集、数据入库及数据应用之间的紧密结合，便于在空间数据的基础上进行空间及属性数据的关联；BIM等空间数据格式设计时，充分考虑与岸坡堤坝监测预警数据的结合，以便空间数据直接使用监测等业务数据的属性信息。

（5）独立性和可拓展性。数据资源的整合需要做到数据库的数据具有独立性，使其独立于应用程序，保证数据库的设计及其结构的变化不影响程序。此外，业务也是在变化的，所以数据库设计要考虑其拓展性能，使得系统增加新的应用或新的需求时，不至于引起整个数据库结构的大的变动。

8.1 数据库信息分类

对于岸坡堤坝滑坡，可根据变形破坏的时间演化规律进行监测预警，以往主要根据单个监测点的数据分析来判断滑坡的整体稳定性，而单一监测数据很容易受到自然或人为因素的扰动，有失科学性，从而造成监测预警信息误发。因此，需要借助多元数据融合的方法提高数据的可信度，并判断其正确性。

为进行多元数据的综合监测预警，需对研究区进行多种手段的数据监测，包括水位、温度、土壤含水量、渗透压力、位移量、时移电法物探检测、时移地震物探检测等，同时需采集研究区的基础地理信息数据、无人机航摄影像数据、三维模型数据等，为综合监测预警可视化展示提供载体。因此，岸坡堤坝滑坡监测预警与修复加固系统数据库应包括上述信息，按其类型，上述数据可分为空间型数据与非空间型数据、实时数据与非实时数据、结构化数据和非结构化数据。对各类数据分别利用空间型数据库、关系型数据库及非结构数据库进行存储。

（1）空间型数据库。

空间型数据库主要包含基础地理信息数据库和三维模型数据库。①基础地理信息数据库包括 DEM 数据、航片卫片数据、倾斜摄影数据、地名数据等。②三维模型数据库包括外观模型数据、BIM 数据等。

空间型数据库是平台可视化展示与模拟的基础，也是各类型监测、物探检测等数据的载体。通过空间数据可以将各类数据有机地融合为一个整体。

（2）关系型数据库。

关系型数据库主要包括监测信息库、物探检测数据库、水文气象数据库。①监测信息库包括 GPS 监测信息、测斜仪监测信息、水位计监测信息、渗压计监测信息、温湿度计监测信息等。②物探检测数据库包括检测断面信息、时移电法检测信息、时移地震检测信息等。③水文气象数据库包括水位信息、雨量信息等。

监测数据库、物探检测数据库和水文气象数据库是系统分析展示的数据源，其中监测数据和水文气象数据通过传感器实时采集并接入数据库，物探检测数据采用定期导入的方式接入数据库。

（3）非结构数据库。

非结构数据库主要包含预警分析库、文档资料库、用户权限库、系统日志库、分析模型库、分析参数库。这些数据和文件是系统运行过程中产生的重要数据。

岸坡堤坝滑坡监测预警与修复加固系统数据库结构如图 8.1 所示。

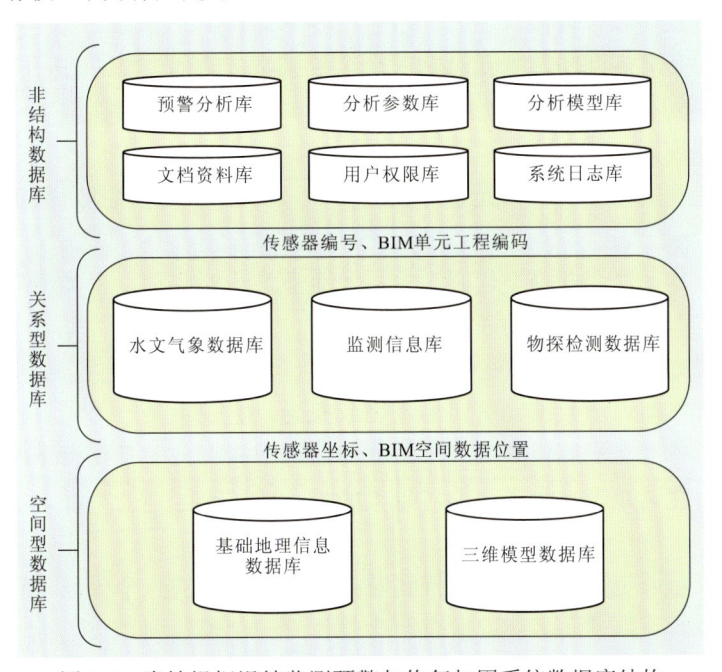

图 8.1 岸坡堤坝滑坡监测预警与修复加固系统数据库结构

8.2 数据库设计

数据库设计为信息系统开发和建设过程中的核心技术，根据应用系统的复杂程度不同，数据库设计的复杂度也区别巨大。岸坡堤坝滑坡监测预警与修复加固系统涉及的信息种类丰富、来源多样、类型各异。因此，本系统数据库采用数据库逻辑设计，并依据《大坝安全监测数据库表结构及标识符标准》（DL/T 1321—2014）[70]、《大坝安全信息分类与系统接口技术规范》（DL/T 2097—2020）[71]等标准建设数据库表。

8.2.1 指标项的描述方法

指标体系是由一系列指标项构成的。每一项指标通过以下几个属性来描述。

指标名称：为指标项赋予的一个语言指称。

字段名：指标在应用系统中所使用的名称。

数据类型及格式：指标的允许取值遵循的数据类型和应用格式。

代码标识符：对于有代码的指标项，指标所使用的代码的索引号。

数据元标识符：指标所对应和遵循的数据元的索引号。

8.2.2 指标名称命名规则

指标名称是指标项的一个关键属性，在对每一个指标命名时采用相同的规则，来保证指标名称的一致性和合理性。

指标名称的命名规则和数据元名称的命名规则是一致的，参见《电子政务数据元 第1部分：设计和管理规范》（GB/T 19488.1—2004）[72]。具体规则如下。

（1）唯一性规则。

规则 1：在一定语境下数据元名称应该唯一，名称中一般包括对象词、特性词、表示词和限定词。

例如，在数据元"企业类型代码"中，"企业"为对象词，"类型"是该数据元的特性词，"代码"是该数据元的表示词。

（2）语义规则。

规则 2：对象词表示数据元所属的事物或概念，它表示某一语境下的一个活动或对象，它是数据元中占支配地位的部分。数据元名称中应有一个且仅有一个对象词。

规则 3：特性词是表示数据元的对象类的显著的、有区别的特征。数据元名称中应有一个且仅有一个特性词。

规则 4：表示词是数据元名称中描述数据元表示形成的一个成分。它描述了数据元有效值集合的格式。数据元名称中应有一个且仅有一个表示词。

规则 5：当需要描述一个数据元并使其在特定的语境中唯一时，可以使用限定词对对象词、特性词或表示词进行限定。限定词是可选的。

（3）语法规则。

规则 6：对象词应处于名称的第一（最左）位置。特性词应处于第二位置。表示词应处于最后位置。

规则 7：限定词可以附加到对象词、特性词和表示词上。限定词应位于被限定成分的前面。

规则 8：当表示词与特性词有重复或部分重复时，可以将冗余词删掉。

例如，在数据元"广告名称"中，"名称"是"广告名称"的表示词，由于表示词"名称"与特性词"名称"语义重复，故删去一个冗余词"名称"。

8.2.3　字段名命名规则

字段名应遵循以下命名规则。

规则 1：字段名应由构成指标名称的各个成分（即对象词、特性词、表示词和相关限定词）的英文单词转化而来。

规则 2：字段名可以使用英文单词的全拼、缩写词、缩略词或其他的截断表示法。这些表示法尽量与常人的认知一致，最好不要引起歧义。

规则 3：字段名应由字段名所包含的每一个单词的首字母大写组成，其他字母均小写，如"企业名称"的字段名为"EntName"。

规则 4：字段名不应使用复数形式的英文单词，除非该单词本身就是复数形式，如"Goods"。

应建立一个受控词表，列出指标名称所涉及的英文单词，或其缩略词，或其截断表示法，并保证在不同指标名称中使用时的一致性。

8.2.4　数据类型及格式的表示方法

数据类型及格式是指标的所有允许取值的数据类型及格式的表达。在本系统中采用如表 8.1 所示的方法来表示。

表 8.1　数据类型及表示方法

数据类型	数据类型的表示方法	备注
字符型	C	可以包括字母字符、数字字符或汉字等在内的任意字符
数字型字符	n	由 0～9 构成的数字字符
数值型	N	数值
日期时间型	YYYYMMDDhhmmss	视具体情况选择使用
布尔型	B	是/否，on/off，true/false
二进制流	BY	图像、音频、WAN、RM、AVI、MPEG 等二进制流文件格式

数据格式使用以下几种形式来表达。

（1）数据类型后加一位数字表示定长格式。

例如，C6 表示该指标是一个 6 位定长的字符，n6 表示 6 位定长的数字型字符。

（2）数据类型后加"x..y"表示从最小到最大长度的格式。

例如，C1..10 表示该指标是一个最短 1 位、最长 10 位的字符型格式，n..6 表示该指标是一个最长 6 位的数字型字符。

（3）数据类型后加"..ul"表示长度不确定。

例如，C..ul 表示该指标是一个长度不确定的字符，一般多为大量的文本内容。

（4）数值型（N）后加"..x，y"表示小数位。

例如，N..17，2 是一个最长 17 位、小数点后 2 位的一个数值。

（5）二进制流（BY）后加具体的媒体格式。

例如，BY-JPEG 表示该指标是一个 JPEG 格式的文件。

8.2.5　数据库设计实例

针对岸坡堤坝滑坡监测预警与修复加固系统，岸坡堤坝开展了时移电法物探检测、时移地震物探检测，并布设了土壤含水量、表面变形、深部变形、渗流、水位、降雨量等多类型安全监测传感器。由于安全监测仪器类型多样，传感器数量众多，并要求自动化实时采集，故其数据采集更新频度高，数据量海量，这也是岸坡堤坝滑坡监测预警与修复加固系统数据库设计中的重点和难点。因此，以安全监测数据为例，对本系统数据库设计进行如下阐述。

本系统安全监测数据主要分为两大类，即考证数据和成果数据。

（1）考证数据。

考证数据是监测仪器本身的描述信息，如仪器的编号、仪器的类型、仪器埋设时间、仪器埋设位置等。对于考证数据，数据表名称通常以英文"Fiducial"为前缀，通过添加"_"和仪器类型英文名称组合而成。例如，测斜仪考证数据表名为"Fiducial_Survey_Slant"。对于考证数据表中的各个字段，通常通过英文单词的全拼来定义。

（2）成果数据。

成果数据是随时间更新，监测仪器不断获取的监测数据，主要包括测点编号、数据采集时间、监测数值等。对于成果数据，数据表名称通常以英文"Result"为前缀，通过添加"_"和仪器类型英文名称组合而成。例如，测斜仪成果数据表名为"Result_Survey_Slant"。对于成果数据表中的各个字段，通常通过英文单词的全拼来定义。

以监测仪器测斜仪为例，其具体数据库表设计如表 8.2 和表 8.3 所示，土壤湿度计、渗压计、雨量计、水位计等数据库设计同测斜仪数据库设计，在此不再赘述。

表 8.2　监测数据-考证数据表-测斜仪（Fiducial_Survey_Slant）

序号	字段描述	字段名称	字段类型	长度
1	序号	ID	int ( )	—
2	测点编号	Survey_Point_Number	varchar ( )	20
3	仪器型号	Instrument_Type	varchar ( )	20
4	坐标 x	Coordinate_X	float ( )	15
5	坐标 y	Coordinate_Y	float ( )	15
6	孔口高程	Orifice_Elevation	float ( )	15
7	孔底高程	Orifice_Bottom_Elev	float ( )	15
8	导槽方向	Groove_Orient	float ( )	15
9	接管长度	Canal_Length	float ( )	15
10	管材	Canal_Material	varchar ( )	20
11	内径	Inner_Diameter	float ( )	15
12	外径	Outer_Diameter	float ( )	15
13	安装时间	Install_Time	datetime ( )	20
14	安装人员	Install_Person	varchar ( )	16
15	点位描述	Point_Descrip	varchar ( )	60
16	备注	Remark	varchar ( )	60
17	测点编码	Point_Code	varchar ( )	30

表 8.3　监测数据-成果数据表-测斜仪（Result_Survey_Slant）

序号	字段描述	字段名称	字段类型	长度
1	测点编号	Survey_Point_Number	varchar ( )	20
2	观测日期	Survey_Date	datetime ( )	—
3	时间	Survey_Time	datetime ( )	—
4	孔深	Hole_Depth	float ( )	15
5	A 向位移量	A_Direction_Displacement	float ( )	15
6	A 向累计位移量	A_Direction_Total_Displacement	float ( )	15
7	B 向位移量	B_Direction_Displacement	float ( )	15
8	B 向累计位移量	B_Direction_Total_Displacement	float ( )	15
9	备注	Remark	varchar ( )	60

8.3 数据清洗

数据清洗是对数据进行重新审查和校验的过程，目的在于删除重复信息，纠正存在的错误，并保证数据的一致性。在岸坡堤坝滑坡监测预警与修复加固系统中，大量安全监测数据是传感器自动采集的，这些传感器长期暴露在自然环境中，并且采集的数据具有高频、海量的特点。因此，在安全监测数据获取过程中，由于人员、仪器设备和外界条件等，各类安全监测数据不可避免地存在着各种误差或错误，需要进行数据清洗。分析认为，本系统中检验的误差种类如下。

（1）随机误差。随机误差由偶然因素引起，主要有：①监测电缆不清洁；②电桥指针不对零；③接线时接头松紧不一；等等。由这些因素引起的误差是随机性的，客观上难以避免，整体服从正态分布规律，可采用常规误差分析理论进行分析处理。

（2）过失误差。过失误差主要是观测人员过失引起的误差，包括：①读数和记录的错误；②数据输错引起的错误；③将仪器编号弄错引起的错误。这种误差往往在数据上表现出很大异常，甚至与物理意义明显相悖，在资料整理的过程中比较容易发现。

（3）系统误差。与随机误差相反，它是由监测母体的变化引起的误差。母体变化就是监测基准条件的变化，由仪器结构和环境造成，或者由岸坡堤坝结构异常或险情引起。这种误差通常为一个常数，或者按一定规律趋势性变化，明显的特点是它使得测值总是向一个方向偏离，偏大或偏小。

针对上述误差，本系统主要使用如下四种方法进行数据清洗。

1. 阈值法

阈值法主要对各监测点的监测值根据用户给出的阈值 max、min 来进行特征值统计，检验各监测值是否超出给定的阈值。在岸坡堤坝滑坡监测预警与修复加固系统中，由于各个岸坡堤坝埋设了不同的监测仪器，其观测值范围各不相同，甚至相同类型的仪器在不同岸坡堤坝进行埋设时，由于外界环境条件的不同，其观测值范围也不尽相同。因此，用户具备长期观测经验才能对各个监测点选定相关阈值。阈值法虽然判断逻辑简单，但判断条件的给定对于使用者有较高的要求。本系统将根据各岸坡堤坝长期观测经验，确定各类监测仪器的阈值，从而实现对数据的清洗。阈值法数据清洗如图 8.2 所示。

2. 包络线法

包络线法先建立动平均灰色模型进行分析，设置为每周期采样一次，且每个周期内的采样值刚好是这个周期内的最大值或最小值，则可由最大值序列或最小值序列生成上包络模型或下包络模型。先统计各测值序列的最大值与最小值，再减去相应动平均灰色模型生成值的平均绝对值的 1.5 倍作为检验控制指标。人工判断超限误差是否确实是观测误差，如是，提示是否对粗差在数据库中做标记。包络线法以各个岸坡堤坝监测仪器所获取的历史观测数据为样本，自动拟合上、下限范围对数据进行合理性判断，免除了

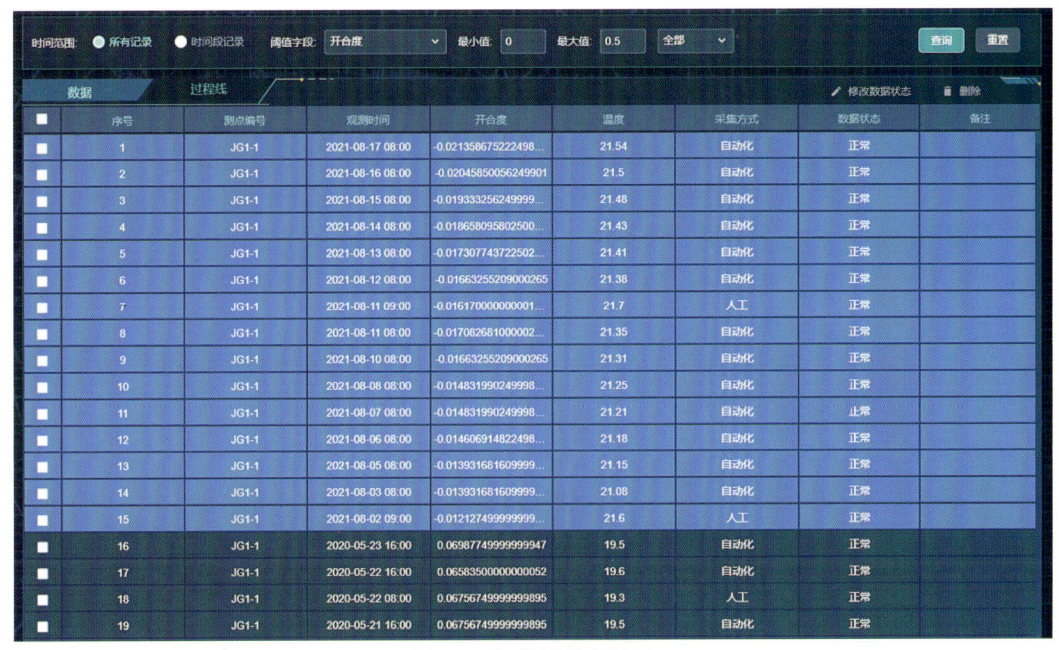

图 8.2　阈值法数据清洗

对人工经验的高要求。但包络线法仅关注观测数据本身，无法将观测数据与岸坡堤坝周边库水位、实际降雨量等影响因素关联起来，当外部环境突变导致观测值突变时，这一真实有效的数据可能被判断为异常数据。包络线法数据清洗如图 8.3 所示。

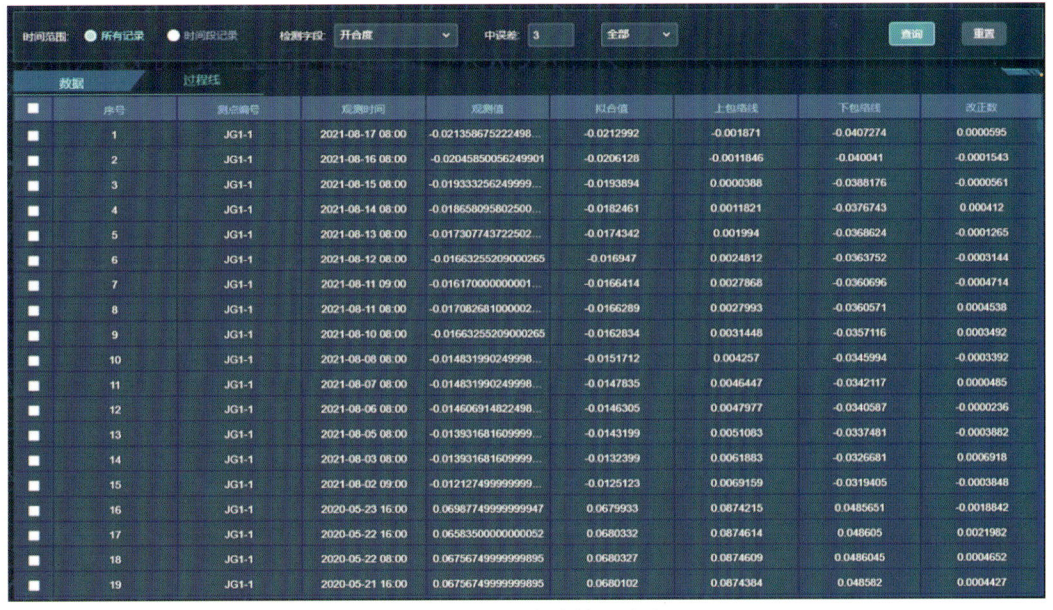

图 8.3　包络线法数据清洗

3. 多项式函数法

多项式函数法采用分段多项式滤波的基本思想选定合适阶次的多项式，利用最小二乘原理对数据序列进行拟合，将拟合的函数值作为数据滤波值。利用分段多项式拟合后，就可以进行监测值的可靠性检验和粗差剔除，其方法是将每段多项式拟合时的标准差求和取平均值，以该平均值为整个时间序列拟合的标准差，将 2 倍的标准差作为划分测值异常的标准。若实时监测到某数据的改正数大于此标准，则认为该数据是异常值，然后配合相关分析等方法，确定这是由运行工况改变引起的测值异常，还是由实际运行失常引起的异常。若分析发现测值不应该有这种异常时，可以将该测值作为粗差予以剔除。多项式函数法数据清洗如图 8.4 所示。

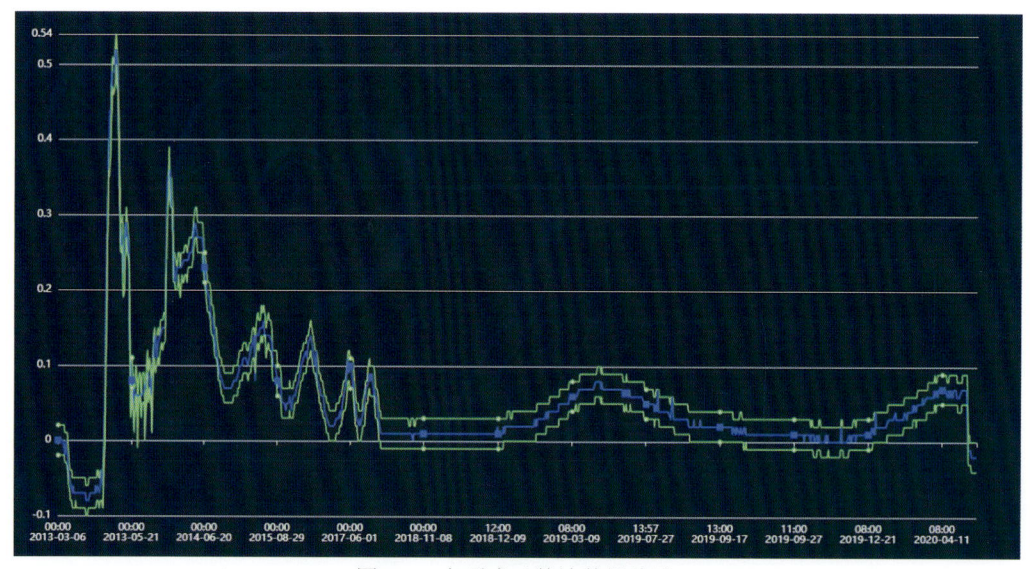

图 8.4 多项式函数法数据清洗

4. 模型分析法

监测资料建模方法众多，在统计学模型方面，用得最多的是回归模型（逐步回归模型），其次是灰色模型。对于回归模型，要根据监测资料的规律性选择不同的函数进行拟合，灵活性很大；对于灰色模型，模型形式则比较固定。

在岸坡堤坝滑坡监测预警与修复加固系统中，选择某个岸坡堤坝的监测数据进行模型分析时，需将环境量因子代入建模过程中（如水位、雨量等），从而将环境变化对监测结果造成的影响体现在模型中，并通过模型拟合值对监测值进行数据清洗。模型分析法数据清洗如图 8.5 所示。

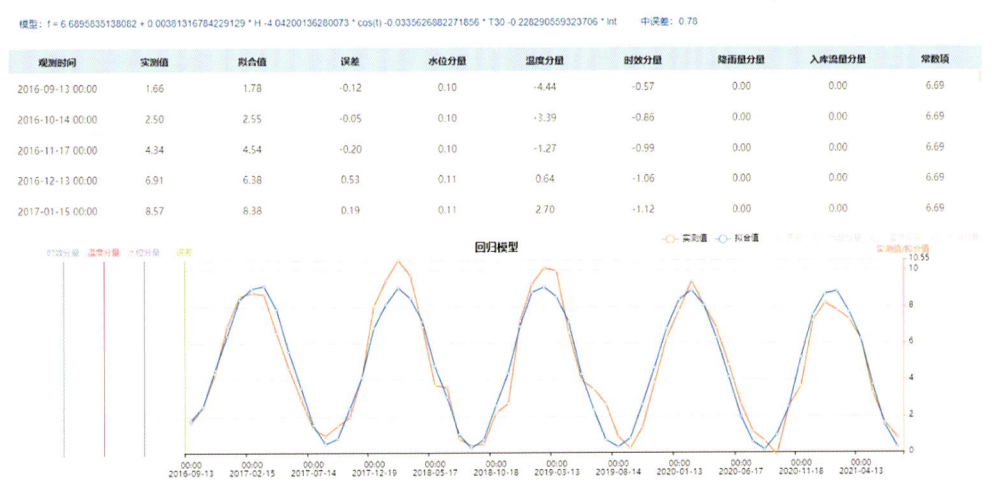

图 8.5　模型分析法数据清洗

8.4　信息管理定制与发布

8.4.1　信息管理定制

1. 信息管理

信息管理是对信息收集、信息传输、信息加工和信息存储的总称。

信息收集就是对原始信息的获取。

信息传输是信息在时间和空间上的转移，使信息及时、准确地送到需要者的手中。

信息加工包括信息形式的变换和信息内容的处理。

信息存储则是将经过加工整理的信息按照一定的格式和顺序存储在特定的载体中，以便于信息管理者和信息用户快速、准确地识别、定位和检索信息。

2. 信息定制

信息定制服务需要占据大量的信息服务资源，包括信息采集、知识组织、需求整合和内容呈现等人力物力。先进的信息技术可以为信息资源的获取、过滤、存储、处理和更新等操作提供高效服务。另外，信息服务效率的提高往往使得信息用户对信息的反应速度变快，提升了信息的价值，带来迅速、准确的决策和知识扩充。

8.4.2　信息发布

信息发布是向用户终端进行信息发送的主要方式，是用户获取信息的重要途径。随着Web技术的迅猛发展，信息发布技术也从以往的广播服务机制逐步向推送服务机制发展。

岸坡堤坝滑坡监测预警与修复加固系统涉及众多岸坡堤坝工程，发布信息种类多、数量大，因此需要高效、轻量的个性化信息发布方法，具体包括基于系统整体的信息发布、基于岸坡堤坝工程的信息发布和基于测点的信息发布三种类型。

1. 基于系统整体的信息发布

不同用户关注的搜索结果的显示形式不尽相同，A 类用户侧重于关注数据的详细信息，B 类用户侧重于关注整体数据的关联性，C 类用户侧重于关注数据的其他方面。因此，本系统在岸坡堤坝工程和测点范围之上，增加系统整体信息发布功能，可全面展示所有岸坡堤坝工程涉及的全部测点数据信息。基于系统整体的信息发布如图 8.6 所示。

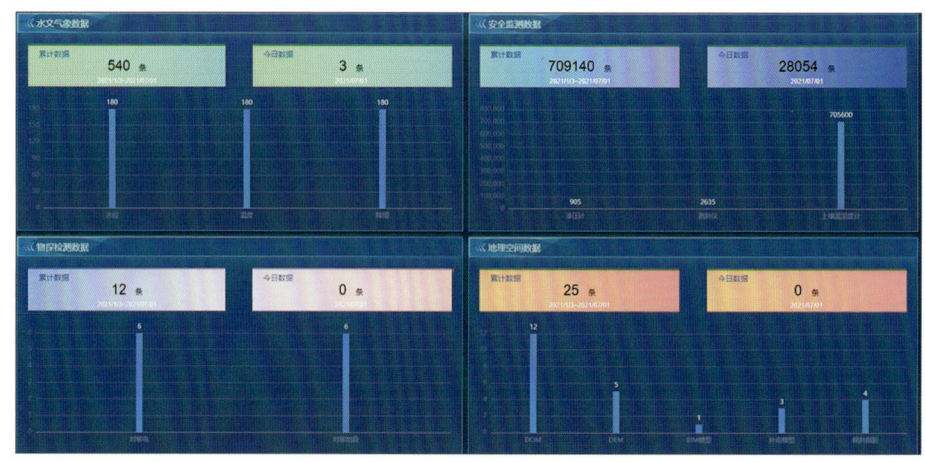

图 8.6　基于系统整体的信息发布

2. 基于岸坡堤坝工程的信息发布

以某一岸坡堤坝工程为对象定义信息推送模板，包含该岸坡堤坝工程的三维模型信息、低空摄影信息、安全监测信息、物探检测信息、水文气象信息、修复加固信息及监测预警信息等，可快速、全面地展示该岸坡堤坝工程的所有信息。基于岸坡堤坝工程的信息发布如图 8.7 所示。

图 8.7　基于岸坡堤坝工程的信息发布

3. 基于测点的信息发布

以各类传感器的测点为对象定义信息推送模板，可通过索引迅速查看测点的全部信息，包括测点的位置、名称等属性信息，以及测点所获取的全部监测数据等信息。基于测点的信息发布如图 8.8 所示。

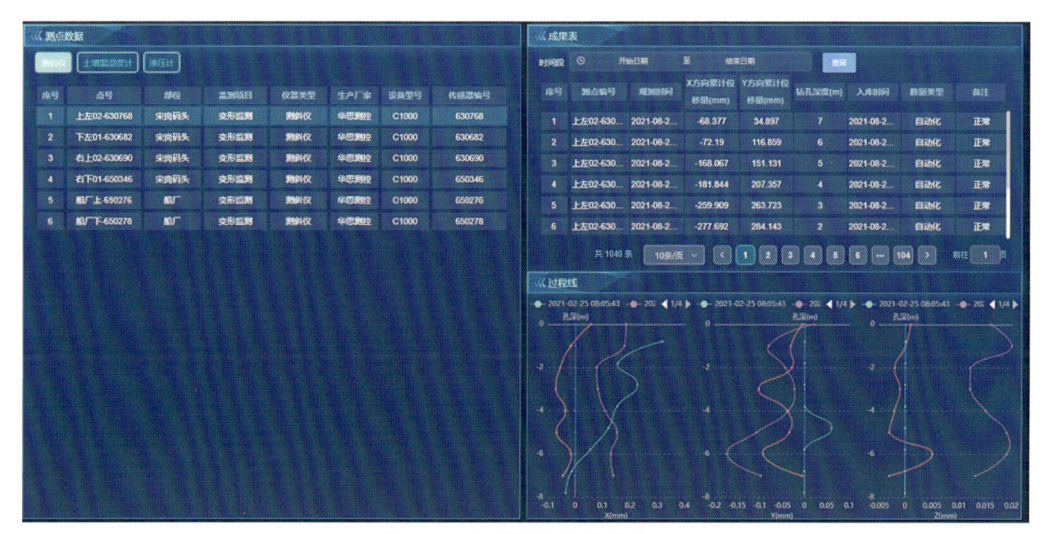

图 8.8　基于测点的信息发布

第9章

服务平台建设

岸坡堤坝滑坡监测预警与修复加固系统采用的服务平台包括 GIS+BIM 平台、微服务平台、大数据服务技术、工作流平台、消息中间件等，其应用到岸坡堤坝滑坡监测预警与修复加固系统中的总体架构如图 9.1 所示。上述服务平台的支撑组件将分别支撑多元数据融合、全链条技术集成、全要素表达与模拟仿真模块，全面提升系统的各项性能和可用性。

（1）GIS+BIM 平台。

在全要素表达与模拟仿真应用中，为实现多维驱动的可视化，需要一个提供 GIS+BIM 集成能力的支撑平台以满足业务应用需求，实现 GIS 和 BIM 技术的融合、数据的融合，弥补 BIM 软件平台在大范围、大场景、大数据量情况下的三维可视不足。经过各类平台软件的比选，最终选用了 3DGIS-ARK 平台来提供完整的三维空间数据交互式可视化解决方案。3DGIS-ARK 平台可实现岸坡堤坝工程环境信息、监测检测信息、预警信息、修复加固信息的可视化表达与模拟仿真。

（2）微服务平台。

在岸坡堤坝滑坡监测预警与修复加固系统的全链条技术集成中，需要集成各类算法应用，从而实现岸坡堤坝滑坡监测预警和分析评估等功能，而各类算法之间存在一定的分析计算功能的重合，容易重复性开展工作。为了解决这类问题，可基于微服务平台，将算法服务细化为一个个的最小模块。同时，各模块根据算法调用的请求数量、计算复杂度等指标自动进行微服务构建，在满足算法效率的同时通过资源调度动态分配相关资源。

（3）大数据服务技术。

在多元数据融合的应用中，大数据服务技术构建了以结构化存储、Hadoop 分布式文件系统（Hadoop distributed file system，HDFS）存储为基础的数据服务平台，提供数据汇集服务，实现数据的基本治理功能。通过对岸坡堤坝滑坡监测预警与修复加固技术涉及的各类数据建立标准化的数据智能处理模式，可为结构化、半结构化和非结构化数据提供提取、清洗、关联、对比、标识等规范化的处理流程，提供全方位的数据汇聚、融合能力，支撑数据资源池的构建，为岸坡堤坝工程管理数据的智能应用实现数据增值、数据准备、数据抽象。同时，大数据服务技术还为多元数据融合后的数据后端提供了各类管理功能，包括数据资产管理、安全管理、平台管理等，实现对多元数据的精细化管理。

（4）工作流平台。

工作流平台与微服务平台共同使用，当完成对岸坡堤坝滑坡监测预警与修复加固系统各类算法的微服务构建和封装后，需要考虑预警和分析评估应用需求，建立相应的服务调用步骤并组合形成服务链。同时，需要对微服务的可用性、连接关系、访问方式等进行统一管理，形成一致的服务请求模式供各类应用场景调用。

（5）消息中间件。

在完成多元数据融合后，各类算法及可视化服务需要对数据进行大量的异步请求，因此需要建立高效、可靠的消息传递机制进行数据交换，并基于数据通信来进行分布式系统的集成。消息中间件通过建立异步 RPC 管理，具有低耦合、可靠投递、广播、流量控制、最终一致性等一系列功能特性，可在复杂的网络和系统功能模块环境下确保消息及数据安全、可靠、高效送达。

第 9 章 服务平台建设

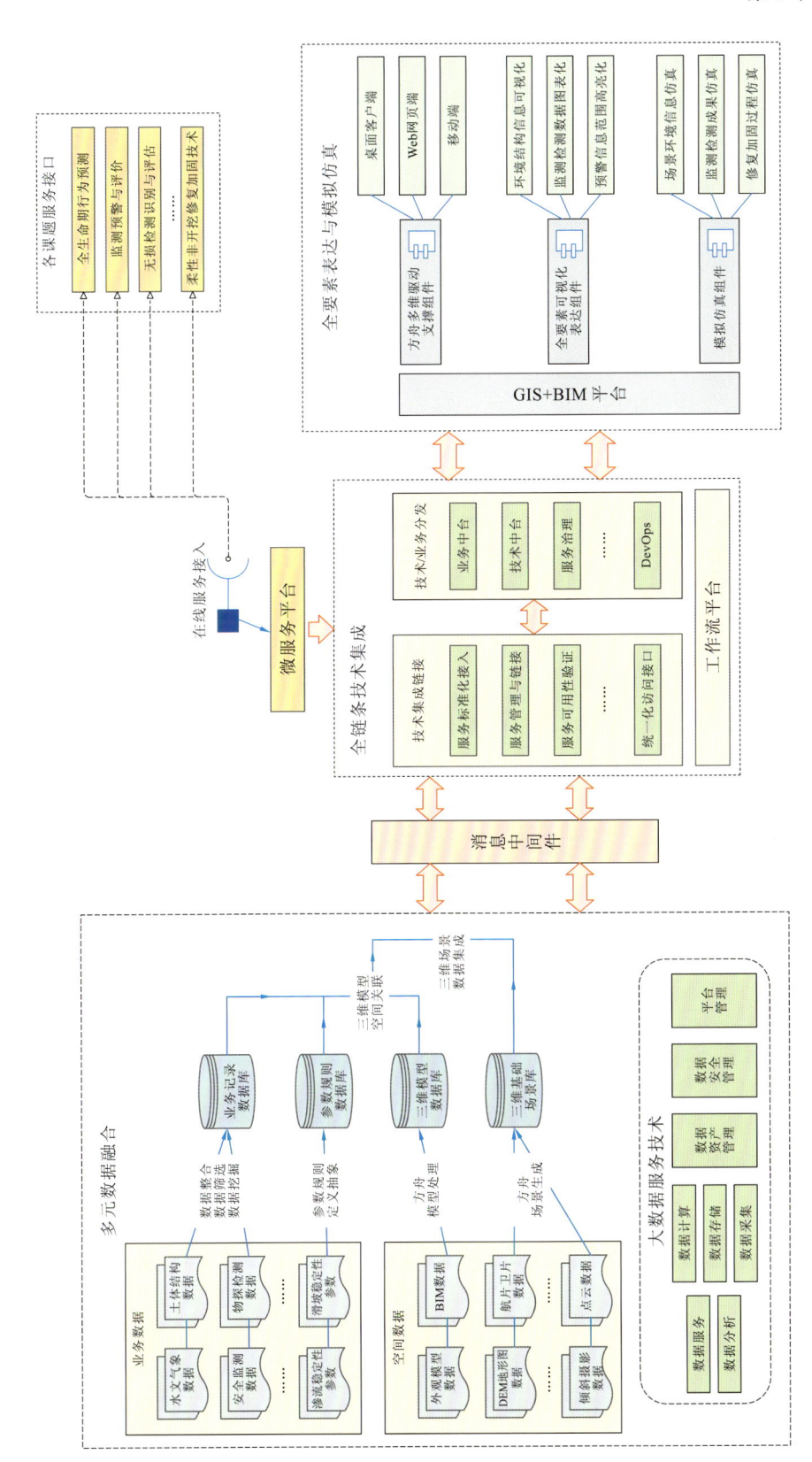

图 9.1 各类服务平台在岸坡堤坝滑坡监测预警与修复加固系统中的应用框架

141

9.1 GIS+BIM 平台

利用三维地理信息平台 3DGIS，构建 GIS+BIM 三维可视化基础支撑平台，以实现 GIS 和 BIM 技术的融合、各类数据的融合，从而弥补 BIM 软件平台在大范围、大场景、大数据量情况下的三维可视不足。

3DGIS-ARK 平台是一套完整的三维空间数据交互式可视化解决方案平台，是面向水利水电行业应用需求形成的具有自主知识产权的三维 GIS 平台。平台以 OpenGL 为基础，采用了 OSG 技术，同时对该技术进行了优化，创新性地解决了若干技术难点，提升了整体性能，解决了海量数据集成与调度、水工建筑与三维地形的无缝镶嵌、BIM 集成与融合等问题，增加了新的分支模块、离线渲染的三维场景特效、海量点云数据动态调度与显示支持功能，实现了室内外一体化漫游、安全监测信息无缝集成与展示分析、实时动画模拟等。该平台经过近十年的持续研发，已成功应用于数十个水利水电工程三维可视化及信息化实例中，已具备了较好的成熟度与应用价值。

在岸坡堤坝滑坡监测预警与修复加固系统的应用中，方舟平台作为 GIS+BIM 基础支撑平台，可实现岸坡堤坝滑坡监测预警与修复加固系统的 GIS 和 BIM 技术的融合、数据融合，构建岸坡堤坝工程水上水下、工程区一体化的三维虚拟场景，为环境信息、监测检测信息、预警信息、修复加固信息等的全要素可视化表达与模拟仿真提供支撑[73]。方舟 GIS+BIM 平台底层架构如图 9.2 所示，方舟 GIS+BIM 平台模块组成与分析工具如图 9.3 所示。

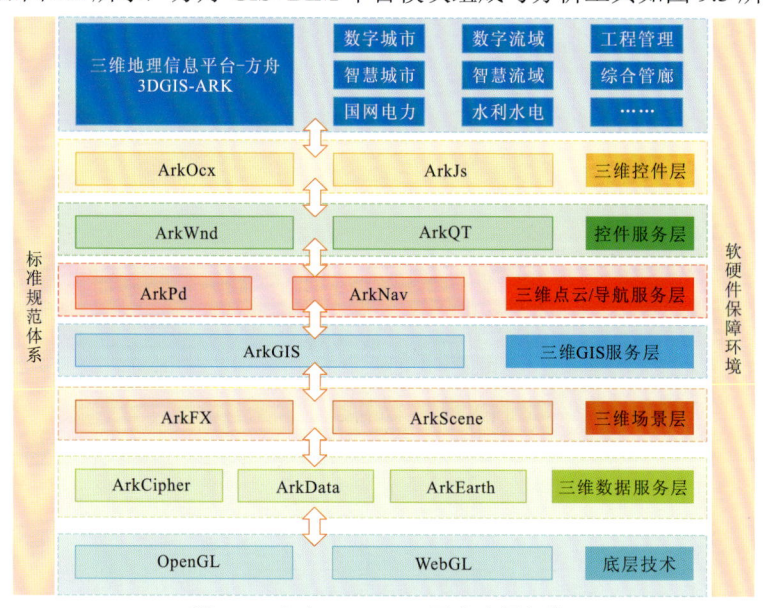

图 9.2　方舟 GIS+BIM 平台底层架构

3DGIS-ARK 平台利用以下优秀特性实现对岸坡堤坝工程 GIS+BIM 应用的支撑。

（1）平台的开放性。支持影像、高程、矢量数据、三维模型、空间数据库等多源数据，三维平台的地形、模型数据支持导出通用、可交换的三维数据格式，可自主接入外部系统数据，三维数据也可对外开放。

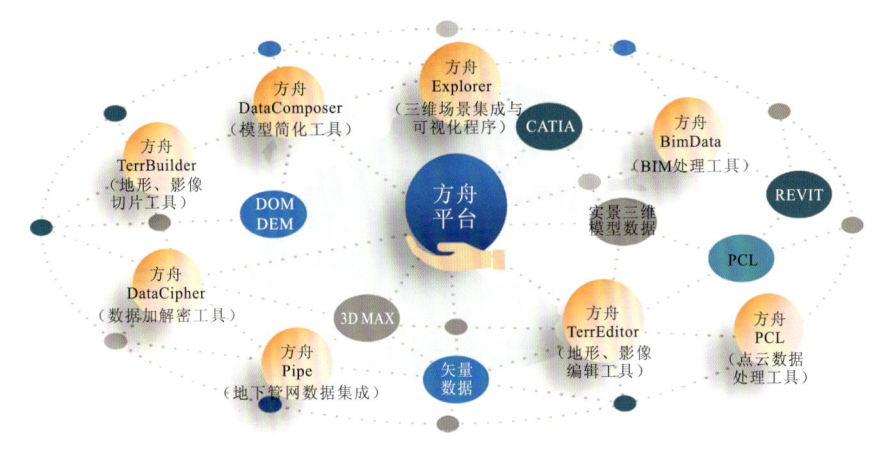

图 9.3 方舟 GIS+BIM 平台模块组成与分析工具

（2）平台的性能。支持海量数据的处理和浏览，数据处理和网络访问过程均可以实现网络化的多台计算机、多 CPU 协同运算，分担工作量，提高数据处理和浏览效率。

（3）多级网络共享能力。能够支持多用户并发访问，支持负载均衡及网络集群计算服务。

（4）支持三维空间分析能力。具备空间量测、空间查询定位、最佳路径、通视分析、地形分析、剖面分析、日照分析、地下模式等能力。

（5）提供二次开发接口。提供组件式二次开发，提供 API，具有二次开发定制功能；支持 JavaScript、C#、C++、ASP.NET 等多种开发环境。

3DGIS-ARK 平台具有良好的可扩展性，提供二次开发接口，提供组件式二次开发，图 9.4 是 3DGIS-ARK 平台的底层架构、组件库、控件库设计。

图 9.4 3DGIS-ARK 组件库架构设计

9.2 微服务平台

岸坡堤坝滑坡监测预警和分析评估需要各类算法作为支撑，但各类算法之间可能存在功能重合，造成工作重复。为解决该问题，可基于微服务平台，将算法服务细化为最小模块，各模块根据算法调用的请求数量、计算复杂度等指标自动进行微服务构建，在满足算法效率的同时，通过资源调度动态分配相关资源，从而提升岸坡堤坝滑坡监测预警与修复加固的全链条技术集成的效率，减少资源浪费[74]。

岸坡堤坝滑坡监测预警与修复加固系统采用 Spring Cloud 进行微服务平台构建。Spring Cloud 是一系列框架的有序集合。它利用 Spring Boot 的开发便利性巧妙地简化了分布式系统基础设施的开发，如服务发现注册、配置中心、消息总线、负载均衡、断路器、数据监控等，都可以用 Spring Boot 的开发风格做到一键启动和部署[75]。利用 Spring Cloud 平台可将岸坡堤坝滑坡监测预警和分析评估的各类算法进行优化组合，实现动态的资源配置，并注册至算法服务管理中心中进行统一管理和调用，Spring Cloud 的相关功能组件如表 9.1 所示。

表 9.1 Spring Cloud 的相关功能组件列表

名称	功能组件
服务注册中心	Spring Cloud Netflix Eureka
服务调用方式	REST
服务监控	Spring Boot Admin
断路器	Spring Cloud Netflix Hystrix
服务网关	Spring Cloud Netflix Zuul
分布式配置	Spring Cloud Config/Apollo
服务跟踪	Spring Cloud Sleuth
消息总线	Spring Cloud Bus
数据流	Spring Cloud Stream
批量处理	Spring Cloud Task

（1）Spring Cloud Netflix Eureka（服务注册中心）。Eureka 本身是 Netflix 开源的一款提供注册和发现的产品，并且提供了相应的 Java 封装。它实现了节点之间的相互平等，部分注册中心的节点挂掉也不会对集群造成影响，即使集群只剩一个节点存活，也可以正常提供发现服务。

（2）Spring Boot Admin（服务监控）。Spring Boot Admin 是在 Spring Boot Actuator 的基础上用于监控 Spring Boot 的应用，且提供简捷的可视化 WebUI。Spring Boot Admin 可以监控 Spring Boot 项目的基本信息、详细的 Health 信息、内存信息、Java 虚拟机（Java virtual machine，JVM）信息、垃圾回收信息、各种配置信息（如数据源、缓存列表和命中率）等，还可以直接修改 Logger 的 Level。

（3）Spring Cloud Netflix Hystrix（断路器）。Spring Cloud Netflix Hystrix 提供了熔断、隔离、Fallback、cache、监控等功能，能够在一个或多个依赖同时出现问题时保证系统依然可用。

（4）Spring Cloud Netflix Zuul（服务网关）。微服务网关是微服务架构中一个不可或缺的部分。在通过服务网关统一向外系统提供 REST API 的过程中，除了具备服务路由、均衡负载功能之外，它还具备了权限控制等功能。

（5）Spring Cloud Config（分布式配置）。Spring Cloud Config 为分布式系统中的外部配置提供服务器和客户端支持。使用 Config Server 可以为所有环境中的应用程序管理其外部属性，它非常适合 Spring 应用，也可以使用在其他语言的应用上。应用程序通过从开发到测试和生产的部署流程，可以管理这些环境之间的配置，并确定应用程序具有迁移时需要运行的一切。服务器存储后端的默认实现使用 Git，可以轻松支持标签版本的配置环境，并且可以访问用于管理内容的各种工具。

（6）Spring Cloud Sleuth（服务跟踪）。服务跟踪是整个分布式系统中跟踪一个用户请求的过程（包括数据采集、数据传输、数据存储、数据分析、数据可视化），捕获此类跟踪让平台构建用户交互背后的整个调用链的视图，这是调试和监控微服务的关键工具。

（7）Spring Cloud Bus（消息总线）。Spring Cloud Bus 通过一个轻量级消息代理连接分布式系统的节点，可以用于广播状态更改或其他管理指令。Spring Cloud Bus 提供了通过 POST 方法访问的 endpoint/bus/refresh，接口通常由 Git 的 Webhook 功能调用，以通知各个 Spring Cloud Config 的客户端去服务端更新配置。

（8）Spring Cloud Task（批量处理）。Spring Cloud Task 的目标是为 Spring Boot 应用程序提供创建短运行期微服务的功能。在 Spring Cloud Task 中，可以灵活地动态运行任何任务，按需分配资源，并在任务完成后检索结果。Tasks 是 Spring Cloud Data Flow 的一个基础项目，允许用户将几乎任何 Spring Boot 应用程序作为一个短期任务来执行。

9.3　大数据服务技术

岸坡堤坝滑坡监测预警与修复加固系统中涉及大量的各类结构化、半结构化和非结构化数据，为实现对数据的有效管理，可借助大数据服务技术，建立高效的数据存储架构、标准化的数据治理模式、精细化的数据管理能力、智能化的数据分析能力，全面提升数据的存储、治理、管理、分析水平。岸坡堤坝滑坡监测预警与修复加固系统采用的大数据服务具体包括数据交换服务、数据整合服务、数据交换质量管理服务、数据交换监控管理服务和数据分析服务等[76]。

9.3.1 数据交换服务

数据交换服务主要完成岸坡堤坝滑坡监测预警与修复加固系统各模块之间的数据采集、清洗、转换、分发等多重任务，提供数据采集、数据分发、控制中心、策略配置、任务调度管理、交换数据管理、数据脱敏、数据加密、断点续传等功能及服务，具体如表 9.2 所示。

表 9.2 数据交换服务功能特性及功能描述

功能特性	具体功能描述
数据采集	主要根据数据采集策略，提供数据采集服务能力，支持结构化、非结构化等多种数据类型，也支持实时、非实时、全量、增量等多种采集方式
数据分发	根据数据传输策略对数据进行分发，并对数据进行传输
控制中心	控制与监控所有数据网关的运行状况及数据交换状态
策略配置	管理数据交换过程中各阶段的数据交互任务策略，包括数据采集策略、数据传输策略、数据入库策略、数据加解密方式等
任务调度管理	对管理数据交换过程中的各类任务进行管理，并对任务执行状态进行监控，包括数据采集任务、数据传输任务、数据入库任务等
交换数据管理	为数据使用模块提供灵活、可配的数据查询功能，并支持对数据导出、编辑的功能
数据脱敏	支持常见的敏感字段的脱敏转换处理，如对监测仪器报警信息、岸坡堤坝工程控制点坐标的脱敏转换，并支持自定义脱敏规则，根据用户的实际需求对敏感信息进行转换处理
数据加密	支持安全套接层（secure sockets layer，SSL）加密传输，支持 Gzip、Snappy、LZ4 等压算法，通过加密压缩传输有效减少网络带宽
断点续传	当岸坡堤坝滑坡监测预警与修复加固系统数据库读写慢引起数据同步任务中断时，支持数据断点续传，保证在不理想的网络环境下同步数据时数据不丢失、不重复

9.3.2 数据整合服务

数据资源与各功能模块的整合是一个艰巨、漫长的任务，对数据质量的摸底非常重要，同时数据的清洗程度也决定了数据的可用度。数据整合服务包括数据清洗、数据整合、任务管理、数据抽取转换、抽取转换加载（extract-transform-load，ETL）工作流等，如表 9.3 所示。

表 9.3 数据整合服务功能特性及功能描述

功能特性	具体功能描述
数据清洗	可自定义数据规则，对不符合规则要求的数据进行清洗，按规则对数据项进行转换
数据整合	对来源不同的相同数据实体的数据进行整合，支持向导式开发，提供可视化的连接和任务创建、编辑界面，用户通过菜单配置方式完成连接和任务创建、编辑

续表

功能特性	具体功能描述
任务管理	支持对数据迁移任务进行管理，并能监控任务实时运行状态、数据处理性能信息
数据抽取转换	支持根据特定的业务规则进行抽取、转换，如抽取全量数据、抽取增量数据、数据过滤、数据关联、数据分包、数据加密、数据删除、数据备份、数据压缩等
ETL工作流	支持顺序、并行工作流，支持时间触发、文件到达触发、事件触发、循环等工作流

9.3.3 数据交换质量管理服务

数据交换质量管理服务主要对数据交换过程中可能发生的数据交换错误进行处理，提升数据交换的质量，主要包括同步容错、质量控制[77]。

（1）同步容错。根据采集、录入信息的返回状态判断是否进行数据同步处理，如系统返回状态为"失败"，则不执行数据同步操作。针对重复录入的数据，可设定某一数据项为唯一字段，每次数据同步，系统自动检查是否存在相同数据，如存在相同数据，系统需获取最新的录入信息并更新旧的录入信息，保证数据同步。

（2）质量控制。在数据采集、录入和跨平台传输过程中，数据不可避免地会出现格式改变等情况。针对此情况，系统设定数据转换规则对获取的业务数据进行清洗、转换，用户可通过图形界面的形式自由配置转换规则。

9.3.4 数据交换监控管理服务

数据交换系统要求平台具备对数据与平台自身运转情况的统计监控能力，提供数据统计、运维监控、数据交换日志管理功能[78]。

（1）数据统计。数据交换系统为方便使用者对交换信息有一个宏观上的把握，提供了一系列不同维度的交换信息统计方式。通过数据交换信息概览，用户可以方便地查看今天及历史各个警种之间交换的数据总量，数据交换警种TOP10所展示的是今天或本月在接收和发送两个不同的统计口径下，交换数据量排在前10的各个警种的交换数据量。

（2）运维监控。数据交换系统为方便使用者对交换网关进行运维监控，支持多种运行监控手段，包括告警监控、流程监控和资源监控，实时反映各个数据交换流程的运行情况、服务器资源的使用情况、交换平台的整体接入情况，可以实时显示每个数据交换网关的系统运行状况，包括CPU、内存、磁盘、网络流量等信息，从而在系统出现状况时快速地定位问题，如节点断线、CPU运行过高、内存泄漏等问题。

（3）数据交换日志管理。对所有的数据交换任务记录详细的日志信息，信息内容包括交换节点名称、交换节点网络之间互连的协议（internet protocol，IP）地址、端口号、交换内容、交换时间、是否成功等，确保能够对数据交换任务进行追踪和事后审计。

9.3.5 数据分析服务

岸坡堤坝工程三维可视化与安全预警需对各类图表进行表达，并支持多个终端，如大屏、PC、移动手机等。系统具有各类报表的展示、下载、打印等功能，上述功能必须基于当前主流的智能数据分析软件平台实现。数据分析服务具备的主要功能包括多源数据支持、复杂报表设计、类 Excel 设计、Web 端查看、行式引擎、多种展示形式、数据校验、数据挖掘内置算法等，如表 9.4 所示。

表 9.4 数据分析服务功能特性及功能描述

功能特性	具体功能描述
多源数据支持	支持实时、非实时、全量、增量等多种采集方式的数据源，支持 Web Service、SOA 等标准的数据，支持将多种文本格式数据直接作为数据源，支持 HDFS、HBase 等主流大数据库
复杂报表设计	支持自定义条件分组；支持按条件分页；能够插入和展现来自文件、数据库的图片；支持以悬浮模式显示文本类型、式子类型、图片类型、图表类型
类 Excel 设计	支持以画布式制表方式快速制作任意不规则的报表类型，支持自动生成岸坡堤坝工程监测、检测信息，支持将报表导出为多种格式文件
Web 端查看	支持 Web 端不安装任何插件直接打印报表，可将一个多 sheet 报表中的每个不同报表设置为不同的页面大小进行打印
行式引擎	当数据量非常大，为百万、千万甚至更多时，能够达到按页运算、分段执行报表的效果，能够迅速定位要展示的数据，并能设置每页显示的记录条数，把先加载的数据及时展现出来
多种展示形式	提供柱形图、折线图、条形图、饼图、面积图、散点图、气泡图、雷达图、股价图、仪表盘、全距图、组合图、甘特图、圆环图、双轴柱线图等多种统计图类型，支持柱形图堆积、百分比堆积、三维堆积等同种类型图表的多种展现模式
数据校验	支持即时校验及整表校验方式；在报表校验出现不通过提示后，对校验详情进行告警提示，并将报表临时保存至本地文件
数据挖掘内置算法	支持常用数据挖掘算法，如聚类算法、分类算法、回归算法、关联算法等；支持使用 R 语言和 Python 语言实现数据统计与分析

9.4 工作流平台

岸坡堤坝滑坡监测预警与修复加固系统各类算法的微服务构建和封装完成后，需进一步对各类算法进行组合调用，实现监测预警和分析评估应用需求，同时对于发生预警的区域，还需要提供一套预警信息自动推送和确认的审核与流转机制，便于对风险的管控。

为满足应用需要，必须借助工作流平台对微服务封装后的算法进行组合，并建立相应的服务调用步骤以形成服务链[79]。

1）工作流平台应具备的特性

（1）遵循业务流程建模符号和工作流管理联盟（Work Flow Management Coalition，WFMC）的相关规范。

（2）选择国内外主流工作流引擎平台。

（3）流程管理。提供可视化流程自定义、可视化流程跟踪功能，支持基于用户、角色、工作关系和特定条件的流转，支持按条件暂停流程，支持任务退回、自动代理、外出代理人设置，支持中间处理结果保存，支持多种流程启动方式，包括手工启动、设定条件启动（如周期）、其他启动，支持复杂流程管理[80]。

（4）报表管理。提供流程统计、报表定制功能。

（5）应用接口。工作流引擎提供 Web Service 调用接口，支持通过 Web Service 接口与其他系统进行数据传递和交互。

（6）提供完整工作流事务支持，支持分布式业务流程集成，能够实现工作流授权。

（7）流程定义可以保存到数据库，或者导出为 XML 文件。

2）工作流平台推荐方案

工作流引擎可采用国产泛微协同商务平台 e-cology 软件。e-cology 软件包括了门户引擎、流程引擎、内容引擎、建模引擎、集成中心、运维中心及日志中心，通过灵活的组合和强大的自定义功能，为岸坡堤坝滑坡监测预警与修复加固系统提供个性化的信息系统方案，为信息技术管理者提供全面、便捷的维护平台。

流程引擎提供强大的自定义功能，支持复杂的工作流设置，同时也提供了强大的维护功能，支持开发者随时对现有流程的字段、审批节点、操作者进行调整，在不影响历史数据的前提下，快速响应组织与工程需求的变更。

岸坡堤坝预警信息的可视化流程如图 9.5 所示。

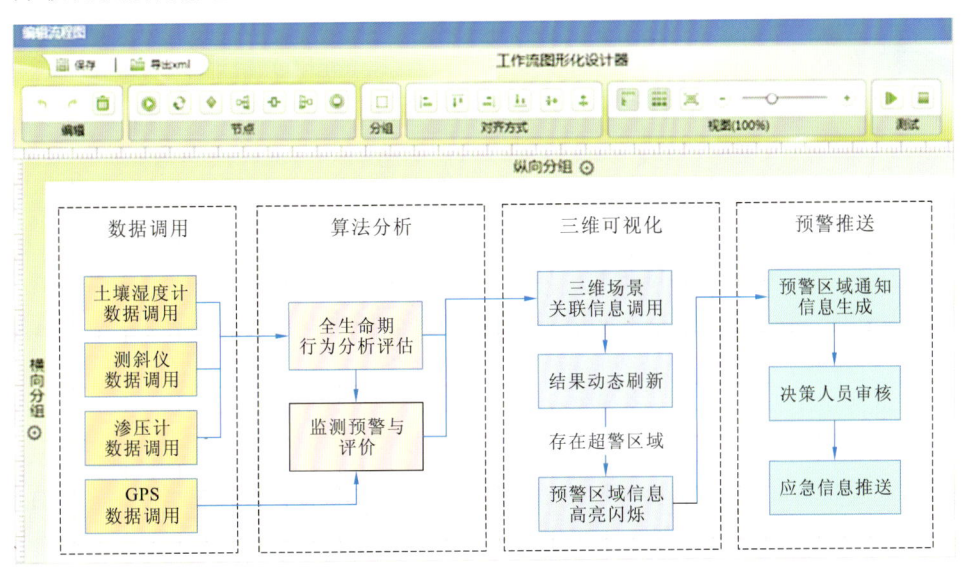

图 9.5 岸坡堤坝预警信息的可视化流程

9.5 消息中间件

在岸坡堤坝滑坡监测预警与修复加固系统应用中，各类算法及可视化服务需要对数据进行大量的异步请求，因此需要建立高效、可靠的消息传递机制进行与平台无关的数据交流，并基于数据通信进行分布式系统的集成。消息中间件的消息队列机制在各类企业 IT 系统内部通信中应用广泛，它具有低耦合、可靠投递、广播、流量控制、最终一致性等一系列功能，成为异步 RPC 的主要手段之一。通过消息中间件为系统建立系统消息传递机制，进行数据交流，可以在复杂的网络和系统功能模块环境下确保消息及数据安全、可靠、高效送达[81]。因此，作为岸坡堤坝滑坡监测预警与修复加固系统架构中的一个重要组件，消息中间件有举足轻重的地位。

目前消息中间件的标准主要有 Java 消息服务（Java message service，JMS）和高级消息队列协议（advanced message queuing protocol，AMQP）。当今市面上有很多主流的消息中间件，如 RabbitMQ、ZeroMQ、ActiveMQ、Kafka、RocketMQ 等[82]。

（1）RabbitMQ。RabbitMQ 是使用 Erlang 编写的一个开源的消息队列，是 AMQP 等的一个实现，它实现了代理（Broker）架构，意味着消息在发送到客户端之前可以在中央节点上排队。RabbitMQ 本身支持很多协议，如 AMQP、可扩展消息在线协议（extensible messaging and presence protocol，XMPP）、简单邮件传输协议（simple mail transfer protocol，SMTP）、流文本定向消息协议（streaming text orientated messaging protocol，STOMP）等，也正因如此，它更适合于企业级的开发；同时，它实现了 Broker 架构，这意味着消息在发送给客户端时先在中心队列排队，对路由、负载均衡或数据持久化都有很好的支持。

（2）ZeroMQ。ZeroMQ 是一个非常轻量级的消息系统，专门为高吞吐量/低延迟的场景开发，在金融界的应用中经常可以发现它。与 RabbitMQ 相比，ZeroMQ 支持许多高级消息场景，但是开发人员需要自己组合多种技术框架，技术上的复杂度是对 ZeroMQ 能够应用成功的挑战。ZeroMQ 仅提供非持久性的队列，也就是说如果宕机，数据将会丢失。

（3）ActiveMQ。ActiveMQ 居于前两者之间。类似于 ZeroMQ，它可以部署于代理模式和 P2P 模式。类似于 RabbitMQ，它易于实现高级场景，而且只需付出低消耗。

（4）Kafka。Kafka 是于 LinkedIn 开发并开源的一个分布式 MQ 系统，是 Apache 下的一个子项目，是一个高性能跨语言分布式 Publish/Subscribe 消息队列系统，具有以下特性：快速持久化，可以在 $O(1)$ 的系统开销下进行消息持久化；高吞吐，在一台普通的服务器上就可以达到 10 W/s 的吞吐速率；完全的分布式系统，Broker、Producer、Consumer 都原生自动支持分布式，自动实现复杂均衡；支持 Hadoop 数据并行加载，通过 Hadoop 的并行加载机制统一在线和离线的消息处理。Kafka 相对于 ActiveMQ 是一个非常轻量级的消息系统。

（5）RocketMQ。RocketMQ 是阿里系下开源的一款分布式、队列模型的消息中间件，是阿里参照 Kafka 的设计思想使用 Java 实现的一套 MQ，同时将阿里系内部多款 MQ 产品（Notify、MetaQ）进行整合，只维护核心功能，去除了其他依赖项，保证核心功能最简化，在此基础上配合阿里上述其他开源产品实现不同场景下 MQ 的架构，目前主要用于订单交易系统。

针对岸坡堤坝滑坡监测预警与修复加固系统的应用需求，综合考虑选型指标，可将 Kafka 作为消息中间件基础产品，在此基础上定制开发。Kafka 消息中间件选型与定制如图 9.6 所示。

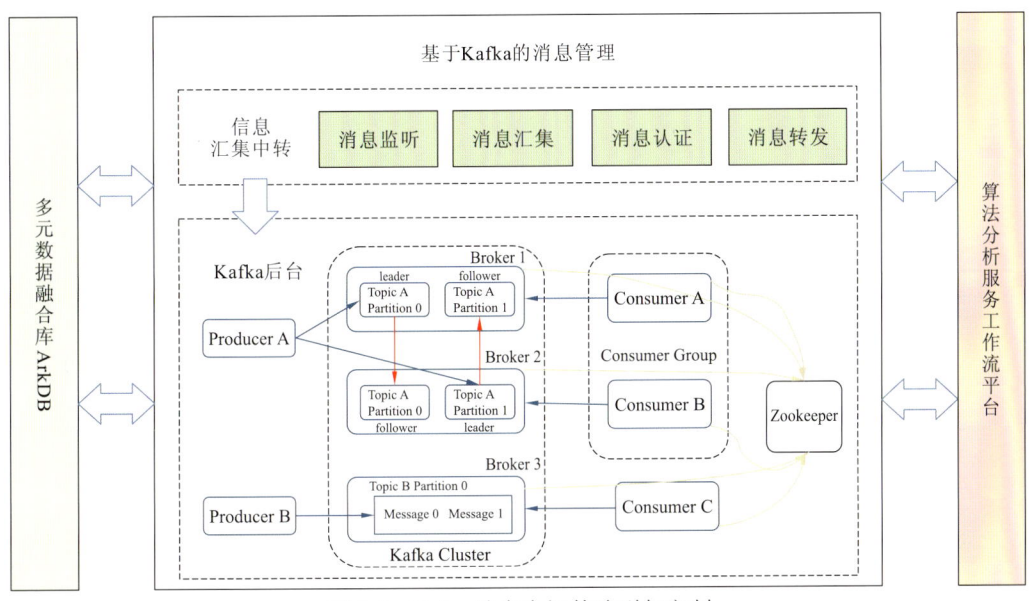

图 9.6　Kafka 消息中间件选型与定制

第10章

岸坡堤坝滑坡监测预警与修复加固系统设计

10.1 系统框架设计

岸坡堤坝滑坡监测预警与修复加固系统采用感知层、数据层、服务层、功能层、应用层五层架构，串联从传感器数据采集、数据融合、算法集成、可视化模拟并应用到岸坡堤坝工程的全流程，系统框架如图10.1所示。

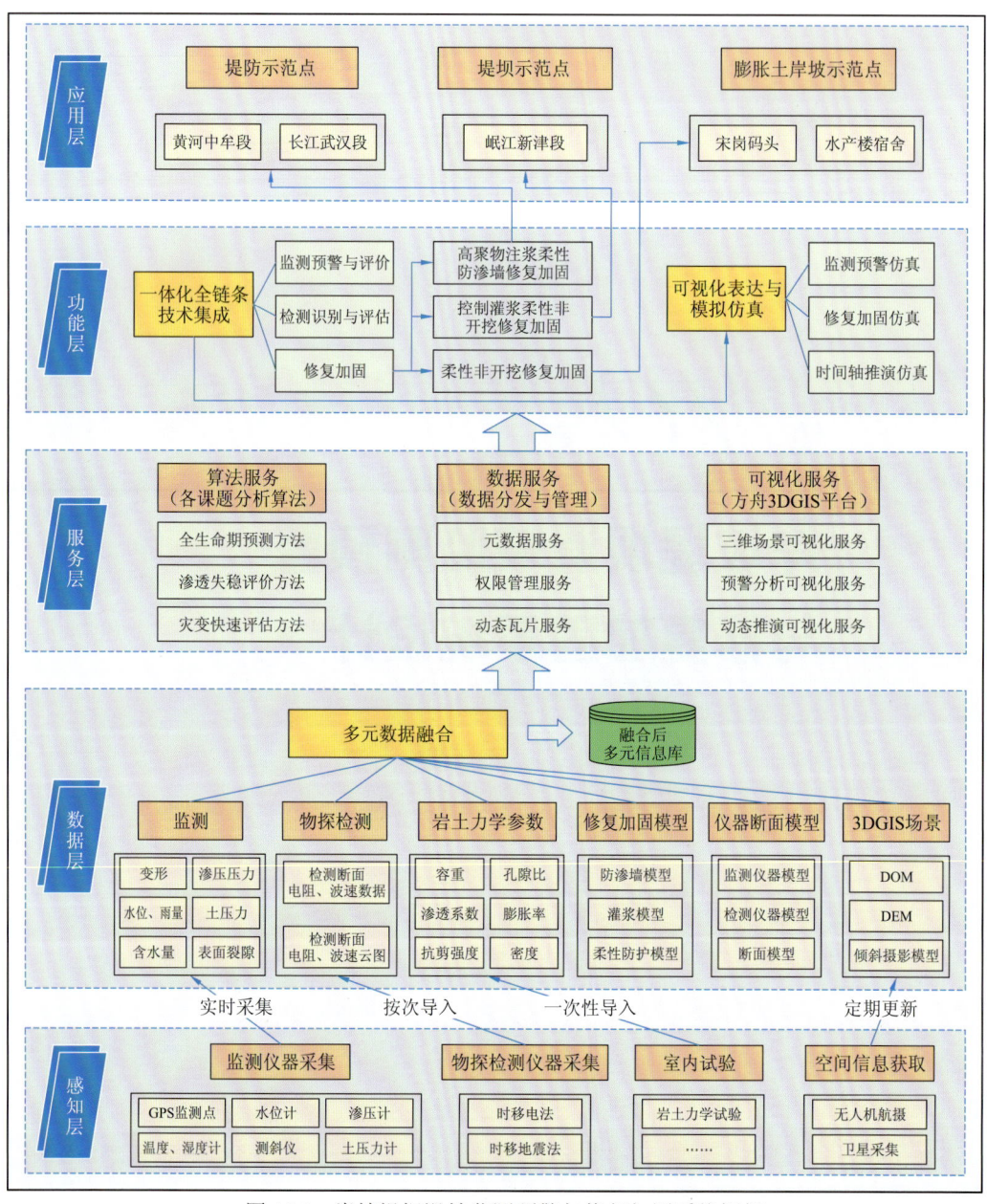

图10.1 岸坡堤坝滑坡监测预警与修复加固系统框架

（1）感知层。

感知层提供各类业务数据和地理空间数据获取手段，为数据层提供数据输入，包括监测仪器采集、物探检测仪器采集、室内试验、空间信息获取。

其中：监测仪器自动采集表面变形、深层变形、水位、雨量、渗压压力、含水量等数据，并传输至系统；物探检测仪器采集的检测断面电阻、波速云图等数据，通过数据文件、图像文件导入系统；室内试验获取的岩土体物理力学参数，通过人工录入方式接入系统；无人机航摄采集、处理的 DOM 和 DEM 数据，通过方舟 3DGIS 支撑软件中的地形生成子系统进行三维地形生成，并导入系统。

（2）数据层。

数据层对感知层仪器设备采集的各类结构化数据和地理空间数据进行多元数据融合，形成统一、智能化的数据接口，一方面为服务层的算法模型提供数据支撑，另一方面为功能层的可视化表达和模拟仿真提供三维地理空间场景、模型和业务数据支撑。

数据层的结构化数据主要包括监测仪器实时采集的数据、物探检测形成的检测断面云图文件、室内试验形成的参数信息；地理空间数据主要包括无人机航摄采集的场景数据、BIM 软件建模形成的仪器模型数据、三维动画软件建模的修复加固模型和动画数据。

（3）服务层。

服务层将预警与评价算法模型按照集成平台的标准服务方式发布，主要包括全生命期预测方法、渗透失稳评价方法和灾变快速评估方法。服务层根据算法调用条件，通过数据层提供的数据访问接口获取数据输入，得出相应的分析结果，并通过服务组合将信息反馈到功能层的一体化全链条技术集成。

（4）功能层。

功能层通过访问数据层的数据接口和服务层的算法模型，实现一体化全链条技术、可视化表达与模拟仿真。一方面利用集成平台的在线服务接入策略，可对服务层的算法模型进行服务链接组合，通过统一的集成环境进行算法模型管理和调用，包括监测预警与评价、检测识别与评估、修复加固；另一方面结合数据层融合后的三维场景和数据访问接口，可开展可视化表达与模拟仿真，包括监测预警仿真、修复加固仿真、时间轴推演仿真。

（5）应用层。

应用层主要对典型岸坡堤坝工程示范点开展示范应用，包括堤防、堤坝和膨胀土岸坡。针对不同类型的工程示范点，集成平台将提供不同侧重点的功能模块来实现多元数据融合、全链条技术集成、可视化表达与模拟仿真的一体化应用。

基于上述系统框架，岸坡堤坝滑坡监测预警与修复加固系统共包括首页看板、示范点工程综合展示、监测信息自动化采集、物探检测信息定时采集、环境信息自动化采集、岸坡堤坝信息及修复加固技术可视化、系统管理等模块。

10.2　首页看板

首页看板模块是岸坡堤坝滑坡监测预警与修复加固系统中多元数据信息的实时载体，并对各类信息进行实时综合展示，其主要包括：岸坡堤坝示范点工程区域展示、示范点工程实时安全状态展示、示范点工程修复加固技术展示、系统无故障工作时间展示、数据总量统计展示、数据完整率展示、监测检测仪器数量统计展示，具体如下。

（1）岸坡堤坝示范点工程区域展示。首页看板详细展示长江和黄河堤防示范点工程、岷江堤坝示范点工程、南水北调中线渠首膨胀土岸坡示范点工程的地理位置分布，并可通过首页看板选中各示范点，漫游到相应示范点的三维场景进行深度访问。

（2）示范点工程实时安全状态展示。实时展示长江和黄河堤防示范点工程、岷江堤坝示范点工程、南水北调中线渠首膨胀土岸坡示范点工程的安全状态，各示范点工程的安全状态由其对应的监测数据、检测数据、影像数据结合分析算法实时计算获取。

（3）示范点工程修复加固技术展示。动态展示岸坡堤坝示范点工程修复加固技术，包括膨胀土岸坡柔性非开挖修复加固技术、高聚物注浆柔性防渗墙修复加固技术等，选择不同示范点工程时，其对应的修复加固技术将进行同步切换。

（4）系统无故障工作时间展示。动态显示系统无故障工作的总时间，系统无故障工作时间以前端传感器数据获取、数据传输、数据展示均正常为判断标准。

（5）数据总量统计展示。系统动态展示数据库累计获取的数据总条数和今日新增数据条数，其中系统每日自动获取实时监测数据，或者人工手动进行数据上传录入，系统均会进行自动统计。

（6）数据完整率展示。展示岸坡堤坝示范点工程的监测数据、检测数据等整体数据完整率情况，数据完整率为数据实际获取量与数据预设采集量的比值。

（7）监测检测仪器数量统计展示。展示岸坡堤坝各示范点工程埋设的所有仪器类型及其对应的数量信息，是对系统所有监测、检测仪器设备的总体统计。

10.3　示范点工程综合展示

示范点工程综合展示模块是对长江和黄河堤防示范点工程、岷江堤坝示范点工程、南水北调中线渠首膨胀土岸坡示范点工程涉及的监测检测信息、修复加固信息、全生命期行为评估及监测预警信息的全方位、立体、多维展示，页面包括示范点工程三维场景、图层管理树、岸坡堤坝安全状态信息、快捷视角列表等。其中，快捷视角列表是为展示不同示范点工程预设的三维场景，充分体现了本系统的界面友好型。

快捷视角列表包括工程全貌、监测视角、检测视角、全生命期行为分析评估视角、监测预警与评价视角和修复加固视角，涵盖了示范区全部示范内容，岸坡堤坝示范点工程综合展示首页界面如图10.2所示。

图 10.2 岸坡堤坝示范点工程综合展示首页界面

10.3.1　工程全貌

工程全貌是为展示示范点工程区域实景内外观而预设的三维场景。通过将示范点工程区域的高清遥感影像、无人机低空摄影测量影像、三维模型动态耦合，实现对岸坡堤坝示范点工程实景内外观的三维重现。展示的内容包括示范点工程区域影像数据、监测断面模型、检测断面模型、安全监测及物探检测仪器设备等。本界面配合图层管理树，能够迅速对图层、模型进行开闭设置、索引漫游等。示范点工程全貌界面如图 10.3 所示。

图 10.3 示范点工程综合展示之工程全貌界面

10.3.2　监测视角

监测视角是为展示示范点工程监测仪器的布置，实时获取各类监测数据而预定义的三维场景。根据监测仪器的布置方案，耦合监测仪器三维地理信息，构建监测断面模型，将监测仪器模型耦合嵌入监测断面，从而实现监测断面及监测仪器的三维展示。通过单击土壤湿度计、GPS 监测点、渗压计及测斜仪等模型，动态查询土壤湿度、表面位移、渗透压力、深部位移等实时数据和历时数据。示范点工程监测视角界面如图 10.4 所示。

图 10.4　示范点工程综合展示之监测视角界面

10.3.3　检测视角

检测视角是为展示示范点工程物探检测断面，动态查询物探检测数据而预定义的三维场景。根据时移电法、时移地震法物探检测断面设计方案及试验获取的物探检测数据，构建物探检测断面模型，并将物探检测断面耦合至无人机低空摄影测量影像中，从而实现对物探检测断面的三维展示。通过单击物探检测断面模型，可动态实时查询物探检测断面历次时移电法电阻率、时移地震法波速云图等数据。示范点工程检测视角界面如图 10.5 所示。

图 10.5　示范点工程综合展示之检测视角界面

10.3.4　全生命期行为分析评估视角

全生命期行为分析评估视角是为展示示范点工程全生命期行为分析评估结果而预定义的三维场景。根据 6.1 节提出的膨胀土岸坡渗透滑动判据，通过土壤湿度计实时获取岸坡不同深度的土壤含水量数据，基于内置于系统中的全生命期行为分析评估算法（图 10.6），动态判断膨胀土岸坡不同分区所处的全生命健康状态，并用颜色属性进行可视化表达，其中绿色代表膨胀土岸坡处于健康状态，黄色代表膨胀土岸坡处于不良状态，红色代表膨胀土岸坡处于患病状态。示范点工程全生命期行为分析评估视角界面如图 10.7 所示。

图 10.6　全生命期行为分析评估算法界面

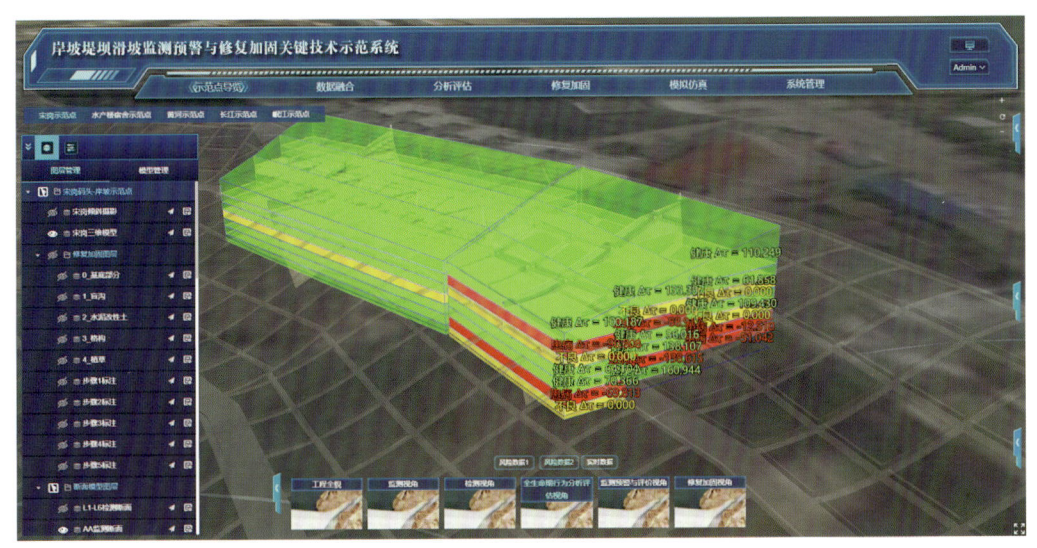

图 10.7　示范点工程综合展示之全生命期行为分析评估视角界面

10.3.5　监测预警与评价视角

监测预警与评价视角是为展示示范区工程监测预警结果而预定义的三维场景。根据 6.1 节提出的膨胀土岸坡堤坝渗透失稳评判体系，通过土壤湿度计实时获取的土壤含水量数据及 GPS 监测点实时获取的表面位移数据，基于内置于系统中的滑坡监测预警算法

(图 10.8)，动态判断膨胀土岸坡不同分区的稳定状态，并用颜色进行可视化表达，其中绿色代表膨胀土岸坡处于安全状态，黄色代表膨胀土岸坡处于低风险状态，褐色代表膨胀土岸坡处于中风险状态，红色代表膨胀土岸坡处于高风险状态，并对处于中、高风险状态的岸坡发出预警。示范点工程监测预警与评价视角界面如图 10.9 所示。

图 10.8　滑坡监测预警算法界面

图 10.9　示范点工程综合展示之监测预警与评价视角界面

10.3.6　修复加固视角

修复加固视角是为展示示范区工程修复加固过程而预定义的三维场景。修复加固技术包括膨胀土岸坡柔性非开挖修复加固技术、高聚物注浆柔性防渗墙修复加固技术等。

第10章　岸坡堤坝滑坡监测预警与修复加固系统设计

1. 柔性非开挖修复加固技术

膨胀土岸坡柔性非开挖修复加固技术具体包括坡面设置排水盲沟、水泥改性土换填、格构植被护坡，其中水泥改性土层置于格构下方。系统将水泥改性土、格构等不同材质预设至不同图层中，并按时间轴进行动态加载，实现柔性非开挖修复加固技术全过程动态仿真。示范点工程膨胀土岸坡柔性非开挖修复加固技术视角界面如图10.10所示。

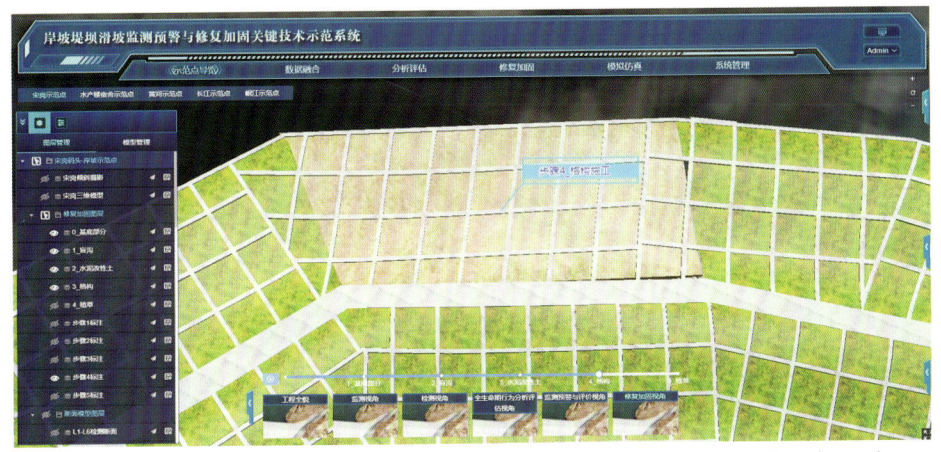

图10.10　示范点工程综合展示之膨胀土岸坡柔性非开挖修复加固技术视角界面

2. 高聚物注浆柔性防渗墙修复加固技术

高聚物注浆柔性防渗墙修复加固技术借助定向预劈裂引导，在裂隙中注射高聚物材料，高聚物材料在快速填充、挤密裂隙的同时，沿裂隙端部进一步快速膨胀、劈裂、扩散。施工机械的核心装备主要包括静压（振动）成槽机、高聚物注浆集成系统两部分，系统通过对防渗墙施工关键设备的精细化建模，将主要功能、工艺过程预制成动画并进行三维仿真。示范点工程高聚物注浆柔性防渗墙修复加固技术视角界面如图10.11所示。

图10.11　示范点工程综合展示之高聚物注浆柔性防渗墙修复加固技术视角界面

10.4　监测信息自动化采集

岸坡堤坝滑坡监测预警与修复加固系统的主要监测内容包括含水量监测、表面变形监测、深部变形监测、渗流监测等，主要涉及的监测仪器包括土壤湿度计、GPS 监测点、测斜仪、渗压计，其中土壤湿度计、测斜仪、渗压计均采用 RS-900 采集器进行数据自动化采集，GPS 监测点采用 3D-Tracker GPS 监测系统进行表面位移数据的自动化采集。自动化监测设备接入系统可以通过传输控制协议（transmission control protocol，TCP）/IP 等通信技术直接对传感器设备进行控制，并实时获取传感器中存储的监测信息，也可与传感器设备的厂家提供的数据接口进行数据交换以实现监测信息的自动接入。同时，系统提供监测数据人工导入接口，辅助监测信息自动化采集，以保证监测数据的完整性。监测信息自动化采集模块人工导入系统界面如图 10.12 所示。

图 10.12　监测信息自动化采集模块人工导入系统界面

监测信息自动采集后，系统对监测信息进行了多维度展示，包括监测点基础信息展示、监测成果图表展示等多种展示方式。其中，监测点基础信息包括测点编号、测点部位、监测项目、仪器类型、生产厂家、设备型号、传感器编号等；监测成果图表主要展示变形量、渗流量、温度、应力等各监测数据的实时数据、历时数据、累计曲线等，监测信息自动化采集模块监测信息展示界面如图 10.13 所示。

图 10.13　监测信息自动化采集模块监测信息展示界面

10.5　物探检测信息定时采集

  岸坡堤坝滑坡监测预警与修复加固系统主要通过时移电法和时移地震法两种手段获取物探检测信息，获取的信息包括测线位置、测点高程、平面坐标点，以及电阻率和波速。时移电法和时移地震法两种物探检测手段设备可靠、测试便捷，示范点工程现场物探检测完毕后，系统分别以文本形式、图片形式，通过预留的定时采集接口将试验获取的时移电法电阻率、时移地震法波速数据，以及其对应的电阻率和波速分布云图导入系统，并对其进行实时、动态展示。物探检测信息定时采集模块文本及图片数据系统定时采集界面如图 10.14 和图 10.15 所示。

图 10.14　物探检测信息定时采集模块文本数据系统定时采集界面

163

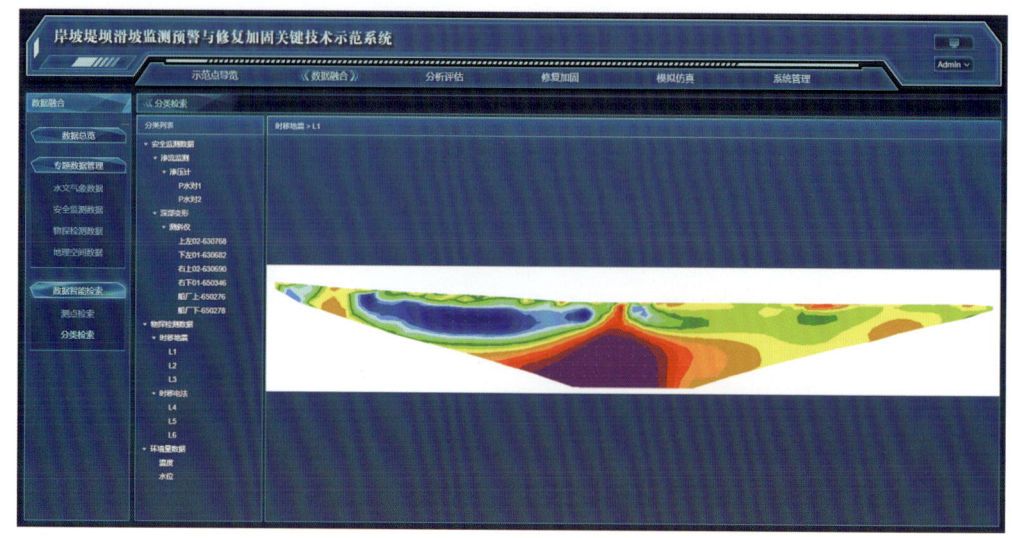

图 10.15　物探检测信息定时采集模块图片数据系统定时采集界面

10.6　环境信息自动化采集

　　岸坡堤坝滑坡监测预警与修复加固系统的主要环境信息包括水位信息、雨量信息、温度信息及出入库流量信息等,主要涉及的采集仪器包括静压式液位计和一体化雨量计,其中静压式液位计采用 RS-900 采集器进行水位数据自动化采集,一体化雨量计采用其配套的采集装置进行雨量数据自动化采集。自动化监测设备接入系统后,可以通过 TCP/IP 等通信技术直接对传感器设备进行控制,并实时获取传感器中存储的环境信息,也可与传感器设备的厂家提供的数据接口进行数据交换以实现环境信息的自动接入。对于温度信息及出入库流量信息,主要收集相关水文气象信息,通过系统预留接口定期接入系统。环境信息自动化采集模块界面如图 10.16 所示。

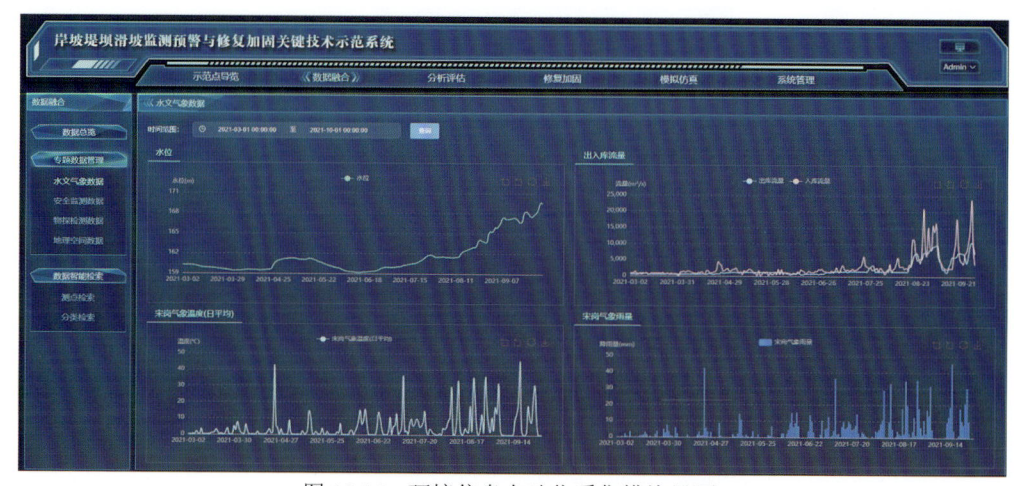

图 10.16　环境信息自动化采集模块界面

10.7 岸坡堤坝信息及修复加固技术可视化

岸坡堤坝滑坡监测预警与修复加固系统可视化模块包括低空摄影监测数据可视化、监测检测信息可视化、修复加固技术可视化，其涉及的数据类型包括 DEM、卫星影像图片、高精度倾斜摄影、BIM、修复加固动画。可视化模块以 3DGIS-ARK 平台为载体，动态耦合高精度倾斜摄影与 BIM，并将监测检测仪器定位至可视化空间内，实现监测检测信息可视、可查、可操作，并通过动画方式对膨胀土岸坡柔性非开挖修复加固技术和高聚物注浆柔性防渗墙修复加固技术的修复加固过程进行动态仿真。岸坡堤坝信息及修复加固技术可视化模块界面如图 10.17～图 10.21 所示。

图 10.17 可视化模块之低空摄影监测数据可视化界面

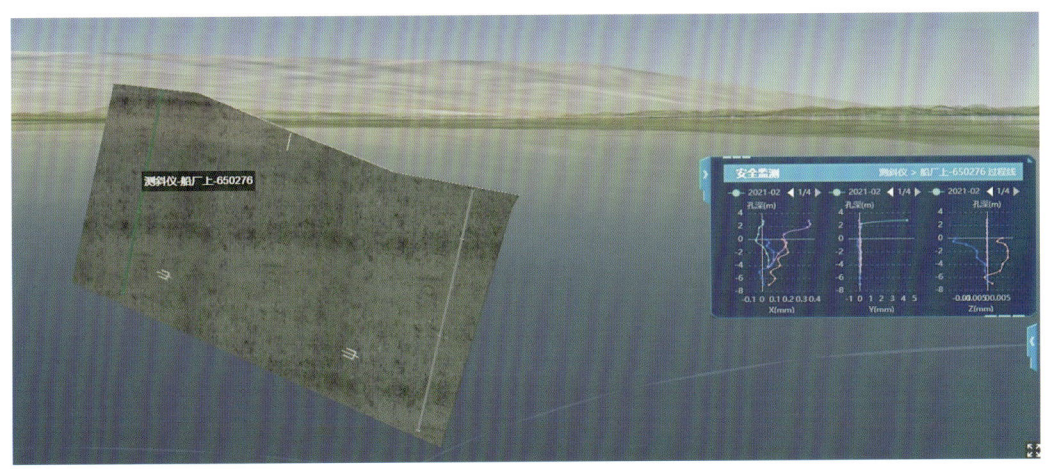

图 10.18 可视化模块之监测信息可视化界面

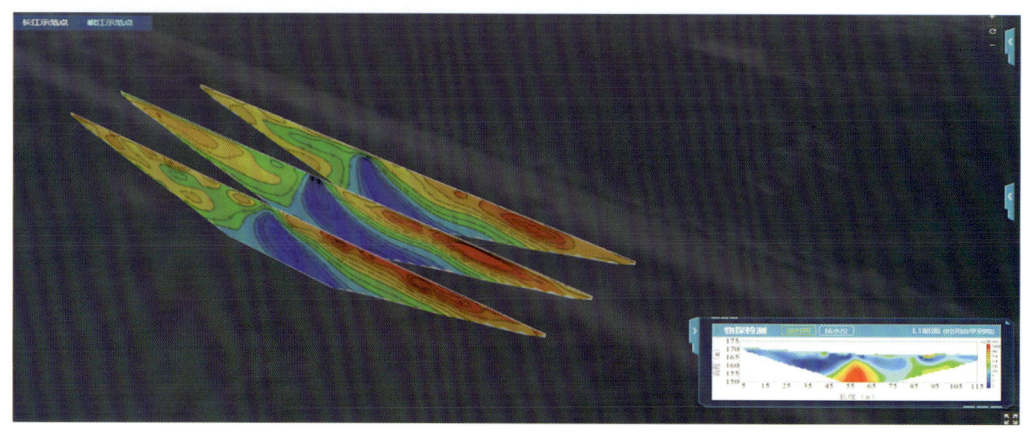

图 10.19　可视化模块之检测信息可视化界面

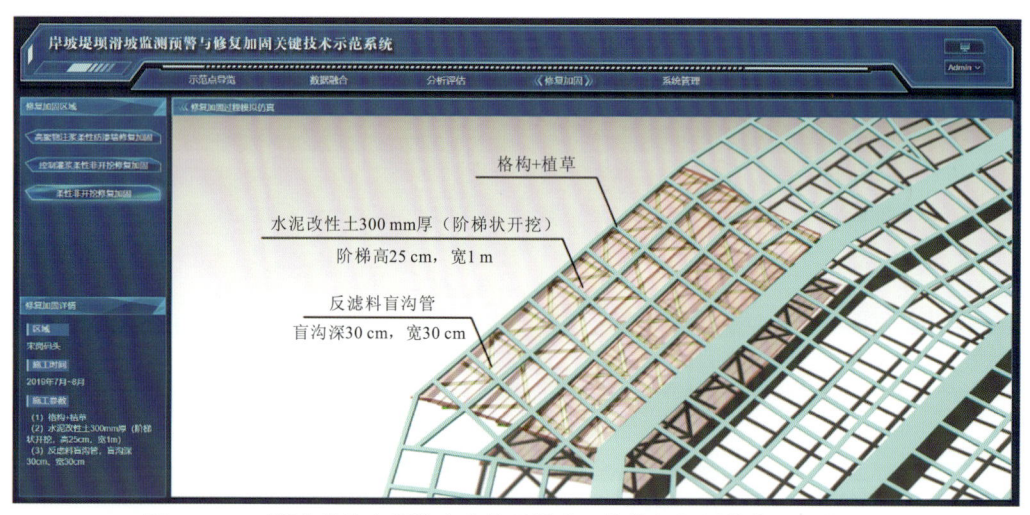

图 10.20　可视化模块之膨胀土岸坡柔性非开挖修复加固技术可视化界面

图 10.21　可视化模块之高聚物注浆柔性防渗墙修复加固技术可视化界面

10.8 系统管理

岸坡堤坝滑坡监测预警与修复加固系统的系统管理模块主要是对系统的用户、数据、运行情况等进行管理，包括用户管理、数据备份、系统监控、系统日志四个子模块。

用户管理包括新增用户、修改用户密码及删除用户。新增用户时，可以自定义头像，输入登录名、用户名、所在部门及所属角色；同时，系统记录该用户的创建时间、创建人及其上次登录的时间。具有管理员权限时，可以修改用户密码、删除用户，用户权限界面如图10.22所示。

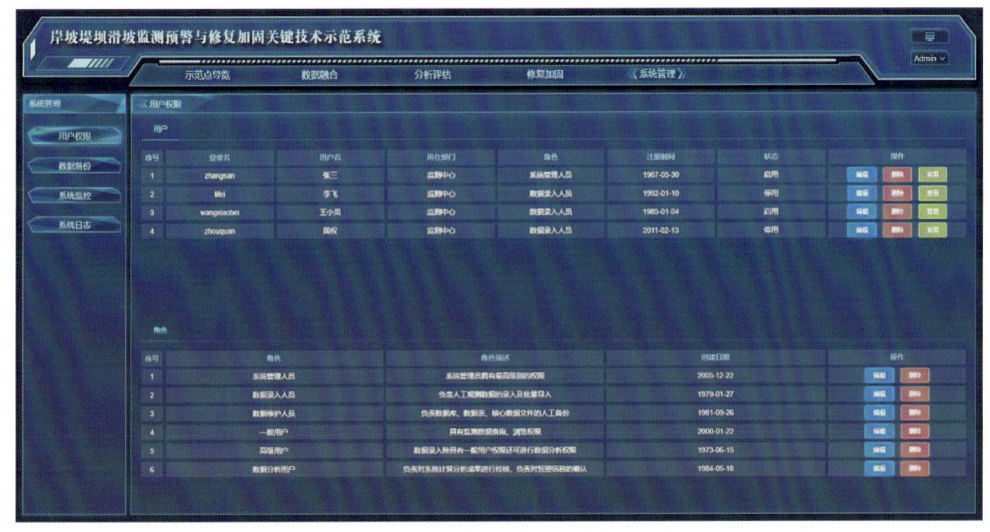

图10.22　系统管理模块之用户权限界面

数据备份提供数据备份功能，定期备份数据，防止数据的意外删除和修改。数据备份支持日志备份、差异备份和完整备份。日志备份：对上一次日志备份后到现在所生成的事务日志记录进行备份。差异备份：从上一次完整备份后到现在对数据的修改进行备份。完整备份：将数据库的数据全部备份。管理人员可以分别设置日志备份计划、差异备份计划、完整备份计划来实现数据的自动备份，也可以手动进行数据备份和还原，数据备份界面如图10.23所示。

系统监控实现系统运行状态的监控管理，包括系统运行状态、设备运行状态、各服务器运行状态的信息管理。用户登录系统可查看服务器、网络等硬件设备的运行状况，包括设备的在线状态、设备采集数据的时间、设备采集的数据等详细信息，系统监控界面如图10.24所示。

系统日志会自动记录用户登录和退出信息，方便系统管理员了解系统的使用情况。用户登录系统后进行的每一个行为，包括对文档、图纸、数据的新增、删除、修改、查看、下载、导出等操作也都将被记录下来，形成操作日志。当后续发现有数据被误操作时，可以追溯问题的原因，保护数据的完整性。用户可根据操作人、时间段等信息查询、统计系统日志，系统日志界面如图10.25所示。

图 10.23　系统管理模块之数据备份界面

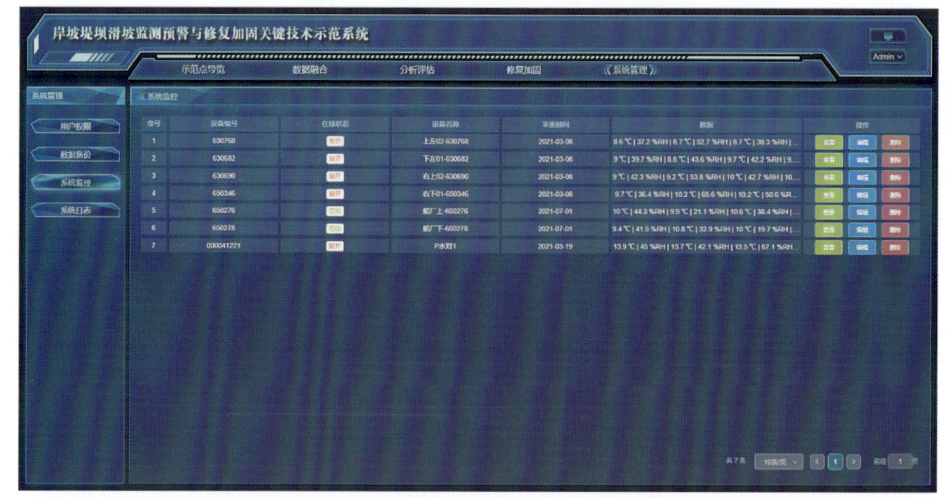

图 10.24　系统管理模块之系统监控界面

图 10.25　系统管理模块之系统日志界面

第 11 章

岸坡堤坝滑坡监测预警与修复加固系统应用

11.1 南水北调中线渠首膨胀土岸坡示范点概述

宋岗码头膨胀土岸坡位于河南省淅川县香花镇，北邻丹江口水库，岸坡上修建有多栋居民楼房及海事局办公大楼。试验结果表明，宋岗码头岸坡黏土呈弱膨胀性，适宜开展岸坡堤坝滑坡监测预警与修复加固示范工作。宋岗码头膨胀土岸坡示范点地理位置如图 11.1 所示。

图 11.1 宋岗码头膨胀土岸坡示范点地理位置

11.1.1 地形地貌

宋岗码头膨胀土岸坡位于丹江口水库东北侧库岸段，示范区域地势开阔，岸坡坡顶（高程 168～171 m）地形平坦，坡脚（高程通常低于 150 m）地形较缓。临水岸坡在邻近宋岗码头的海事局段较陡，坡度为 55°～90°，整体坡高为 10～12 m；海事局东侧至望江楼段岸坡较缓，坡度为 15°～20°，局部坡顶陡坎坡度为 55°～70°，整体坡高为 15～19 m；望江楼段岸坡由于修建有人工挡墙，垂直高陡，最大垂直坡高约为 11.1 m；望江楼以西段岸坡较缓，坡度为 25°～30°，局部坡顶陡坎坡度为 60°～90°，整体坡高为 15～20 m。宋岗码头膨胀土岸坡示范点地形地貌如图 11.2 所示。

图 11.2　宋岗码头膨胀土岸坡示范点地形地貌

11.1.2　气象水文

示范区属广义的秦岭巴山，亚热带季风气候，多年平均气温为 15.8 ℃，最低月平均气温为 2.4 ℃，最高月平均气温为 28 ℃，最大风速为 20 m/s，多年平均降雨量在 800 mm 以上。

根据丹江口水库基本调度方案，在 5 月初～6 月 21 日，库水位逐步降低至夏季限制水位 160.0 m，8 月 21 日～9 月 1 日逐步抬高至秋季限制水位 163.5 m，10 月 1 日以后逐步充蓄至正常蓄水位 170.0 m。

11.1.3　地质条件

1. 地层岩性

示范区内出露的地层主要为古近系（E）和第四系（Q），现由老到新分述如下。

古近系（E）：岩性为泥质粉砂岩、泥岩，属极软岩，抗冲刷能力差，通常分布在岸坡中下部，在宋岗码头泵站一带岸坡及陡坎位置直接出露。

第四系（Q）：由中更新统冲积层（Q_2^{al}）、全新统冲积层（Q_4^{al}）、全新统崩坡积层（Q_4^{col+dl}）和人工填土（Q^{ml}）组成。

中更新统冲积层（Q_2^{al}）：黄褐色夹灰白色黏土，局部含灰白色钙质结核，具有弱—中等膨胀性，厚度为 1～4 m，广泛分布于岸坡地表区域。

全新统冲积层（Q_4^{al}）：黄褐色粉细砂，厚 0.5～6 m，分布于临水岸坡坡脚地带。

全新统崩坡积层（Q_4^{col+dl}）：由碎、块石及细粒土组成，局部架空，厚 1～4 m，主要分布于海事局一带直立岸坡坡脚。

人工填土（Q^{ml}）：由褐黄色黏土夹少量碎块石组成，松散—中密，厚度通常为 1～3 m，分布于人工居住场地及高陡挡墙内侧。

2. 地质构造

示范区在大地构造上位于秦岭褶皱系东南缘，跨北大巴山加里东冒地槽褶皱带及南秦岭印支冒地槽褶皱带，东部紧邻南阳—襄樊拗陷。示范区总体处于相对稳定的地块上。场地区岩层产状平缓，倾角为 0°～6°，裂隙以垂直层面的短小裂隙为主。

根据《中国地震动参数区划图》（GB 18306—2015）[83]，工程场地地震动峰值加速度为 0.05g，地震动反应谱特征周期为 0.35 s，相应地，地震基本烈度为 Ⅵ 度。

3. 水文地质

示范区地表水体主要为丹江口水库库水，库水位也是场区内的最低排泄基准面。地下水类型主要为松散砂岩孔隙水，水位为 155～157 m，埋深为 7～13 m，主要接受库水补给。

水质分析表明：地下水水化学类型为 HCO_3-Ca 型和 HCO_3·Cl-Ca 型，库水水化学类型为 HCO_3-Ca 型。根据《岩土工程勘察规范（2009 年版）》（GB 50021—2001）[84]，地下水及库水对混凝土均不具腐蚀性。

4. 地质结构及分段

示范区岸坡长约 400 m，根据物质组成的差异性及岸坡地形特征，将岸坡自西向东分为两段，各段特征如下。

第 1 段为岩土混合岸坡，纵长约 170 m，高程在 154 m 以上，岸坡坡度为 35°～55°，坡顶覆盖 1～3 m 第四系中更新统冲积（Q_2^{al}）黏土，具有弱膨胀性；岸坡基岩产状近水平，属新近系（N），上部基岩为泥岩、泥质粉砂岩，具有弱—中等膨胀性，中下部基岩为厚层疏松砂岩，极易坍塌。高程 154 m 以下，岸坡平缓，坡度为 10°～15°，覆盖 0.5～3 m 第四系上更新统冲积（Q_3^{al}）黏土，岸坡基岩以新近系（N）粉砂质泥岩为主，具有弱—中等膨胀性，产状近水平。

第 2 段为软质岩质岸坡，纵长约 230 m，高程在 152 m 以上，岸坡坡度为 15°～20°，新近系（N）泥岩、泥质粉砂岩裸露，产状近水平，基岩具有弱—中等膨胀性。坡顶局部有挡墙，后部填筑有人工堆积含碎石黏土，具有弱膨胀性，最大厚度为 7.9 m。高程 152 m 以下，岸坡平缓，坡度为 2°～8°，覆盖 0.5～4.6 m 第四系上更新统冲积（Q_3^{al}）黏土，下部基岩为新近系（N）粉砂质泥岩，产状近水平，基岩具有弱—中等膨胀性。

11.1.4 岩土体物理力学性质

1. 岩土体膨胀性

针对示范点膨胀土岸坡上部中更新统冲积层（Q_2^{al}）土体和古近系（E）基岩，分别在钻孔中取原状土样和柱状岩样进行了室内膨胀性试验，试验结果见表 11.1 和表 11.2。

表 11.1 岸坡上部中更新统冲积层土体膨胀性试验成果及统计表

试样编号	取样钻孔	取样孔深/m	地层代号	土体名称	自由膨胀率 δ_{ef}/%
150914-002	SZK01-3	3.0～3.3	Q_2^{al}	黏土	52
150914-007	SZK11-2	2.3～2.5	Q_2^{al}	黏土	45
150914-008	SZK12-1	1.2～1.4	Q_2^{al}	黏土	72
150914-009	SZK14-1	1.0～1.2	Q_2^{al}	黏土	48
150914-004	SZK4-1	2.9～3.2	Q_2^{al}	黏土	61
150914-006	SZK7-1	3.0～3.3	Q_2^{al}	黏土	60
统计结果					$\dfrac{45.0\%\sim72.0\%}{56.0\%（6）}$ [分子为范围值（最小值～最大值）；分母为平均值（组数）]

表 11.2 岸坡上部古近系基岩膨胀性试验成果及统计表

试样编号	取样钻孔	取样孔深/m	地层代号	土体名称	自由膨胀率 δ_{ef}/%
150914-001	SZK01-2	3.0～3.3	E	泥岩	51
150914-003	SZK01-3	5.9～6.2	E	泥岩	60
150914-005	SZK05-1	2.8～3.1	E	泥岩	69
150914-010	SZK19-1	1.5～1.7	E	泥岩	65
150914-011	SZK19-1	3.0～3.3	E	泥岩	70
150914-012	SZK20-1	4.8～5.0	E	泥岩	56
150914-013	SZK20-1	7.8～8.0	E	泥岩	54
150914-014	SZK20-1	14.7～14.9	E	泥岩	55
150914-015	SZK20-2	7.0～7.2	E	泥岩	60
150914-016	SZK20-2	8.8～9.0	E	泥岩	64
150914-017	SZK20-2	11.8～12.0	E	泥岩	61
统计结果					$\dfrac{51.0\%\sim70.0\%}{60.0\%（11）}$ [分子为范围值（最小值～最大值）；分母为平均值（组数）]

从表 11.1 可以看出：岸坡上部中更新统冲积层土体自由膨胀率平均为 56.0%，6 组试样中仅有 1 组自由膨胀率达到 72%，总体而言，该层土呈弱膨胀性。

从表 11.2 可以看出：岸坡古近系（E）基岩自由膨胀率平均为 60.0%，11 组试样中自由膨胀率大于等于 65%的有 3 组，占总量的 27.3%，总体而言，基岩呈弱—中等膨胀性。

2. 岩土体物理力学参数

膨胀土岸坡上部中更新统冲积（Q_2^{al}）黏土：褐黄色，硬塑状，切面平整光滑。现场对该土层进行了标贯试验 12 组，重型动力触探试验共 12 段次，并取 6 组钻孔原状土样进行了室内物理力学试验。标贯及重型动力触探试验成果统计见表 11.3，物理力学试验成果及统计见表 11.4。

表 11.3 膨胀土岸坡土体现场试验成果统计表

地层代号	土体名称	统计项目	标贯试验校正击数	重型动力触探试验校正击数
Q_2^{al}	黏土	组数	12	4
		最大值	34.0	36.0
		最小值	6.7	8.0
		平均值	22.1	16.5

从表 11.3 可以看出，膨胀土岸坡土体标贯试验击数平均值为 22.1 击，处于密实状态；重型动力触探试验击数平均值为 16.5 击，处于密实状态。局部击数偏大，分析认为这由土体内部钙质结核或位于覆盖层底部岩土界面位置所致。

从表 11.4 可以看出，黏土的天然含水率为 20.90%~37.30%，干密度为 1.27~1.66 g/cm³，湿密度为 1.75~2.01 g/cm³，孔隙比为 0.645~0.978，塑性指数 I_{P10}=14.6~22.2，液性指数 I_{L10}=−0.20~0.43，多呈硬塑状态，压缩系数为 0.130~0.694 MPa^{-1}，压缩模量为 3.108~12.808 MPa，呈中等压缩性，天然快剪黏聚力均值为 50.89 kPa，内摩擦角均值为 17.5°，饱和快剪黏聚力均值为 31.37 kPa，内摩擦角均值为 13.4°。

膨胀土岸坡各土体物理、力学性质指标建议值见表 11.5、表 11.6。

表 11.4 膨胀土岸坡土体内物理力学试验成果统计表

室内编号	取样深度/m	土体名称	相对密度	含水率/%	湿密度/(g/cm³)	干密度/(g/cm³)	孔隙比	饱和度/%	液限 W_{L17}	塑限 W_{P17}	塑性指数 I_{P17}	液性指数 I_{L17}
SZK01-3	3.0~3.3		2.74	26.80	1.89	1.49	0.839	88	48.6	22.8	25.8	0.16
SZK11-2	2.3~2.5		2.74	20.90	1.99	1.65	0.661	87	41.3	19.9	21.4	0.05
SZK12-1	1.2~1.4	黏土	2.73	22.40	2.01	1.64	0.665	92	58.2	26.7	31.5	−0.14
SZK14-1	1.0~1.2		2.73	21.30	2.01	1.66	0.645	90	44.6	22.7	21.9	−0.06
SZK4-1	2.9~3.2		2.73	31.10	1.81	1.38	0.978	87	57.2	27.2	30.0	0.13
SZK7-1	3.0~3.3		2.74	37.30	1.75	1.27	0.977	88	60.6	27.8	32.8	0.29
平均值			2.74	26.63	1.91	1.52	0.824	89	51.8	24.5	27.2	0.07
最大值			2.74	37.30	2.01	1.66	0.978	92	60.6	27.8	32.8	0.29
最小值			2.73	20.90	1.75	1.27	0.645	87	41.3	19.9	21.4	−0.14

室内编号	取样深度/m	土体名称	液限 W_{L10}	塑限 W_{P10}	塑性指数 I_{P10}	液性指数 I_{L10}	压缩系数/MPa⁻¹	压缩模量/MPa	天然快剪 黏聚力/kPa	天然快剪 内摩擦角/(°)	饱和快剪 黏聚力/kPa	饱和快剪 内摩擦角/(°)
SZK01-3	3.0~3.3		40.3	22.8	17.5	0.23	0.446	4.123	37.38	16.4	23.86	10.3
SZK11-2	2.3~2.5		34.5	19.9	14.6	0.07	0.133	12.489	56.73	20.4	29.80	15.4
SZK12-1	1.2~1.4	黏土	48.0	26.7	21.3	−0.20	0.130	12.808	98.90	18.6	55.05	13.2
SZK14-1	1.0~1.2		37.7	22.7	15.0	−0.09	0.187	8.797	47.55	19.0	31.14	15.4
SZK4-1	2.9~3.2		47.6	27.2	20.4	0.19	0.448	4.415	30.04	17.5	22.22	15.3
SZK7-1	3.0~3.3		50.0	27.8	22.2	0.43	0.694	3.108	34.72	12.8	26.14	10.5
平均值			43.0	24.5	18.5	0.10	0.340	7.623	50.89	17.5	31.37	13.4
最大值			50.0	27.8	22.2	0.43	0.694	12.808	98.90	20.4	55.05	15.4
最小值			34.5	19.9	14.6	−0.20	0.130	3.108	30.04	12.8	22.22	10.3

表 11.5 膨胀土岸坡土体物理性质指标建议值表

地层代号	土类名称	含水率/%	密度/(g/cm³) 湿	密度/(g/cm³) 干	相对密度	孔隙比
Q_4^{col+dl}	黏土	26.6	1.91	1.52	2.74	0.824
	碎石土	26.5	19.6	15.4	2.74	0.735
Q_2^{al}	黏土	26.6	1.91	1.52	2.74	0.824

表 11.6 膨胀土岸坡土体力学性质指标建议值表

地层代号	土类名称	压缩系数/MPa⁻¹	压缩模量/MPa	饱和抗剪强度 黏聚力/kPa	饱和抗剪强度 内摩擦角/(°)	承载力建议值/kPa
Q_4^{col+dl}	黏土	0.27~0.35	4.9~6.9	16	13	170
	碎石土	0.35	7.0~9.0	12	21	200
Q_2^{al}	黏土	0.34	7.623	18	15	200

岩体物理力学性质：膨胀土岸坡岩石物理力学试验成果及统计见表 11.7。

表 11.7 膨胀土岸坡岩石室内物理力学试验成果统计表

室内编号	取样深度/m	岩石名称	相对密度	含水率/%	湿密度/(g/cm³)	干密度/(g/cm³)	孔隙比	天然快剪 黏聚力/kPa	天然快剪 内摩擦角/(°)	饱和快剪 黏聚力/kPa	饱和快剪 内摩擦角/(°)
SZK01-2	3.0~3.3	泥岩	2.72	16.4	1.97	1.69	0.609	45.88	20.2	31.80	15.9
SZK01-3	5.9~6.2	泥岩	2.72	21.3	2.03	1.67	0.629	67.80	15.6	54.30	10.9
SZK05-1	2.8~3.1	泥岩	2.74	33.5	1.58	1.18	1.322	34.68	18.9	25.00	17.2
SZK19-1	1.5~1.7	泥岩	2.72	18.6	2.00	1.69	0.609	72.44	17.0	38.78	12.6
SZK19-1	3.0~3.3	泥岩	2.73	24.4	2.00	1.61	0.696	66.52	21.1	53.75	17.0
SZK20-1	4.8~5.0	泥岩	2.72	28.1	1.90	1.48	0.838	24.30	13.6	20.23	10.5
SZK20-1	7.8~8.0	泥岩	2.72	25.1	1.98	1.58	0.722	39.24	16.0	19.92	10.3
SZK20-1	14.7~14.9	泥岩	2.71	27.9	1.87	1.46	0.856	19.20	20.3	17.07	16.6
SZK20-2	7.0~7.2	泥岩	2.74	25.5	1.96	1.56	0.756	45.31	16.0	30.60	15.1
SZK20-2	8.8~9.0	泥岩	2.75	23.8	1.98	1.60	0.719	108.74	22.0	55.64	20.6
SZK20-2	11.8~12.0	泥岩	2.75	26.1	1.90	1.51	0.821	47.74	17.2	36.12	13.4
平均值			2.73	24.6	1.92	1.55	0.780	51.99	18.0	34.84	14.6
最大值			2.75	33.5	2.03	1.69	1.322	108.74	22.0	55.64	20.6
最小值			2.71	16.4	1.58	1.18	0.609	19.20	13.6	17.07	10.3

从表 11.7 可以看出：膨胀土岸坡岩体的天然含水率为 16.4%～33.5%，均值为 24.6%，与黏土覆盖层的数据接近；干—饱和块体密度为 1.18～2.03 g/cm³，天然快剪黏聚力为 19.20～108.74 kPa，内摩擦角为 13.6°～22.0°，饱和快剪黏聚力为 17.07～55.64 kPa，内摩擦角为 10.3°～20.6°。

根据岩石力学试验成果及工程地质类比，将各岩体物理力学性质指标建议值列于表 11.8。

表 11.8 膨胀土岸坡岩体物理力学性质指标建议值表

岩石名称	块体密度 /(g/cm³) 干	湿	单轴抗压强度/MPa 天然	饱和	单轴变形/GPa 变形模量 天然	饱和	弹性模量 天然	饱和	泊松比 天然	饱和	抗剪强度 天然 黏聚力/kPa	内摩擦角/(°)	饱和 黏聚力/kPa	内摩擦角/(°)	挡墙基底摩擦系数	承载力标准值/kPa
泥岩	1.55	1.92	4.5	2.0	0.30	0.14	0.65	0.16	0.33	0.33	20～25	20	20～25	18	0.25	220
泥质粉砂岩	2.28	2.33	10.7	4.0	1.15	0.35	1.21	0.41	0.35	0.38	22～27	21～23	22～27	21～23	0.30	270～280

11.2 岸坡堤坝滑坡监测预警与修复加固系统实例

以南水北调中线渠首宋岗码头膨胀土岸坡为示范点，对低空摄影测量监测技术、监测数据快速处理技术、安全监测信息化自动采集技术、时移电法及时移地震检测技术、膨胀土柔性非开挖修复加固技术进行集成，并实现对膨胀土岸坡全生命期健康状态的评估及预警评价，研发出岸坡堤坝滑坡监测预警与修复加固关键技术示范系统，系统界面如图 11.3 所示。

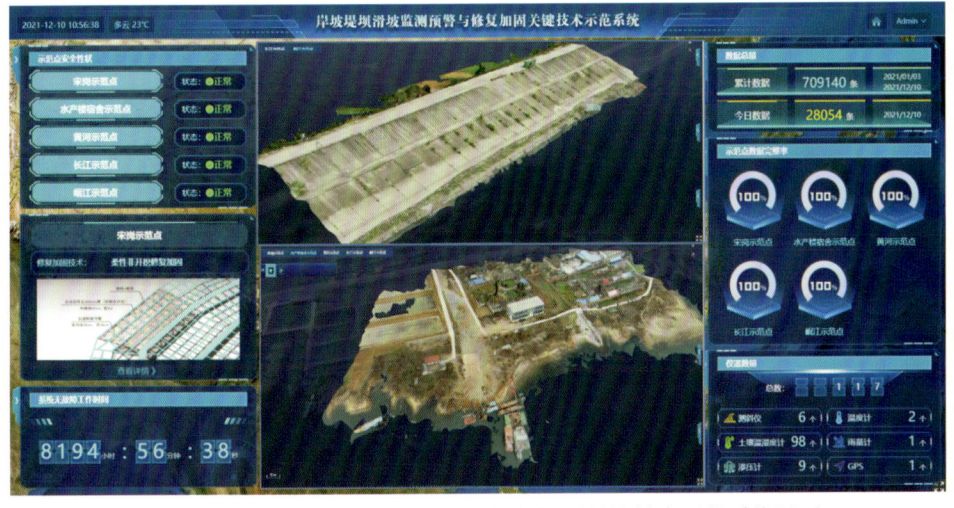

图 11.3 岸坡堤坝滑坡监测预警与修复加固关键技术示范系统界面

11.2.1　低空摄影测量监测技术应用

南水北调中线渠首宋岗码头膨胀土岸坡试验区呈条带状分布,低空摄影测量具体包括无人机常规飞行、目标地形拟合斜面、航线规划、无人机飞控设置、无人机贴近飞行和数据处理等步骤。

1. 无人机常规飞行

根据拍摄目标膨胀土岸坡周围环境的参考地理信息资料(包括 DEM、DOM 等)及现场调查得到的信息,结合膨胀土沿岸几何形状属于"坡面"、坡度较小的特点,手工操作旋翼无人机(精灵 4 RTK)进行常规的摄影测量拍摄,设置无人机的飞行高度为 40 m,获取膨胀土岸坡沿岸范围内的低分辨率无人机影像,如图 11.4 所示。

图 11.4　手控无人机采集低分辨率影像

2. 目标地形拟合斜面

通过手控无人机,得到膨胀土岸坡沿岸总共 131 张低分辨率影像。将这些影像进行空中三角测量和密集匹配,得到膨胀土岸坡沿岸初始的地形信息,如图 11.5 所示。膨胀土岸坡沿岸呈长条形分布,且形状不规则,沿岸分布具有曲度,因此在用一个或多个空间斜面对膨胀土岸坡进行拟合时,需要考虑曲度等因素。

图 11.5　膨胀土岸坡沿岸初始地形

因为整个膨胀土岸坡沿岸形状不规则,且岸坡上部存在建筑物遮挡,同时考虑到贴近摄影测量的拍摄距离离地面很近,所以必须将膨胀土岸坡上方人工建筑物统筹考虑进来,以免无人机自动飞行时与人工建筑物发生碰撞。

3. 航线规划

通过人工选点拟合斜面，将整个膨胀土岸坡沿岸分为 8 个拍摄子区，拍摄子区分布如图 11.6 所示。从 8 个拍摄子区拟合出的斜面中获取各个斜面顶边和底边的边界点坐标，便可在航线规划软件输入相应的参数（图 11.7），依次完成 8 个目标区域的航线规划，8 个拍摄子区航线规划的结果如图 11.8 所示，其中绿色区域表示拍摄覆盖的范围，蓝色球体代表拍摄航点。

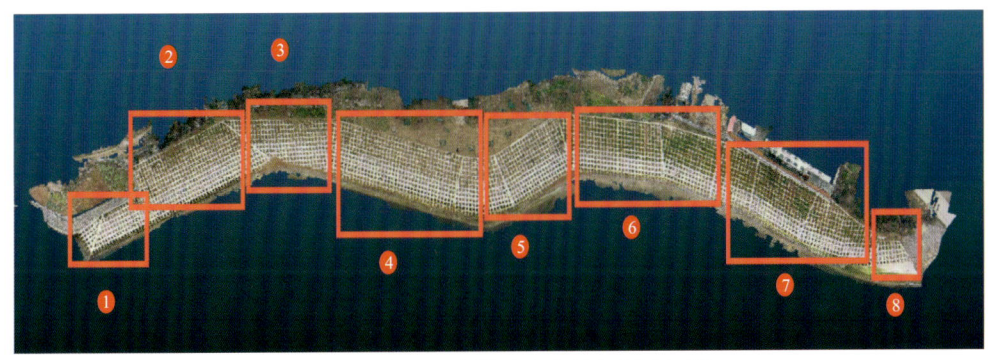

图 11.6　膨胀土岸坡沿岸航线规划分区图

图 11.7　航线规划软件参数设置

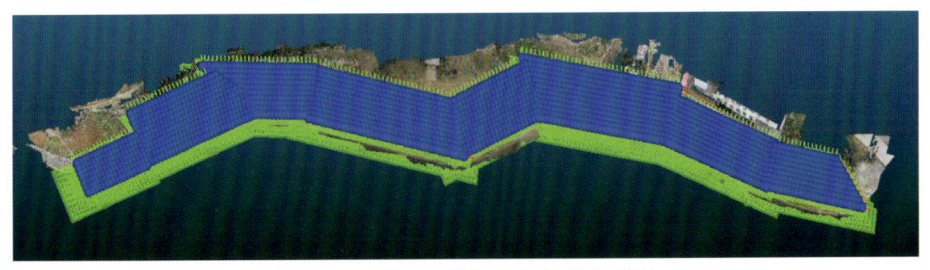

图 11.8　膨胀土岸坡沿岸航线规划图

4. 无人机飞控设置

将航线规划软件生成的结果导入飞控软件进行任务设置，调试好精灵 4RTK 旋翼无人机与遥控器。确认无误即可开展低空飞行作业，飞控软件设置无人机飞行参数如图 11.9 所示。

图 11.9　飞控软件设置无人机飞行参数

5. 无人机贴近飞行

对试验区域膨胀土岸坡沿岸进行无人机贴近飞行，其中拍摄距离设置为 5 m，最低安全飞行高度为 4 m。历经 6 h 的作业，共采集到 3 824 张超高分辨率无人机影像，影像分辨率约为 1.4 mm，具体结果见表 11.9。

表 11.9　航线规划 8 个拍摄子区影像数量统计表　　　　　　　　（单位：张）

规划区域	影像数量
区域 1	277
区域 2	619
区域 3	257
区域 4	535
区域 5	334
区域 6	911
区域 7	638
区域 8	253
合计	3 824

6. 数据处理及试验结果

利用主流的 PhotoScan 和 Smart3D 软件对采集的超高分辨率影像进行处理，包括空中三角测量及三维重建。最终得到南水北调中线丹江口水库膨胀土岸坡试验区域的三维模型数据。

数据处理基本情况如下。

影像总量：3 824 张。

数据大小：27.9 GB。

影像分辨率：1.4 mm。

服务器配置：intel 至强处理器 56 线程，128 GB 内存。

处理时间：23 h 左右。

南水北调中线丹江口水库膨胀土岸坡低空摄影测量应用效果如图 11.10 所示。

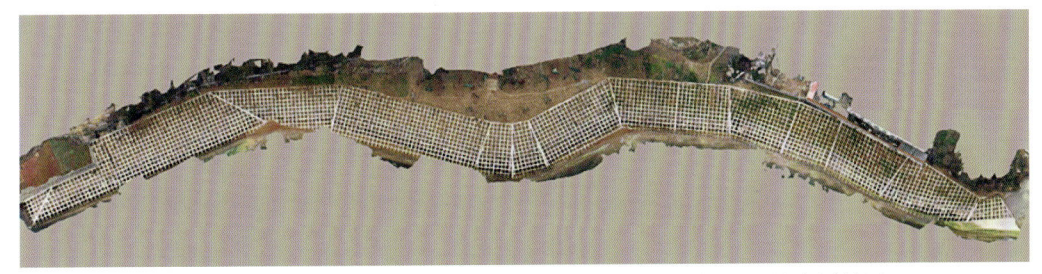

图 11.10　南水北调中线丹江口水库膨胀土岸坡低空摄影测量应用效果

11.2.2　监测数据快速处理技术应用

南水北调中线工程丹江口水库宋岗码头膨胀土库岸示范点监测传感器自投入运行以来，累计测得原始数据 12 万余条，数据存储在 SQL Server 数据库中。

1. 模型速率测试

用 3 台计算机组成高速局域网，形成一个计算集群，并将宋岗码头膨胀土库岸试验区监测数据库作为模型输入数据源，分别选取 10 000、100 000 量级数据，同时通过传统拉依达准则和快速处理模型进行海量数据计算性能测试，共运行 100 次，取模型运行时长最大值和最小值，测试结果如表 11.10 所示，经过压力测试，快速处理模型满足指标要求。

表 11.10　监测数据拉依达准则和快速处理模型运行速率对比测试

数据量级	拉依达准则	快速处理模型
10 000	22.3～38.6 s	1.1～1.7 s
100 000	205.3～695.1 s	1.5～1.8 s

2. 模型功能测试

以宋岗码头膨胀土库岸试验区埋设的某一测斜仪的测点数据为例，其 2021 年 7 月 21 日～10 月 10 日共测得数据 678 条，过程线如图 11.11 所示。

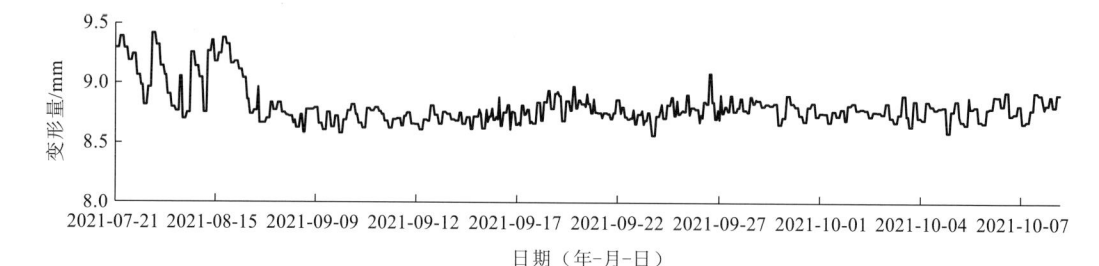

图 11.11 某一测斜仪原始成果过程线图

由图 11.11 可知,原始成果过程线图中包含大量毛刺噪声数据,并有若干明显的离群值。模型处理后的过程线如图 11.12 所示,所有异常值均被识别出来,毛刺噪声数据也被平滑,曲线整体既能完整保留数据原始信息,又能排除随机误差、噪声、粗差造成的影响。

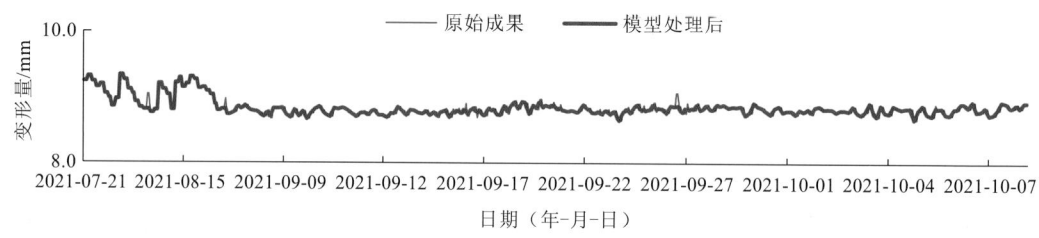

图 11.12 模型处理前后成果过程线对比图

表 11.11 为该垂线测点模型处理前后的数据标准差,结果表明,模型处理后标准差明显降低,说明模型能够有效识别异常值并降低噪声。

表 11.11 多元海量监测数据快速处理前后数据标准差对比表

数据条数	原始成果标准差 σ_0	模型处理后标准差 σ_1
678	0.130	0.125

11.2.3 安全监测信息化自动采集技术应用

根据 6.1 节提出的膨胀土岸坡渗透滑动全生命期行为演化模型及判据,确定了影响渗透滑动全生命期行为的主要因素与关键控制变量,包括初始孔隙比、抗剪强度、强度系数、裂隙表面分布及深度分布、容重、含水量,上述主要参数的采集手段见表 11.12。

表 11.12 现场主要监测内容、指标及手段

序号	监测内容	监测指标	监测手段
1	裂隙表面分布	裂隙度	全面/无人机拍摄
2	裂隙深度分布	含水率突变深度	多点/土壤湿度计
3	裂隙区容重	平均容重	多点/密度计
4	裂隙区含水量分布	不同深度含水率	多点/土壤湿度计
5	抗剪强度	不同深度抗剪强度	原位剪切试验

同时，为了给评价膨胀土岸坡修复加固效果及安全性提供依据，监测内容还应包括表面变形监测、深部变形监测、渗流监测等，其自动化采集方式如表 11.13 所示。

表 11.13 安全监测自动化设备配置表

序号	仪器名称	采集装置配置
1	渗压计（电子式）	RS-900 采集器
2	固定式测斜仪	
3	静压式液位计	
4	一体化雨量计	一体化配套采集装置
5	GPS 监测点	3D-Tracker GPS 监测系统

（1）表面裂隙。裂隙宽度和裂隙间隔信息通过无人机低空摄影测量获取，监测频次为 1 个月 1 次，并选择在特征水位和降雨时段等代表性时段进行监测采集。

（2）含水量监测。在距膨胀土表面 3 cm、8 cm、13 cm、18 cm、23 cm、28 cm、33 cm 处埋设土壤湿度计，采用分布式采集技术（RS-900 采集器）进行自动化采集，采集频次暂为 1 次/h。

（3）表面变形监测。通过 GPS 监测点监测膨胀土岸坡的表面变形情况，采用 3D-Tracker GPS 监测系统进行采集，GPS 监测点观察墩结构如图 11.13 所示。

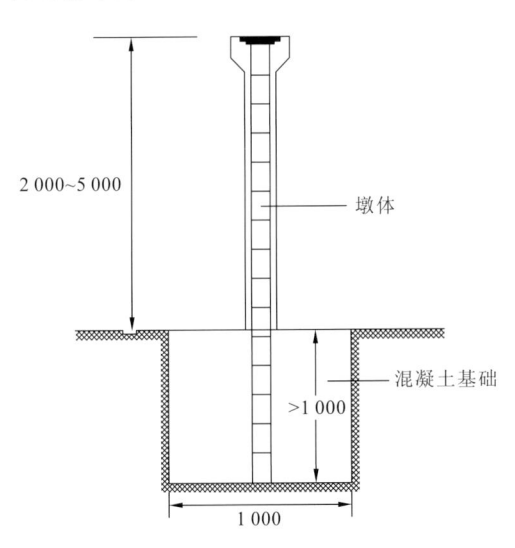

图 11.13 GPS 监测点观察墩结构示意图（单位：mm）

（4）深部变形监测。采用电子固定式测斜仪进行深部变形监测，采用分布式采集技术（RS-900 采集器）进行自动化采集。

（5）渗流监测。采用电子渗压计进行渗流监测，采用分布式采集技术（RS-900 采集器）进行自动化采集。

上述监测数据实时传输至岸坡堤坝滑坡监测预警与修复加固关键技术示范系统中，并进行实时显示，如图11.14所示。

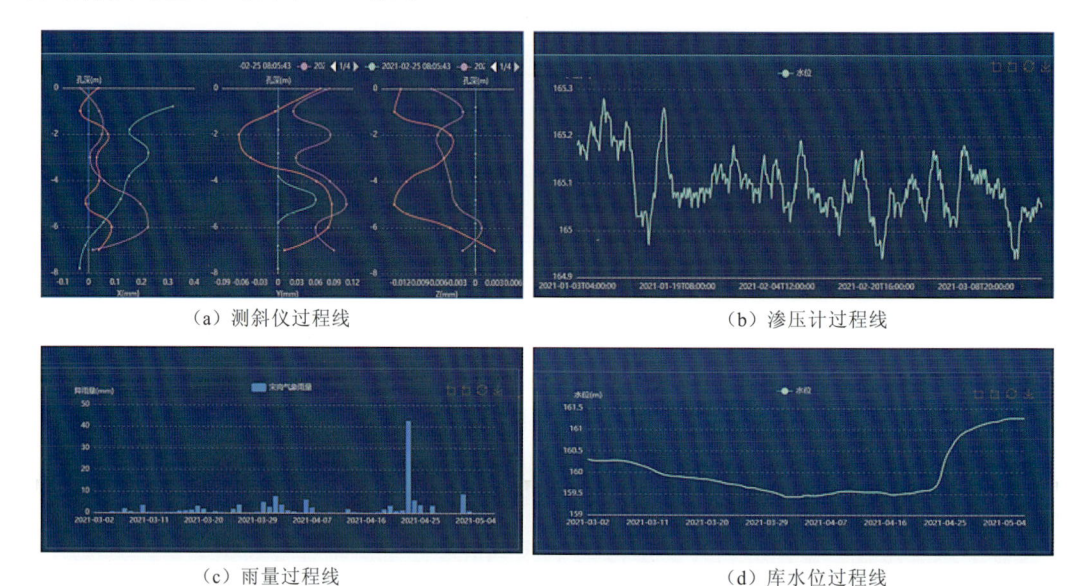

(a) 测斜仪过程线

(b) 渗压计过程线

(c) 雨量过程线

(d) 库水位过程线

图 11.14　宋岗码头膨胀土岸坡安全监测信息自动化采集及可视化

11.2.4　时移地震检测技术应用

2019～2021年，在南水北调中线丹江口水库宋岗码头膨胀土岸坡开展了时移地震检测技术应用试验，完成了4次时移地震检测数据的采集及时移反演分析，并将数据集成至岸坡堤坝滑坡监测预警与修复加固关键技术示范系统，现场数据采集如图11.15所示。

图 11.15　丹江口水库宋岗码头膨胀土岸坡时移地震检测数据采集（摄于2020年10月）

时移地震检测数据采集分 4 次进行，分别为 2019 年 8 月、2019 年 10 月、2020 年 10 月、2021 年 2 月，数据采集期间水库水位分别为 161 m、163 m、162 m、160 m。物探检测数据集成至系统的效果如图 11.16 所示。

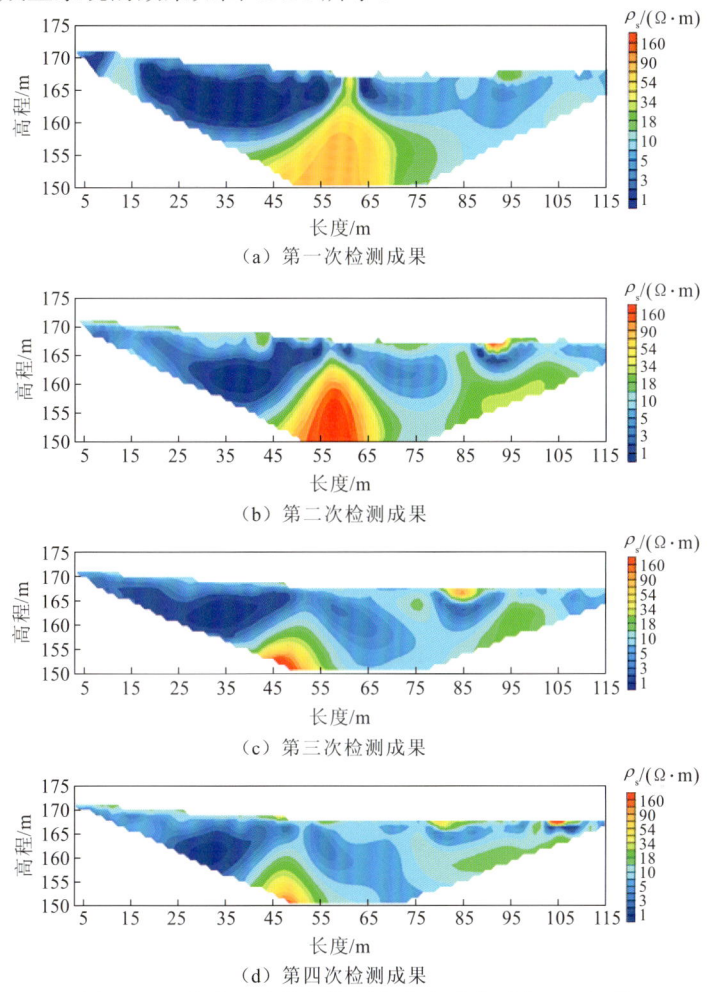

(a) 第一次检测成果

(b) 第二次检测成果

(c) 第三次检测成果

(d) 第四次检测成果

图 11.16 宋岗码头物探检测信息自动化采集及可视化

通过平台可以直观地发现，不同渗透条件下土体波速具有较明显的差异，不同水位条件下的土体含水率变化会引起地球物理弹性参数的变化，进而实现对岸坡水体渗透致灾过程的监测与预警评估，具体结论见 5.4 节，在此不再赘述。

11.2.5 膨胀土岸坡全生命期健康状态快速评判

根据 6.1 节提出的渗透滑动的水力耦合判据，实时计算膨胀土岸坡全生命期健康状态，结合 11.2.3 小节提出的宋岗码头膨胀土岸坡监测方案，动态计算全生命期判据 $\Delta\tau$：$\Delta\tau>0$，为健康状态，系统以绿色表达；$\Delta\tau=0$，为不良状态，系统用黄色表达；$\Delta\tau<0$，为患病状态，系统用红色表达。以 2021 年 4 月 26 日 8 时获取的实时监测数据为例，膨

胀土岸坡各分区全生命期健康状态如表 11.14 所示，湿度计及 GPS 监测点布置如图 11.17 所示，全生命期演化度随土体深度的变化如图 11.18 所示。

表 11.14 膨胀土岸坡各分区全生命期健康状态计算成果

湿度计编号	土壤湿度/%	质量含水率/%	理论抗剪强度 τ_f/kPa	当前剪应力 τ_p/kPa	$\Delta\tau$/kPa	演化度/%	健康状态
1-1	44.20	0.19	79.08	0.12	78.97	0.15	健康
1-2	58.70	0.25	52.10	0.27	51.83	0.52	健康
1-3	43.80	0.19	80.69	0.51	80.18	0.63	健康
1-4	76.60	0.33	18.64	0.43	18.21	2.29	健康
1-5	73.70	0.32	24.39	0.59	23.80	2.42	健康
1-6	56.40	0.24	57.83	0.97	56.85	1.68	健康
1-7	59.60	0.25	52.01	1.10	50.91	2.12	健康
2-1	40.30	0.17	80.03	0.12	79.91	0.15	健康
2-2	51.10	0.22	62.29	0.29	62.00	0.47	健康
2-3	48.60	0.21	66.77	0.49	66.29	0.73	健康
2-4	37.60	0.16	86.21	0.73	85.48	0.84	健康
2-5	33.70	0.14	93.84	0.94	92.90	1.00	健康
2-6	56.60	0.24	54.91	0.97	53.94	1.77	健康
2-7	41.60	0.18	80.45	1.30	79.15	1.62	健康
3-1	42.00	0.18	77.08	0.12	76.96	0.15	健康
3-2	63.50	0.27	43.03	0.25	42.78	0.59	健康
3-3	48.00	0.21	67.77	0.49	67.28	0.72	健康
3-4	44.10	0.19	74.78	0.70	74.08	0.93	健康
3-5	68.20	0.29	36.94	0.67	36.28	1.80	健康
3-6	32.00	0.14	97.55	1.15	96.40	1.18	健康
3-7	67.50	0.29	38.51	0.97	37.54	2.52	健康
4-1	39.40	0.17	81.60	0.12	81.48	0.15	健康
4-2	74.90	0.32	26.69	0.20	26.50	0.75	健康
4-3	53.60	0.23	58.63	0.47	58.17	0.79	健康
4-4	40.00	0.17	81.92	0.72	81.21	0.87	健康
4-5	53.00	0.23	60.32	0.83	59.50	1.37	健康
4-6	39.30	0.17	84.09	1.12	82.97	1.33	健康
4-7	25.40	0.11	110.94	1.38	109.56	1.25	健康
5-1	52.70	0.23	59.35	0.11	59.24	0.18	健康
5-2	20.70	0.09	117.44	0.34	117.10	0.29	健康
5-3	43.30	0.19	75.72	0.51	75.21	0.67	健康
5-4	45.90	0.20	71.70	0.69	71.01	0.96	健康
5-5	45.20	0.19	73.31	0.89	72.43	1.21	健康
5-6	27.60	0.12	106.02	1.17	104.85	1.10	健康
5-7	46.40	0.20	72.09	1.26	70.83	1.75	健康
6-1	55.90	0.24	54.30	0.10	54.19	0.19	健康
6-2	41.00	0.18	79.26	0.32	78.94	0.40	健康

续表

湿度计编号	土壤湿度/%	质量含水率/%	理论抗剪强度 τ_f/kPa	当前剪应力 τ_p/kPa	$\Delta\tau$/kPa	演化度/%	健康状态
6-3	23.20	0.10	113.01	0.55	112.46	0.48	健康
6-4	33.10	0.14	94.45	0.74	93.71	0.78	健康
6-5	32.50	0.14	96.09	0.95	95.14	0.98	健康
6-6	35.70	0.15	90.64	1.14	89.50	1.26	健康
6-7	52.10	0.22	62.53	1.20	61.33	1.92	健康

注：$\Delta\tau \neq \tau_f - \tau_p$ 由四舍五入导致。

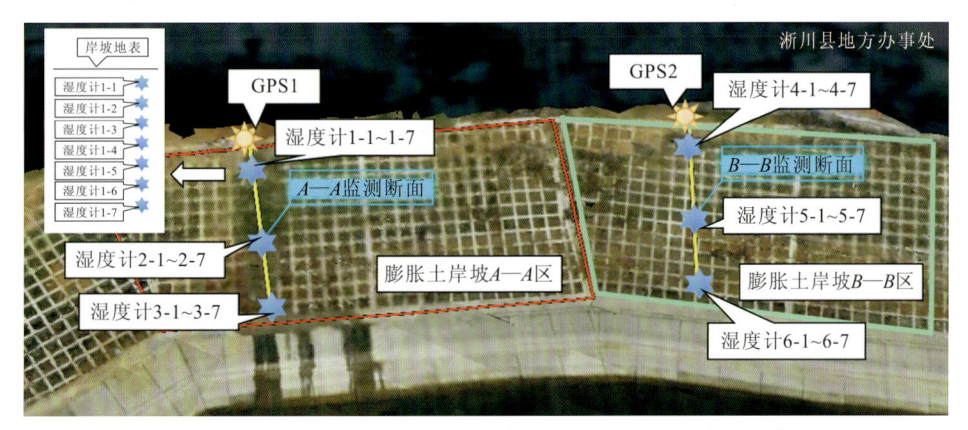

图 11.17 宋岗码头膨胀土岸坡湿度计及 GPS 监测点布置示意图

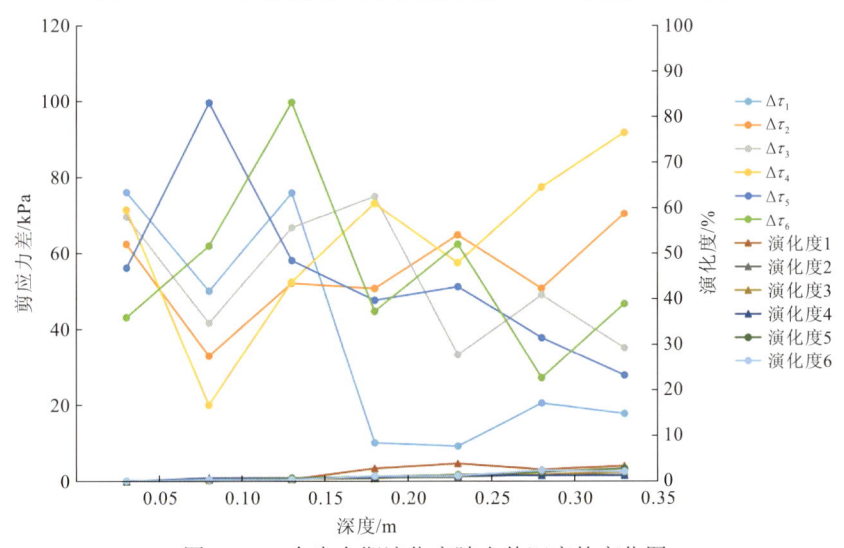

图 11.18 全生命期演化度随土体深度的变化图

由表 11.14、图 11.17、图 11.18 可知，全部监测点（42 个湿度计）的理论抗剪强度 τ_f 大于岸坡膨胀土的当前剪应力 τ_p，全生命期演化度均小于 5%，可以认为全部监测点均位于全生命期幼年阶段，岸坡健康状态达到 100%，其在岸坡堤坝滑坡监测预警与修复加固系统的可视化表达界面如图 11.19 所示，系统根据湿度计埋设位置，将岸坡堤坝分为 42 个分区，$\Delta\tau$ 的计算结果实时在系统中显示。

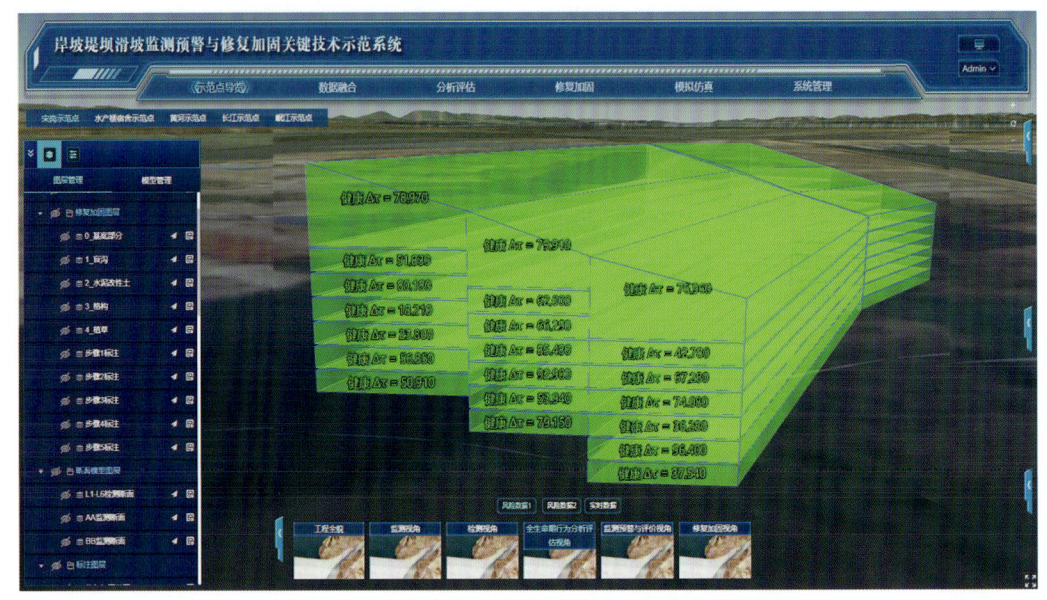

图 11.19　全生命期演化分析结果可视化表达界面

11.2.6　膨胀土岸坡监测预警

根据 6.1 节提出的膨胀土岸坡堤坝渗透失稳评判体系，实时计算膨胀土岸坡稳定状态，结合岸坡堤坝全生命期健康状态及地表位移速率变化动态计算滑坡的危险程度，其中绿色代表膨胀土岸坡处于安全状态，黄色代表膨胀土岸坡处于低风险状态，褐色代表膨胀土岸坡处于中风险状态，红色代表膨胀土岸坡处于高风险状态。以 2021 年 4 月 26 日 8 时获取的实时监测数据为例，计算膨胀土岸坡 $A—A$ 断面和 $B—B$ 断面岸坡稳定状态，其 GPS 监测点及湿度计布置如图 11.17 所示，地表位移变化率计算结果如表 11.15 所示，岸坡各分区稳定状态计算结果如表 11.16 所示。

表 11.15　膨胀土岸坡地表位移变化率计算结果

时间 （年-月-日 时：分）	断面	x 位置矢量/mm	y 位置矢量/mm	z 位置矢量/mm	位移变化/mm	位移变化率/%	变化情况
2021-04-26 6：00	$A—A$ GPS1	-1 980 296.764	4 989 961.938	3 432 462.219	—	—	—
2021-04-26 7：00		-1 980 296.764	4 989 961.938	3 432 462.219	1.2×10^{-4}	—	—
2021-04-26 8：00		-1 980 296.764	4 989 961.938	3 432 462.219	2.9×10^{-5}	75.4	轻微变化
2021-04-26 6：00	$B—B$ GPS2	-1 980 306.653	4 989 908.596	3 432 502.915	—	—	—
2021-04-26 7：00		-1 980 306.653	4 989 908.596	3 432 502.915	1.7×10^{-4}	—	—
2021-04-26 8：00		-1 980 306.653	4 989 908.596	3 432 502.915	5.2×10^{-5}	69.1	轻微变化

表 11.16　膨胀土岸坡各分区稳定状态计算结果

监测断面	湿度计编号	$\Delta\tau$/kPa	健康状态	位移变化率/%	变化情况	安全等级
A—A	1-1	93.50	健康	75.4	轻微变化	安全
	1-2	112.60	健康	75.4	轻微变化	安全
	1-3	79.40	健康	75.4	轻微变化	安全
	1-4	147.80	健康	75.4	轻微变化	安全
	1-5	160.30	健康	75.4	轻微变化	安全
	1-6	127.70	健康	75.4	轻微变化	安全
	1-7	68.10	健康	75.4	轻微变化	安全
	2-1	111.20	健康	75.4	轻微变化	安全
	2-2	102.60	健康	75.4	轻微变化	安全
	2-3	55.60	健康	75.4	轻微变化	安全
	2-4	68.10	健康	75.4	轻微变化	安全
	2-5	114.70	健康	75.4	轻微变化	安全
	2-6	69.20	健康	75.4	轻微变化	安全
	2-7	90.60	健康	75.4	轻微变化	安全
	3-1	142.50	健康	75.4	轻微变化	安全
	3-2	79.40	健康	75.4	轻微变化	安全
	3-3	90.10	健康	75.4	轻微变化	安全
	3-4	151.20	健康	75.4	轻微变化	安全
	3-5	9.20	健康	75.4	轻微变化	安全
	3-6	133.20	健康	75.4	轻微变化	安全
	3-7	93.50	健康	75.4	轻微变化	安全
	A—A 岸坡	9.20	健康	75.4	轻微变化	安全
B—B	4-1	81.48	健康	69.1	轻微变化	安全
	4-2	26.50	健康	69.1	轻微变化	安全
	4-3	58.17	健康	69.1	轻微变化	安全
	4-4	81.21	健康	69.1	轻微变化	安全
	4-5	59.50	健康	69.1	轻微变化	安全
	4-6	82.97	健康	69.1	轻微变化	安全
	4-7	109.56	健康	69.1	轻微变化	安全
	5-1	59.24	健康	69.1	轻微变化	安全
	5-2	117.10	健康	69.1	轻微变化	安全
	5-3	75.21	健康	69.1	轻微变化	安全
	5-4	71.01	健康	69.1	轻微变化	安全

续表

监测断面	湿度计编号	$\Delta\tau$/kPa	健康状态	位移变化率/%	变化情况	安全等级
	5-5	72.43	健康	69.1	轻微变化	安全
	5-6	104.85	健康	69.1	轻微变化	安全
	5-7	70.83	健康	69.1	轻微变化	安全
	6-1	54.19	健康	69.1	轻微变化	安全
	6-2	78.94	健康	69.1	轻微变化	安全
B—B	6-3	112.46	健康	69.1	轻微变化	安全
	6-4	93.71	健康	69.1	轻微变化	安全
	6-5	95.14	健康	69.1	轻微变化	安全
	6-6	89.50	健康	69.1	轻微变化	安全
	6-7	61.33	健康	69.1	轻微变化	安全
	B—B 岸坡	26.50	健康	69.1	轻微变化	安全

注：岸坡 $\Delta\tau$ 取监测断面各监测点最小值；位移变化率由监测断面 GPS 数据计算得到。

由表 11.16 可知，宋岗码头膨胀土岸坡 A—A 断面所有监测点位计算得到的 $\Delta\tau$ 均大于零，最小值为 9.20 kPa，岸坡处于健康状态，表面位移变化率为 75.4%，大于 50%，小于 100%，为"轻微变化"状态，整体位移很小，A—A 断面所属岸坡为"安全"状态。B—B 断面所有监测点位计算得到的 $\Delta\tau$ 均大于零，最小值为 26.50 kPa，岸坡处于健康状态，表面位移变化率为 69.1%，大于 50%，小于 100%，为"轻微变化"状态，整体位移很小，B—B 断面所属岸坡同为"安全"状态，其在岸坡堤坝滑坡监测预警与修复加固系统的可视化表达界面如图 11.20 所示。

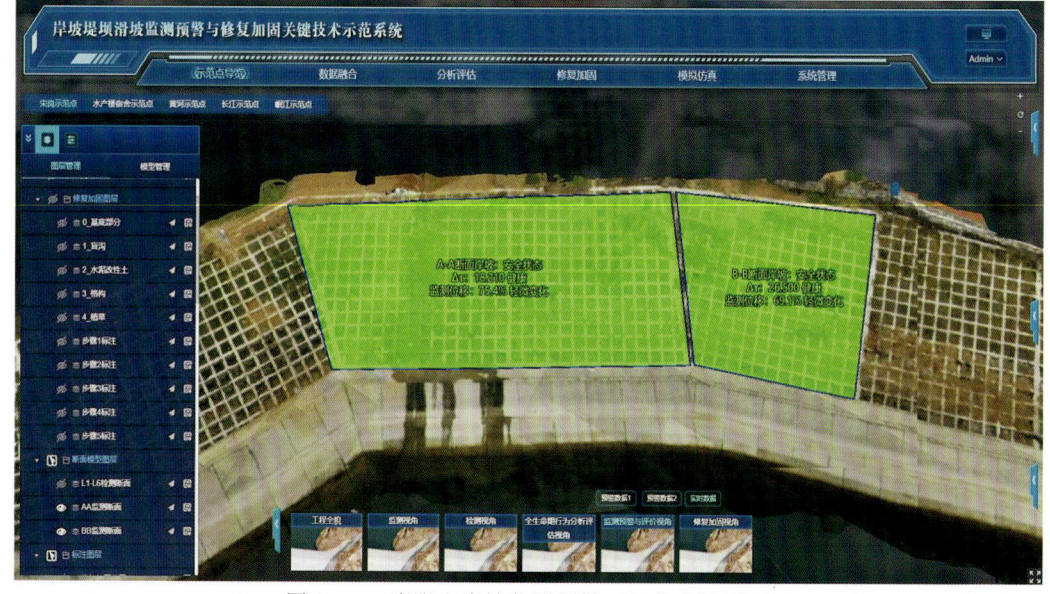

图 11.20　膨胀土岸坡监测预警可视化表达界面

11.2.7　柔性防护修复加固技术应用及效果评价

1. 柔性防护修复加固技术

将 6.1 节提出的膨胀土岸坡柔性非开挖修复加固技术应用至南水北调中线渠首宋岗码头膨胀土岸坡示范点，具体修复加固方案为，膨胀土岸坡体由内到外分别设置排水盲沟、300 mm 厚水泥改性土和格构植被护坡，其中水泥改性土中所用素填土的自由膨胀率不宜大于 65%，所用水泥掺量为 4%，回填水泥改性土采用振动夯实，压实度不小于 94%，混凝土格构位于水泥改性土上方，排水盲沟位于水泥改性土下方，盲沟宽度和深度均为 30 cm，底部采用 75 mm PE63 管接于排水盲沟，引水出护面。南水北调中线渠首宋岗码头膨胀土岸坡示范点修复加固方案如图 11.21 所示，排水盲沟布置如图 11.22 所示。

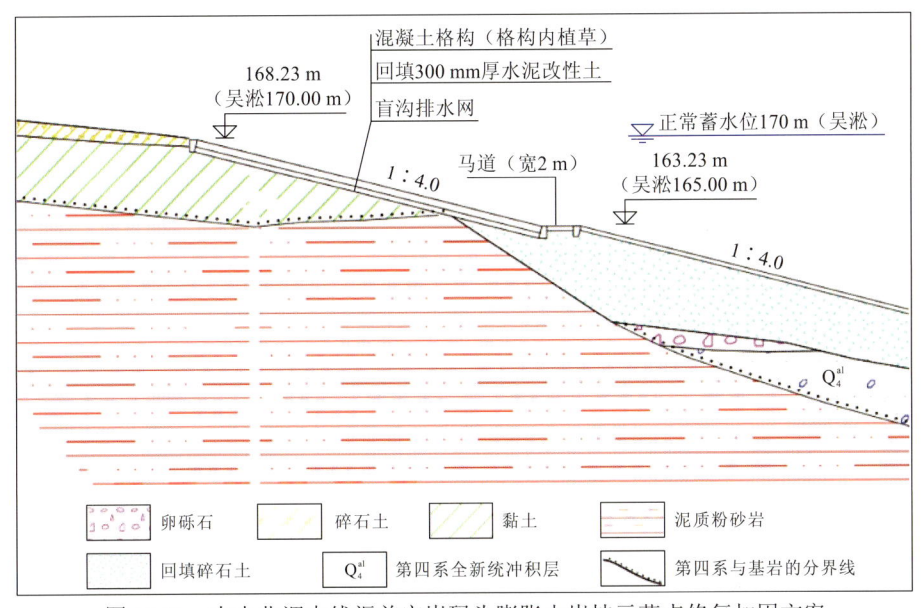

图 11.21　南水北调中线渠首宋岗码头膨胀土岸坡示范点修复加固方案

为实现柔性防护修复加固技术可视化仿真，采用 3DE 平台建立排水盲沟、水泥改性土及混凝土格构等修复加固措施的 BIM，并进行装配组合，集成至岸坡堤坝滑坡监测预警与修复加固系统，通过三维动画方式呈现修复加固步骤，具体包括基底开挖、布设盲沟、回填水泥改性土、格构施工、草皮护坡。图 11.23 为柔性修复加固措施 BIM，图 11.24 为膨胀土岸坡修复加固全过程动画。

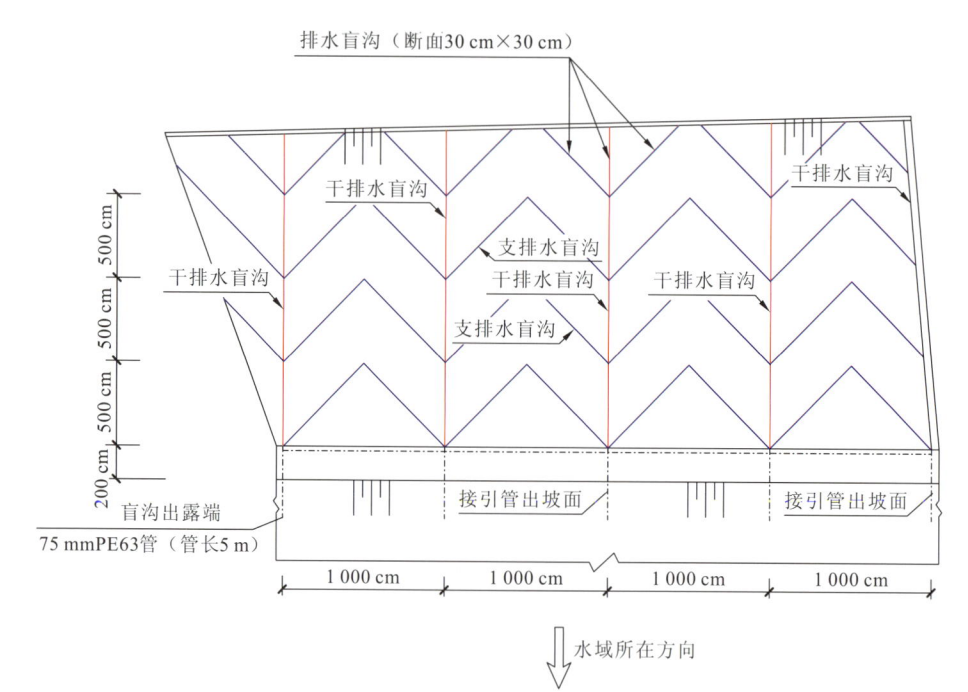

图 11.22 排水盲沟布置示意图

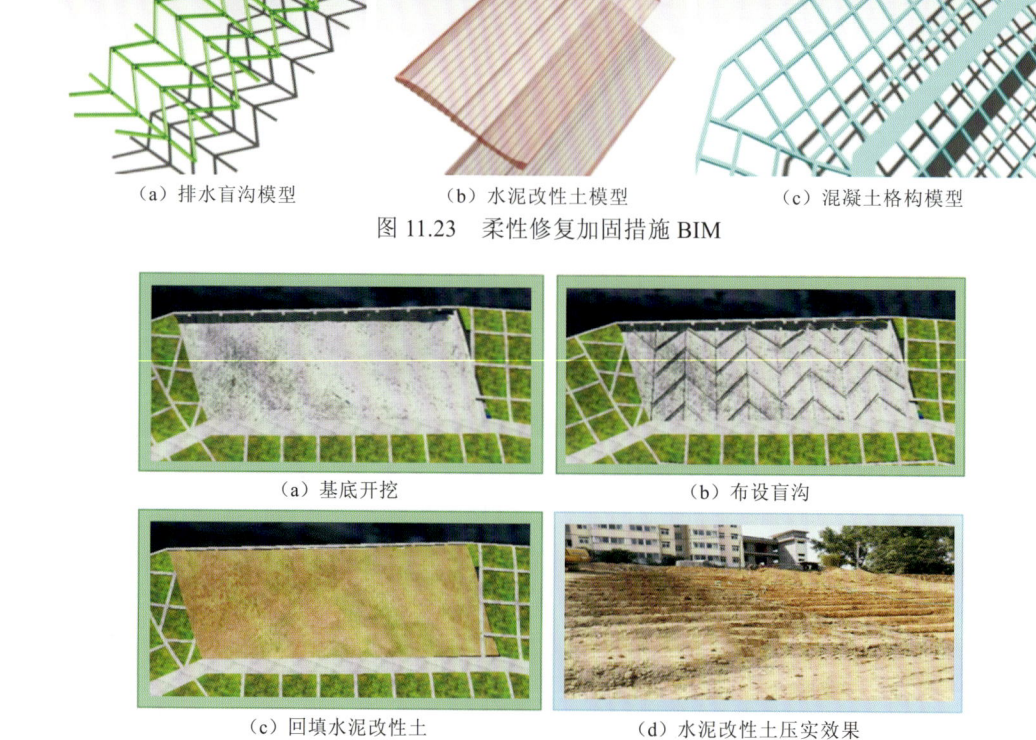

(a) 排水盲沟模型　　(b) 水泥改性土模型　　(c) 混凝土格构模型

图 11.23 柔性修复加固措施 BIM

(a) 基底开挖　　(b) 布设盲沟

(c) 回填水泥改性土　　(d) 水泥改性土压实效果

（e）格构施工　　　　　　　　　　（f）草皮护坡

图 11.24　膨胀土岸坡修复加固全过程动画

2. 修复加固效果评价

1）计算模型

采用 SEEP/W 与 SLOPE/W 软件建立宋岗码头膨胀土岸坡修复加固前后有限元分析模型，以评价膨胀土岸坡的非饱和渗流场与岸坡稳定，有限元模型网格尺寸取为 0.5 m，共包含 22 397 个节点、22 152 个单元。宋岗码头膨胀土岸坡修复加固前后的有限元计算模型如图 11.25 所示。

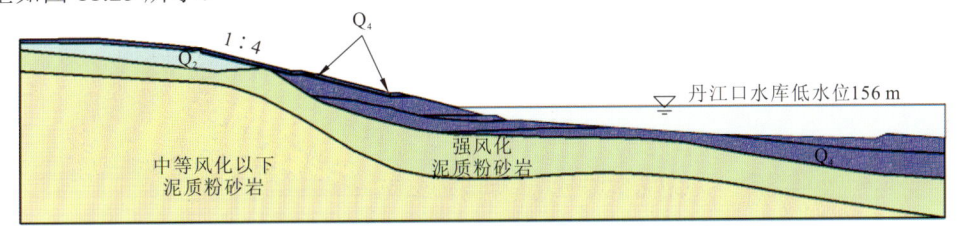

（a）修复加固前

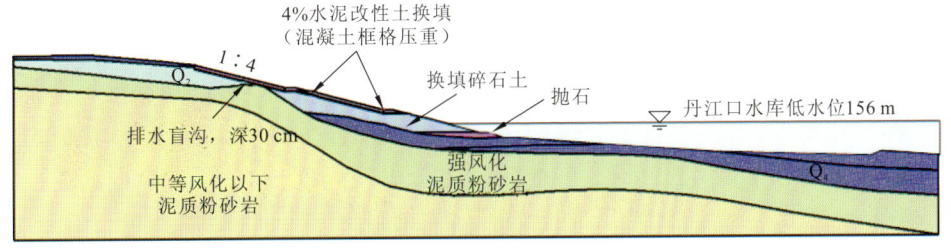

（b）修复加固后

图 11.25　宋岗码头膨胀土岸坡修复加固前后的有限元计算模型

2）计算工况与边界条件

计算工况及边界条件如表 11.17 所示。

表 11.17　岸坡稳定计算工况及边界条件

岸坡状态	计算工况	工况历时	边界条件
修复加固前	初始工况	$t \leqslant 0$	左侧边坡定水头 25 m+右侧坡底定水头 15 m+全坡面出渗+其余隔水
	降雨工况	$0 < t \leqslant 6$ d	左侧边坡定水头 25 m+右侧坡底定水头 15 m+坡面、坡顶降雨+其余隔水
修复加固后	初始工况	$t \leqslant 0$	左侧边坡定水头 25 m+右侧坡底定水头 15 m+排水盲沟及以上坡面出渗+其余隔水
	降雨工况	$0 < t \leqslant 6$ d	左侧边坡定水头 25 m+右侧坡底定水头 15 m+坡面、坡顶降雨+其余隔水

初始工况：时间 $t=0$。

降雨工况：$0<t\leqslant 6$ d。

在非饱和渗流计算过程中，模型左、右侧均取为定水头边界，左侧为水库高水位 170 m，右侧取为易产生滑坡的水库低水位 156 m。在降雨工况下，岸坡顶部与表面取为降雨边界，其中降雨过程函数根据丹江口库区历年降雨强度峰值拟合得到，如图 11.26 所示。

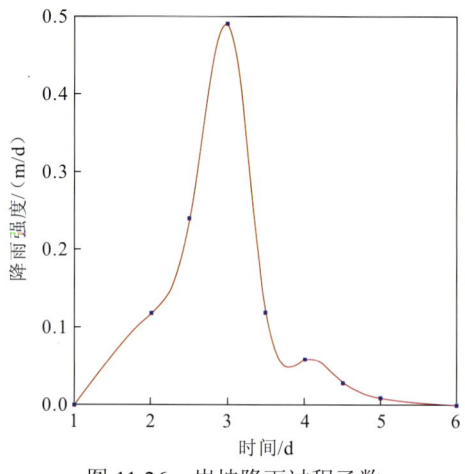

图 11.26 岸坡降雨过程函数

3）计算参数取值

（1）非饱和渗透参数。

根据前期地勘资料，宋岗码头膨胀土岸坡岩土体具有不同的膨胀性，在渗流分析中对其非饱和渗透参数分别进行考虑。相关材料的土水特征曲线与渗透系数函数详见图 11.27 与图 11.28。其他的岩土材料如 4% 的水泥改性土、排水盲沟、抛石、强风化泥质粉砂岩和中等风化以下泥质粉砂岩均取饱和渗透系数参与计算，其值分别为 0.000 33 m/d、4.32 m/d、4.32 m/d、0.052 m/d 和 0.017 3 m/d。

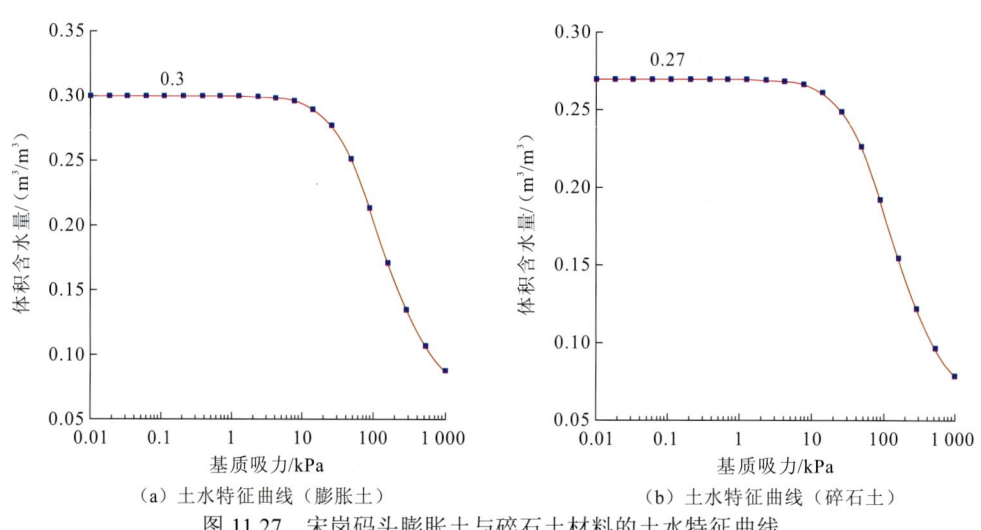

（a）土水特征曲线（膨胀土）　　　　（b）土水特征曲线（碎石土）

图 11.27 宋岗码头膨胀土与碎石土材料的土水特征曲线

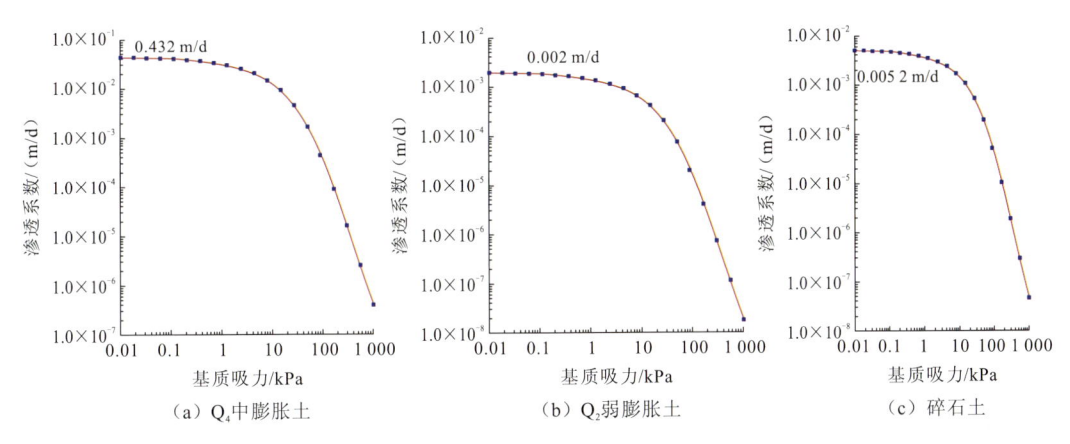

(a) Q₄中膨胀土　　(b) Q₂弱膨胀土　　(c) 碎石土

图 11.28　宋岗码头有关膨胀土与碎石土材料的渗透系数函数

（2）岩土体物理力学参数。

根据地质条件及经验取值，岸坡稳定分析中所涉及的岩土体物理力学参数详见表 11.18。

表 11.18　岩土体物理力学参数

岩土材料	容重/(kN/m³)	黏聚力/kPa	内摩擦角/(°)
Q₂	19.1	18.8	13.7
Q₄	19.1	16	13
换填碎石土	19.6	12	21
抛石	23	0	28
强风化泥质粉砂岩	19.2	22.5	18
4%的水泥改性土（混凝土框格压重）	22	54	20.7
中等风化以下泥质粉砂岩	23.3	24.5	22

4）非饱和渗流及岸坡稳定分析成果

宋岗码头膨胀土岸坡修复加固前后自由面及边坡稳定分析成果如图 11.29 和图 11.30 所示。由图 11.29、图 11.30 可知，岸坡经过修复加固后，在遭遇暴雨时，由水泥改性土与排水盲沟构成的防渗排水体系不仅能够有效阻止大气降水的入渗，而且能够快速排出坡内滞留的地下水，减少坡面积水情况的发生，维持膨胀土边坡的稳定；另外，各工况下岸坡的安全系数均有所提高。在初始工况下，修复加固前后岸坡的安全系数从 1.840 提高至 1.935；而在降雨工况下，安全系数也从 1.341 提高至 1.474，岸坡稳定性显著提高，进一步证明了所拟定的膨胀土边坡"有压快排"非开挖柔性防护方案的安全性与可靠性。

(a)初始工况

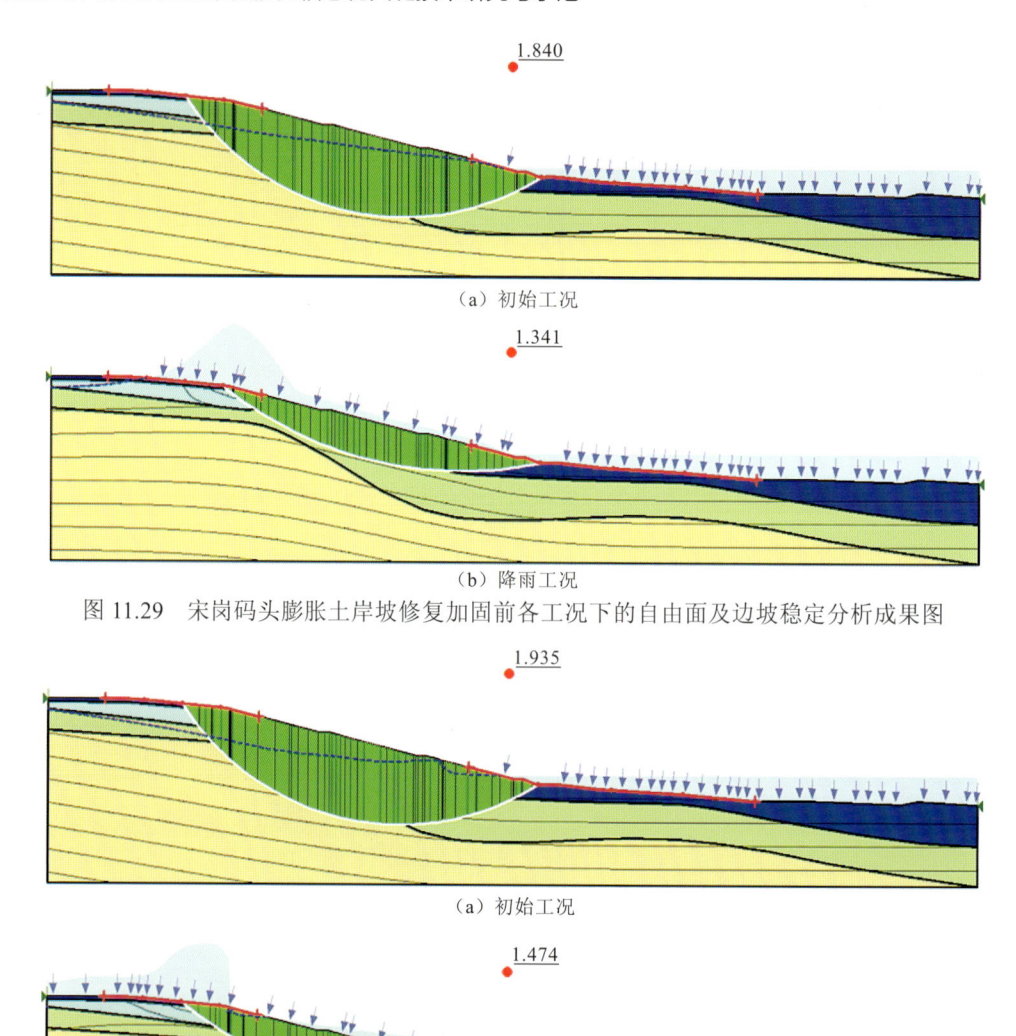

(b)降雨工况

图 11.29 宋岗码头膨胀土岸坡修复加固前各工况下的自由面及边坡稳定分析成果图

(a)初始工况

(b)降雨工况

图 11.30 宋岗码头膨胀土岸坡修复加固后各工况下的自由面及边坡稳定分析成果图

参考文献

[1] 陈仲明, 蒋成文, 周忠瑞, 等. 浅析无人机遥感技术的发展现状[J]. 科学技术创新, 2018(4): 15-16.

[2] 孙伟伟, 杨刚, 陈超, 等. 中国地球观测遥感卫星发展现状及文献分析[J]. 遥感学报, 2020, 24(5): 479-510.

[3] 童旭东. 中国高分辨率对地观测系统重大专项建设进展[J]. 遥感学报, 2016, 20(5): 775-780.

[4] 王新, 陈武, 汪荣胜, 等. 浅论低空无人机遥感技术在水利相关领域中的应用前景[J]. 浙江水利科技, 2010(6): 27-29.

[5] 孙骏, 徐骏, 邓检华. 嵌入式 Web 技术在工程安全监测领域的应用[J]. 水电自动化与大坝监测, 2011, 35(2): 64-66.

[6] 刘健雄. 膨胀土边坡裂隙发育机制与电阻率法动态测试技术研究[D]. 合肥: 合肥工业大学, 2012.

[7] 杜华坤, 喻振华, 汤井田. 高密度电阻率法用于堤坝渗漏监测的数值模拟研究[J]. 物探装备, 2005(4): 229-231.

[8] 倪啸. 广西、北京膨胀(岩)土特性及堑坡处治技术对比分析[D]. 长沙: 长沙理工大学, 2010.

[9] 杨伟新. 柔性处治新技术在膨胀土松散堆积体开挖边坡治理中的应用[J]. 中外公路, 2010, 30(5): 67-70.

[10] 王复明, 李嘉, 石明生, 等. 堤坝防渗加固新技术研究与应用[J]. 水力发电学报, 2016, 35(12): 1-11.

[11] 贺丽丽. 重庆库区沿江交通设施建设与地灾防治一体化研究[D]. 重庆: 重庆交通大学, 2008.

[12] 潘俊, 曹德君, 何帮强, 等. 长江堤防养护管理中存在的问题及对策[J]. 水利技术监督, 2021, 4: 89-92.

[13] 韩旭, 罗登昌. 长江堤防工程大数据基本特征及应用策略[J]. 人民长江, 2020, 51(S1): 262-264.

[14] 朱庆. 三维 GIS 及其在智慧城市中的应用[J]. 地球信息科学学报, 2014, 16(2): 151-157.

[15] 李德仁. 论 21 世纪遥感与 GIS 的发展[J]. 武汉大学学报(信息科学版), 2003(2): 127-131.

[16] 麻荣永, 陈立华. 堤防岸坡稳定与堤型结构优化分析方法[M]. 北京: 科学出版社, 2013.

[17] 杨光煦. 堤坝及其施工关键技术研究与实践[M]. 北京: 中国水利水电出版社, 2000.

[18] 陈祖煜, 杨峰, 赵宇飞, 等. 水利工程建设管理云平台建设与工程应用[J]. 水利水电技术, 2017, 48(1): 1-6.

[19] 饶小康, 贾宝良, 郭亮, 等. 基于大数据平台的灌浆工程单位注入量的预测研究[J]. 水电能源科学, 2018, 36(4): 130-133.

[20] 彭昭. 物联网使能平台的体系结构与服务模式[J]. 电信科学, 2017, 33(11): 141-145.

[21] 马瑞, 董玲燕, 义崇政. 基于物联网与三维可视化技术的大坝安全管理平台及其实现[J]. 长江科学院院报, 2019, 36(10): 111-116.

[22] 白峰, 马瑞, 范青松. 基于 OSG 三维环境下 DEM 与等高线一体化表达与实现[J]. 扬州大学学报, 2014, 35(1): 138-141.

[23] 姜仁贵, 于翔, 解建仓, 等. 水利电子沙盘研究与应用[J]. 华北水利水电大学学报(自然科学版),

2017, 38(1): 13-17.

[24] 饶小康, 马瑞, 张力, 等. 基于人工智能的堤防工程大数据安全管理平台及其实现[J]. 长江科学院院报, 2019, 36(10): 104-110.

[25] 杨俊杰, 徐志敏, 马瑞, 等. 基于 GIS 的堤防隐患探测分析系统及其应用[J]. 长江科学院院报, 2019, 36(10): 141-145.

[26] 何先宁. 无人机航空摄影测量技术在地形测绘中的应用探析[J]. 资源信息与工程, 2019, 34(1): 119-120.

[27] 中华人民共和国自然资源部. 低空数字航空摄影规范: CH/T 3005—2021[S]. 北京: 测绘出版社, 2021.

[28] 中华人民共和国自然资源部. 低空数字航空摄影测量外业规范: CH/T 3004—2021[S]. 北京: 测绘出版社, 2021.

[29] 大疆创新科技有限公司. 精灵 4 RTK 技术参数[EB/OL]. [2021-11-26]. https://www.dji.com/cn/phantom-4-rtk/info.

[30] 袁晓鑫. 无人机大比例尺测图技术及应用研究[D]. 淮南: 安徽理工大学, 2019.

[31] 中华人民共和国水利部. 水利水电工程测量规范: SL 197—2013 [S]. 北京: 中国水利水电出版社, 2013.

[32] 陈小雁. 浅谈数字正射影像(DOM)的制作与应用[J]. 建材与装饰, 2019(31): 233-234.

[33] 国家测绘局. 基础地理信息数字成果 1∶500、1∶1 000、1∶2 000 数字正射影像图: CH/T 9008.3—2010 [S]. 北京: 测绘出版社, 2010.

[34] 中华人民共和国国家质量监督检验检疫总局, 中国国家标准化管理委员会. 数字航空摄影测量 空中三角测量规范: CB/T 23236—2009 [S]. 北京: 中国标准出版社, 2009.

[35] 张祖勋. 数字摄影测量学[M]. 武汉: 武汉测绘科技大学出版社, 1997.

[36] 汪磊. 数字近景摄影测量技术的理论研究与实践[D]. 郑州: 中国人民解放军信息工程大学, 2002.

[37] 陶鹏杰, 何佳男, 席可, 等. 基于旋翼无人机的贴近摄影测量方法: CN110006407B [P]. 2020-04-10.

[38] GREAVES R J, FULP T J. Three-dimensional seismic monitoring of an enhanced oil recovery process[J]. Geophysics, 1987, 52(9): 1175-1187.

[39] HUANG X R, KELKAR M, 王延章. 综合地震资料和动态资料进行油藏描述[J]. 石油物探译丛, 1997(3): 31-39, 6.

[40] 白广明, 张耘菡, 刘晓波, 等. 有渗漏隐患黏土堤坝电阻率模拟试验及分析[J]. 黑龙江水利, 2017, 3(12): 12-19.

[41] 李文忠, 孙卫民. 分布式高密度电法装置类型选择及工程勘查应用[J]. 长江科学院院报, 2019, 36(10): 161-164.

[42] 孙卫民, 孙大利, 李文忠, 等. 基于时移高密度电法的堤防隐患探测技术[J]. 长江科学院院报, 2019, 36(10): 157-160, 184.

[43] 李文忠, 孙卫民, 周华敏. 堤防隐患时移高密度电法探测技术探究[J]. 人民长江, 2019, 50(9): 113-117, 174.

[44] 秦绪英, 朱海龙. 时移地震技术及其应用现状分析[J]. 勘探地球物理进展, 2007, 30(3): 8.

[45] 滕珂, 杨果林, 易岳林. 膨胀土路堑柔性护坡整体稳定性计算方法[J]. 中南大学学报(自然科学版), 2015 (10): 3907-3913.

[46] 李荣建, 郑文, 王莉平, 等. 非饱和土边坡稳定性分析方法研究进展[J]. 西北地震学报, 2011(B08): 2-9.

[47] 王俊, 黄岁樑. 土壤水分特征曲线模型对数值模拟非饱和渗流的影响[J]. 水动力学研究与进展(A辑), 2010, 25(1): 16-22.

[48] 徐绍辉, 张佳宝, 刘建立, 等. 表征土壤水分持留曲线的几种模型的适应性研究[J]. 土壤学报, 2002(4): 498-504.

[49] 刘平. 降雨条件下考虑裂隙的膨胀土边坡非稳定渗流数值模拟[D]. 长沙: 长沙理工大学, 2007.

[50] 石明生. 高聚物注浆材料特性与堤坝定向劈裂注浆机理研究[D]. 大连: 大连理工大学, 2011.

[51] ESTACIO K C, MANGIAVACCHI N. Simplified model for mould filling simulations using CVFEM and unstructured meshes[J]. Communications in numerical methods in engineering, 2007, 23(5): 345-361.

[52] 郭成超. 堤坝防渗非水反应高聚物帷幕注浆研究[D]. 大连: 大连理工大学, 2012.

[53] BUZZI O, FITYUS S, SASAKI Y, et al. Structure and properties of expanding polyurethane foam in the context of foundation remediation in expansive soil[J]. Mechanics of materials, 2008, 40(12): 1012-1021.

[54] MITANI T, HAMADA H. Prediction of flow patterns in the polyurethane foaming process by numerical simulation considering foam expansion [J]. Polymer engineering and science, 2003, 43(9): 1603-1612.

[55] SALTH A, GHOSH MOULIC S. Some numerical studies of interface advection properties of level set method[J]. Sādhanā, 2009, 34(2): 271-298.

[56] BUZZI O, FITYUS S, SASAKI Y. Influence of polyurethane resin injection on hydraulic properties of expansive soils[C]// 第三届亚洲非饱和土国际会议论文集(英文版). 北京: 科学出版社, 2007: 539-544.

[57] 潘军. 多元地学空间数据融合及可视化研究[D]. 长春: 吉林大学, 2005.

[58] 赵红伟, 诸云强, 杨宏伟, 等. 地理空间数据本质特征语义相关度计算模型[J]. 地理研究, 2016, 35(1): 58-70.

[59] 谢忠, 叶梓, 吴亮. 简单要素模型下多边形叠置分析算法[J]. 地理与地理信息科学, 2007(3): 19-23, 32.

[60] 危拥军. 三维GIS数据组织管理及符号化表示研究[D]. 郑州: 解放军信息工程大学, 2006.

[61] 左凤朝, 王文德. 面向对象数据模型的研究[J]. 计算机工程与应用, 2001(16): 110-112.

[62] 陆筱霞. 海量地形场景数据组织管理与传输技术研究[D]. 长沙: 国防科学技术大学, 2013.

[63] 夏宇, 朱欣焰. 高维空间数据索引技术研究[J]. 测绘科学, 2009, 34(1): 60-62, 68.

[64] 宋扬, 潘懋, 朱雷. 三维GIS中的R树索引研究[J]. 计算机工程与应用, 2004(14): 9-10, 21.

[65] 周鹏. 多传感器数据融合技术研究与展望[J]. 物联网技术, 2015, 5(5): 23-25.

[66] 潘泉, 于昕, 程咏梅, 等. 信息融合理论的基本方法与进展[J]. 自动化学报, 2003(4): 599-615.

[67] 许凯, 秦昆, 杜鹤. 利用决策级融合进行遥感影像分类[J]. 武汉大学学报(信息科学版), 2009, 34(7): 826-829.

[68] LIU C K, MA R, HU B B, et al. Multivariate data fusion method based on 3DGIS and its application in

engineering management[C]// Proceedings of the 2021 5th International Conference on Electronic Information Technology and Computer Engineering. Xiamen: JiMei University, 2021: 1393-1397.

[69] 曹万华, 谢蓓, 吴海昕, 等. 基于 DDS 的发布/订阅中间件设计[J]. 计算机工程, 2007(18): 78-80, 83.

[70] 国家能源局. 大坝安全监测数据库表结构及标识符标准: DL/T 1321—2014[S]. 北京: 中国电力出版社, 2014.

[71] 国家能源局. 大坝安全信息分类与系统接口技术规范: DL/T 2097—2020[S]. 北京: 中国电力出版社, 2020.

[72] 中华人民共和国国家质量监督检验检疫总局, 中国国家标准化管理委员会. 电子政务数据元 第 1 部分: 设计和管理规范: GB/T19488.1—2004 [S]. 北京: 中国标准出版社, 2004.

[73] 刘成堃, 张力, 马瑞, 等. 面向 3DGIS 场景的 BIM 模型转换与集成研究[J]. 地理空间信息, 2022, 20(1): 111-114.

[74] 辛园园, 钮俊, 谢志军, 等. 微服务体系结构实现框架综述[J]. 计算机工程与应用, 2018, 54(19): 10-17.

[75] 王方旭. 基于 Spring Cloud 实现业务系统微服务化的设计与实现[J]. 电子技术与软件工程, 2018(8): 60-61.

[76] 韩晶. 大数据服务若干关键技术研究[D]. 北京: 北京邮电大学, 2013.

[77] 郭志懋, 周傲英. 数据质量和数据清洗研究综述[J]. 软件学报, 2002(11): 2076-2082.

[78] 李晓东, 杨扬, 郭文彩. 基于企业服务总线的数据共享与交换平台[J]. 计算机工程, 2006(21): 217-219, 223.

[79] 罗海滨, 范玉顺, 吴澄. 工作流技术综述[J]. 软件学报, 2000(7): 899-907.

[80] 黄海英, 张今革, 叶思斯. 基于工作流和规则引擎的 IT 运维流程管理系统开发[J]. 电子技术与软件工程, 2020(11): 44-45.

[81] 徐晶, 许炜. 消息中间件综述[J]. 计算机工程, 2005(16): 73-76.

[82] 张晨宇, 陆保国, 耿会东. 高性能消息中间件技术的分析与研究[J]. 信息技术与信息化, 2019(10): 193-195.

[83] 中华人民共和国国家质量监督检验检疫总局, 中国国家标准化管理委员会. 中国地震动参数区划图: GB 18306—2015[S]. 北京: 中国标准出版社, 2015.

[84] 中华人民共和国建设部, 中华人民共和国国家质量监督检验检疫总局. 岩土工程勘察规范(2009 年版): GB 50021—2001[S]. 北京: 中国建设工业出版社, 2009.